大学数学全程解决方案系列

数学建模

（第三版）

陈东彦　孙　伟　毕　卉等　编著

科学出版社

北　京

内 容 简 介

本书是高等学校数学建模课程教材，共 12 章，包括数学建模概述、初等模型、微分方程模型、差分方程模型、概率与随机模型、数学规划模型、数据处理模型、回归分析模型、分类模型、评价模型、预测模型、现代优化算法. 本书以数学建模方法为主线，以解决社会生活和生产管理等领域中的实际问题为切入点，着重介绍解决问题的数学建模思想方法和基本过程，包括问题分析与假设、模型建立与求解、结果分析与检验、模型应用与解释等基本内容. 各章后附有一定量的思考题供学生思考和练习，书后提供了主要的参考文献以便学生系统地学习相关的知识和方法.

本书可作为普通高等学校理工科专业本科生和研究生的数学建模课程教材，可根据课程的学时数及学生的组成结构选择不同的讲授内容，可作为各专业本科生和研究生参加数学建模竞赛的学习参考书，以及广大数学建模爱好者的阅读资料.

图书在版编目(CIP)数据

数学建模/陈东彦等编著. —3 版. —北京：科学出版社，2023.8
大学数学全程解决方案系列
ISBN 978-7-03-076212-2

I. ①数… II. ①陈… III. ①数学模型-高等学校-教材 IV. ①O141.4

中国国家版本馆 CIP 数据核字(2023)第 153868 号

责任编辑：王　静　李香叶／责任校对：杨聪敏
责任印制：吴兆东／封面设计：陈　敬

科学出版社出版
北京东黄城根北街 16 号
邮政编码：100717
http://www.sciencep.com
北京中石油彩色印刷有限责任公司印刷
科学出版社发行　各地新华书店经销
*
2007 年12月第　一　版　开本：720 × 1000　1/16
2023 年 8 月第　三　版　印张：19
2025 年 1 月第十六次印刷　字数：383 000

定价：69.00 元

(如有印装质量问题，我社负责调换)

“大学数学全程解决方案系列”序

目前，高等数学、线性代数、概率论与数理统计等大学数学类公共课的教材版本比较多，其中不乏一些优秀教材，它们在教育部统一的教学规范、教学设计、教学安排等框架内，为全国高等院校师生的教学和学习提供了方方面面的服务. 但从另一方面来说. 不同区域的高校在师资力量、教学习惯、教学环境、学生来源、学生层次、学生求学目的等方面都存在着不小的差异，由此造成对教材的需求也存在着一些差异. 在遵照执行教育部对大学数学类公共课教学的统一要求的前提下，我想，这些差异主要来自于对这些统一要求的具体实施和尝试.

为了更好地提高教学效果，充分挖掘区域内的教学资源，增加区域内教师的交流与互动，优化创新和谐的教研氛围，培育更加适应本地区高校的优秀教材，科学出版社在广泛调研的基础上，组织了黑龙江地区高校最优秀、最有经验的教师，拟编写一套集主教材、教辅、课件为一体的立体化教材，并努力争取进入国家级优秀教材的行列. 为此科学出版社、哈尔滨工业大学数学系联合于 2006 年 5 月 27 日在哈尔滨工业大学召开了“大学数学全程解决方案系列”教材会议. 在这次会议上，大家推荐我作为这套丛书的编委会主任，盛情难却，我想，若能和大家共同努力，团结协作，认真领会教育部的有关精神，凭借科学出版社的优秀品牌，做出一套大学数学类的优秀教材，也的确是一件有意义的事情.

为此，我们编委会成员就这套教材作了几次讨论和交流，希望在以下方面有所突破:

在教学内容上，有较大创新，紧跟时代步伐，从知识点讲述，到例题、习题，都要体现时代的特色.

在教学方法上，充分体现各学校的优秀教学成果，集中黑龙江地区优秀的教学资源，力求代表最好的教学水平.

在教学手段上，充分发挥先进的教学理念，运用先进的教学工具，开发立体化的教学产品.

在教材设计上，节约课时，事半功倍 (比如在教材上给学生预留较大的自主空间，让有进一步学习愿望的学生能够自主学习; 开发的课件让老师节约课时，精心设计的练习册，让老师节约更多的检查作业的时间).

在教学效果上，满足对高等数学有不同要求的教师、学生，让教师好用，让学生适用.

如今，这套丛书终于要面世了，今年秋季有《微积分 (经管类)》《线性代数 (经管类)》《线性代数 (理下类多学时)》《线性代数 (理工类少学时)》《概率论与数理统计》《数学建模》等教材陆续出版. 但我想，尽管我们的初衷是美好的，教材中必定还会存在这样那样的问题，敬请各位读者、专家批评指正.

感谢哈尔滨工程大学、哈尔滨理工大学、黑龙江大学、哈尔滨师范大学、哈尔滨商业大学、黑龙江工程学院、黑龙江科技学院、哈尔滨医科大学、齐齐哈尔大学、佳木斯大学、绥化学院、黑龙江农垦职业学院、黑龙江建筑职业技术学院、黑龙江农业工程职业学院等兄弟院校领导的支持，科学出版社高等教育出版中心，哈尔滨工业大学理学院、数学系的领导与老师为这套丛书的出版也付出了努力，在此一并致谢.

王　勇

2007 年 7 月于哈尔滨工业大学

前　言

随着数学建模方法的普及和推广, 数学建模在各领域中的应用越来越广泛且深入. 从日常生活、生产实践到社会管理, 数学量化的思想和手段都得到了较多的体现, 或简单, 或复杂, 数学建模的方法在不断地发展, 数学建模解决实际问题的手段也在不断地提高. 特别地, 在一些高科技领域, 数学建模已经成为科技工作者们解决实际问题的一种重要选择. 从初等数学方法到现代数学理论, 从传统的数学应用领域到现代经济、生态及信息等社会领域, 数学建模的方法也越来越多元化, 数学建模所面临的实际问题越来越复杂, 数学建模之所以能发挥重要的作用, 关键在于数学建模的本质特征 (其既来源于实践又应用于实践, 利用数学的理论方法对实际问题进行描述、分析、解释和模拟), 更在于数学建模的实践过程 (对实际问题进行抽象并经过合理的简化假设将其 "翻译成" 数学问题, 在数学的理论框架下建立合适的数学模型并求解模型给出正确的模型结果, 分析模型结果并将其应用于实际问题给出可行的解决方案).

随着数学建模及其应用的发展, 高校数学建模课程的教学目标、教学内容与教学方法也在不断地调整与改进, 教学目标上更加注重培养学生运用数学建模方法解决实际问题的综合能力, 教学内容上更加突出以问题为驱动、以方法为核心、以应用为目的的合理布局, 教学方法上更加侧重启发式、研讨式、翻转式融合创新. 为了更好地适应数学建模课程教学的发展需要, 本着培养学生数学建模应用的综合能力、讲授数学建模及其应用的基本方法、适应数学建模教学方法的综合改革, 我们对 2014 年出版的《数学建模》(第二版) 教材进行了修订, 在教材指导思想、重点与难点选择以及内容讲述方法等方面上作了新的调整, 以期能更好地体现数学建模的问题背景、模型方法、建模过程和模型应用, 并能较好地融入数学建模的新领域、新方法和新应用. 第 1 章介绍数学建模的基本概念和简单示例; 第 2 章至第 6 章围绕大学数学基础课程的相关知识讲授初等模型、微分方程模型、差分方程模型、概率与随机模型以及数学规划模型, 以实际问题为切入点, 以模型方法为核心, 以解决问题为目标, 系统地讲述针对实际问题的数学建模全过程; 第 7 章至第 11 章聚焦数学建模应用的新领域, 围绕常用的现代数学方法, 讲授数据处理模型、回归分析模型、分类模型、评价模型以及预测模型, 以相关建模方法介绍为基础, 通过实例讲述建立模型及解决问题的基本过程; 第 12 章简单介绍模型求解中几种常用的现代优化算法. 每一章后都附有一定量的思考题以供学生思考与练习,并根据需要提供了主要参考文献以便学生系统学习有关知识. 本书在内容编排上按照数学模型所涉及的数学方法进行分类, 围绕大学数学基础知识及常用现代数学方法逐步展开, 在数学模型引入时以实际问题为驱动、在建模过程讲述时以思想方法为主线, 注重数学建模的理论性和实践性相结合的特点, 由浅入深, 适合数学建模课堂教学和数学建模竞赛培训等过程中使用. 本书由陈东彦、孙伟、毕卉、武志辉、宋显华、谢巍共同编写, 其中, 第 1、2、6 章由陈东彦编写, 第 3 章由毕卉编写, 第 4、10 章由孙伟编写, 第 8、11 章由武志辉编写, 第 5 章由孙伟、武志辉共同编写, 第 7、9 章由宋显华编写, 第 12 章由谢巍编写, 全书由陈东彦统稿.

本书的出版得到黑龙江省自然科学基金联合引导项目 (LH2020A015) 的支持, 科学出版社 "大学数学全程解决方案系列" 编委会对本书的修订与再版给予了大力支持, 责任编辑王静对本书在结构及文字处理等方面提出了很多好的建议, 这对本书的顺利出版和质量提高都大有裨益, 在此一并表示感谢.

由于水平所限, 书中的不足及疏漏之处在所难免, 望专家和读者予以批评指正.

编 者

2022 年 2 月

第二版前言

近年来, 数学建模方法在各领域中的应用越来越广泛, 通过数学建模解决实际问题正在逐渐地成为人们的一种行为习惯, 从日常生活、生产实践到社会管理, 数学量化的思想和手段都得到了较多的体现, 或简单, 或复杂, 数学建模的方法及其解决的实际问题都在不断地发展. 从初等数学方法到现代数学理论, 从传统的数学应用领域到现代经济、生态及信息等社会领域, 数学建模方法也越来越多元化, 数学建模所面临的实际问题越来越丰富、越来越复杂. 数学建模之所以能发挥重要作用, 关键在于数学建模的本质特征: 既来源于实践又应用于实践, 它利用数学的理论方法对实际问题进行描述、分析、解释和模拟.

随着数学建模的发展, 高校数学建模课程的教学内容与教学方法也在不断地调整与改进, 近年来出版的数学建模教材充分体现了这样的变化. 为了更好地适应教学需要, 我们对 2007 年《数学建模》教材进行了修订, 在教材指导思想、重点难点选择以及内容讲述方法等方面上作了较大的调整, 以期能更好地体现问题背景、模型方法和建模过程. 第 1 章介绍数学建模的基本概念、简单实例、相关问题; 第 2 章至第 6 章围绕大学数学相关课程的基础知识讲述初等模型、微分方程模型、概率与随机模型、统计分析模型和数学规划模型, 以实际问题为切入, 以模型方法为区分, 以解决问题为目标, 系统地讲述数学建模的全过程; 第 7 章至第 8 章围绕常用的现代数学方法讲述图与网络模型、层次分析模型、模糊数学模型、灰色系统模型和交通流模型, 以相关数学方法介绍为基础, 通过实例讲述应用数学方法解决问题的过程. 书中每一章后附有一定量的思考题以供读者思考与练习, 并根据需要提供了部分内容的参考文献以便学生系统学习有关知识. 本书由陈东彦主编, 刘凤秋、牛犇担任副主编, 在编排上按照数学模型所涉及的数学方法进行分类, 围绕大学数学基础知识及常用现代数学方法逐步展开, 在数学模型引入时以实际问题为驱动、在建模过程讲解时以思想方法为主线, 注重数学建模的理论性和实践性相结合的特点, 由浅入深, 适合数学建模课堂教学和竞赛培训等过程使用.

科学出版社 “大学数学全程解决方案系列” 编委会对本书的修订与再版给予了大力支持, 责任编辑王静对本书在结构及文字处理等方面提出了很多好的建议,这对本书的顺利出版和质量提高都大有裨益, 在此一并表示感谢.

由于水平所限, 书中的错误及疏漏之处在所难免, 望专家和读者予以批评指正.

编　者

2013 年 6 月

第一版前言

从 20 世纪 80 年代初开始, 数学建模课程已经逐渐进入我国大学课堂. 现已有数百所院校开设了形式多样的数学建模类课程, 二十多年来数十本教材也已出版. 1992 年开始举办并迅速发展的全国大学生数学建模竞赛, 更是极大地推动了数学建模教学及其课外活动在各个院校的开展. 作为培养大学生创新能力最有效的手段之一, 与数学建模相关的教学活动已被行政管理部门、学校、学生及社会多方广泛认可. 参加数学建模竞赛并取得好成绩也已成为一些学生求学、求职成功的重要经历.

教育教学工作必须反映社会发展、适应社会需要. 在我国高等教育逐步大众化的新形势下, 基础课教学活动必须适应受教育对象的培养定位, 融入其整体育人的大目标. 从我们国家的教育现状看, 可以认为, 重点院校仍然承担着精英教育的任务, 普通院校则已经变成了大众教育的主战场. 教学组织形式相对松散的数学建模教学活动已成为普通院校中培养学生应用创新能力的主要手段之一. 新形势下, 普通院校的教学工作面临着诸多新问题, 大力开展具有针对性的教学活动十分必要. 为此, 我们在总结多年从事数学建模教学与指导数学建模竞赛经验的基础上, 顾及大众教育阶段普通院校教学的新情况, 编写了这本《数学建模》教材, 旨在通过本教材, 使学生了解如何运用数学的思想和方法解决一些实际问题, 重在介绍数学建模方法及数学模型的建立过程, 不在模型求解环节上展开.

本教材的第一章概述了数学建模; 第二章至第六章主要讲解初等方法、微分方程方法、差分方程方法、概率方法和数学规划方法等与大学工科数学课程密切相关的数学建模方法; 第七章至第十一章主要讲解微分方程稳定性方法、层次分析方法、统计分析方法、回归分析方法以及图与网络方法等需要一些专门知识的数学建模方法; 第十二章至第十六章主要讲解交通流方法、排队论方法、模糊数学方法、灰色系统方法和模拟方法等近年发展起来的数学建模方法. 本书在第二章至第十一章各章配有相应的数学建模案例, 大多选自历年国内外数学建模竞赛试题, 以帮助学生深入学习有关建模方法在解决实际问题中的综合运用过程. 此外, 全书各章均配有一定量的习题, 对学生基本概念和基本方法的掌握及思维的启发很有帮助. 凡具有大学工科数学基础知识及以上者均可使用本教材.

科学出版社 “大学数学全程解决方案系列” 编委会对本书的出版给予了大力支持, 责任编辑王静同志对本书的内容、结构及文字处理等方面提出了很多好的建议; 特别感谢清华大学谢金星教授审阅了全部书稿, 并提出了许多宝贵意见. 这些对本书的顺利出版和质量的提高都大有裨益. 本书在编写过程中还得到了哈尔滨理工大学教务处及应用数学系的多方鼓励与帮助, 应用数学系主任计东海教授为本书的编写和出版提供了很多具体的指导, 应用数学系青年教师刘凤秋协助作者校对了全部书稿, 在此一并表示衷心的感谢.

编 者

2006 年 11 月

目 录

第 1 章　数学建模概述

随着科学技术对所研究客观对象的日益精确化、定量化和数学化, 以及电子计算机技术的普及和相应数学软件的开发使用, “数学模型” 已成为处理科技领域中各种实际问题的重要工具, 并在自然科学、工程技术与社会科学的各个领域中得到了广泛的应用, 诸如经济、管理、工农业领域等, 甚至是社会学领域. 而 “数学模型” 应用的过程就形成了 “数学建模”. 那么, 什么是数学模型? 什么是数学建模? 如何建立数学模型解决实际问题? 这是现代科技工作者普遍感兴趣的问题.

1.1　数学模型与数学建模

从初等数学到高等数学, 从近代数学到现代数学, 数学早已发展成为一门自然科学学科, 拥有基础数学、应用数学、概率论与数理统计、计算数学、运筹学与控制论等五个专业方向, 同时拥有二十多个主要分支, 尤其是现代数学中的许多理论分支给人以抽象的印象, 似乎数学研究得越深入, 离现实生活及实际工作就越遥远. 但是, 近半个世纪以来, 数学的形象发生了重大的变化, 数学已不仅仅是数学家、物理学家的专利, 除了传统的物理学、天文学、力学等学科与数学密不可分外, 在工程技术、社会生活、信息技术等诸多领域, 数学也发挥着越来越重要的作用, 各种途径表明数学正逐步应用于各个领域.

在数学应用于各个领域的过程中, 数学已经由一门自然科学学科发展成为一门数学技术, 在控制科学、信息科学、计算机科学、管理科学等学科中, 数学技术的应用必不可少. 同时, 一些新的数学分支不断涌现, 比如, 生物数学、经济数学、金融数学、数理医药学等, 又促使数学的应用更深入和广泛.

纵观数学在各个领域的应用过程, 我们不难发现数学的应用主要在于应用数学的思维、方法和结果去解决相关领域中的实际问题, 而数学的应用过程就是构建数学模型并通过求解数学模型解决实际问题, 也就是数学建模的过程, 在这一过程中提出了新思想、新知识、新规律, 创造了新理论、新方法、新成果.

1.1.1　数学模型

19 世纪, 恩格斯对数学给予了一个概括, 他说: “数学是研究客观世界的数量关系和空间形式的科学.” 虽然数学的发展早已超出了 “数量关系”, 但是, 应用数学知识解决实际问题主要就是研究实际问题中的 “数量关系”, 这种 “数量关系”

即 "数学模型". 例如, 牛顿第二定律描述了力的瞬时作用规律, 揭示了物体在合力的作用下的运动加速度 a 与物体质量 m 及所受合力 F 之间的数量关系, 用公式 (或模型) 表示为 $F = ma$, 即物体的加速度 a 跟物体所受的合力 F 成正比, 跟物体的质量成反比, 加速度的方向跟合力的方向相同. 可见, **数学模型**就是实际问题的一种抽象模拟, 它用数学符号、数学公式等描述现实对象中的数量关系. 这一数量关系的给出需要明确所研究的某个特定对象和研究的目的, 抓住对象的内在规律, 并做出一些必要的简化假设, 再运用数学手段进行描述. 也就是说, **数学模型**是通过抽象、简化的过程, 用数学语言对实际对象的一个近似刻画, 以便于人们更深刻地认识所研究的特定对象.

数学模型在我们身边随处可见, 比如, 物理学中牛顿第二定律、万有引力定律、能量守恒定律等都是经典的数学模型, 日常生活中 "椅子如何放稳""交叉路口信号灯如何设置" 等现实问题中也包含着数学模型, 医疗卫生领域中 "如何预防和控制传染病的蔓延" 以及社会经济领域中 "如何稳定市场经济的秩序" 等问题的解决更需要发挥数学模型的作用. 那么, 在各类实际问题中的数学模型是如何建立起来的? 数学模型又怎样在解决实际问题中发挥作用? 对此, "数学建模" 将给出完美的回答.

1.1.2　数学建模及其方法与步骤

什么是数学建模? 简单地说, **数学建模**就是应用数学的方法解决实际问题的全过程. 这一全过程往往包括: 对实际问题进行了解、分析和判断, 选择解决实际问题所需的数学方法, 将问题及其目的用数学的语言进行描述, 运用数学方法或理论建立数学模型, 求解数学模型或进行相应的模型计算, 用实际问题中的数据或现象验证求解的模型结果, 应用模型结果给出实际问题的解决方案.

在很多实际问题中各个量之间的关系非常复杂, 很难用简单的数量关系将它们联系起来, 有时即使找到了数量关系又会由于其太复杂而不能用现有的数学方法进行处理, 或者量与量之间没有明显的数量关系, 不能用现有的数学理论、数学公式去套用. 因此, 数学在其他领域中的成功应用不仅需要掌握大量的数学知识, 还需要对实际问题有充分的了解, 并能从众多的事物和复杂的现象中找到共同的本质的东西, 然后通过大量的定性和定量分析, 去寻找并发现量与量之间的数量关系, 再利用数学的理论与方法加以描述, 并最后应用于解决实际问题.

那么, 数学建模有哪些方法可以遵循? 数学建模面临的问题是多种多样的, 不同问题中所给出的已知信息也是各不相同, 有的是一组实测数据或模拟数据, 有的是对问题的定性描述, 不同的信息将用不同的方法去处理, 从而得到不同的模型. 即使面对相同的已知信息, 由于建模的目的不同、分析的方法不同、采用的数学工具不同, 所以得到的数学模型也会不同. 尽管如此, 人们在解决实际问题的数学建模实践中已经总结出了一些基本的方法可以遵循. 大体上, **数学建模的基本方法**有两类.

(1) 机理分析方法. 根据对客观事物特性的认识, 分析其因果关系, 通过推理分析找出反映事物内部机理的数量规律, 这种建立数学模型的方法称为机理分析方法. 用机理分析方法建立的模型常常有明确的物理或现实意义, 如在牛顿第二定律建立过程中采用的是机理分析方法.

(2) 测试分析方法. 由于对客观事物的特性不能准确认识, 看不清其内部的因果关系, 而只能通过实际观测获得一定的外部观测数据, 通过对观测数据的分析和处理, 按照一定的准则在某一类模型中找出与观测数据吻合得最好的模型, 这种建立数学模型的方法称为测试分析方法. 用测试分析方法建立的模型一般并没有明确的物理意义, 如在 "天气预报模型" 建立过程中采用的是测试分析方法.

在这两类建模方法中又可根据所应用的数学方法的不同而分为许多具体的方法, 例如, 在机理分析方法中有比例方法、优化方法、微分方程方法、差分方程方法、数学规划方法等, 在测试分析方法中有回归分析方法、统计分类方法、随机预测方法等. 实际上, 在解决实际问题中往往是两类数学建模方法的综合运用, 即先用机理分析方法确定数学模型的结构, 再用测试分析方法给出模型中的参数, 如 "人口预测模型" 的给出就需要将微分方程方法与数据拟合方法相结合.

建立数学模型解决实际问题有哪些步骤可以遵循? 人们在数学建模实践过程中总结出了**数学建模的基本步骤**.

(1) 问题分析. 了解实际问题的背景 (属于哪一个领域), 明确数学建模的目的 (解决什么问题), 收集数学建模的必要信息 (相关数据和参考资料), 分析研究对象的主要特征 (内在机理或外部观测数据), 从而对实际问题有一个比较全面而清晰的了解.

(2) 模型假设. 根据所研究对象的特征及建模目的, 抓住问题中的主要因素, 并对问题做出合理的简化的假设, 假设既要基本符合实际情况又要适当简化, 以使问题能够用数学的语言进行描述. 能否做出合理的简化的假设, 取决于对问题的了解是否准确、深入, 取决于是否具有直观的判断力、丰富的想象力, 以及是否具有足够的相关知识准备.

(3) 模型建立. 根据所做假设, 用数学的语言、符号描述出研究对象的内在规律, 并建立包含常量、变量等的数学模型, 模型可以是代数方程、微分或差分方程等, 可以是优化模型、数学规划模型或随机相关模型等, 也可以是设计一个算法或构建一幅图形等. 建立数学模型的基本原则是要尽量用简单的、贴切的数学工具.

(4) 模型求解. 采用适当的求解方法对所建立的数学模型进行求解, 模型结果可能是代数方程的根、微分或差分方程的解、函数的极值点, 也可能是编写的算法程序或绘制的有关图形等. 此时可以运用各种计算工具, 特别是相关数学软件和计算机技术.

(5) 模型分析. 对求解的模型结果进行理论或数值方面的分析, 例如, 对模型结果的误差分析 (误差是否在允许的范围内)、统计分析 (结果是否符合特定的统计规律), 对模型参数的灵敏度分析 (模型的结果是否会因参数的微小改变而发生大的变化), 对模型假设的稳定性分析 (模型的结果是否对某一假设非常依赖), 还有对设计算法的收敛性分析和复杂性分析等.

(6) 模型检验. 在实际问题之中, 将求解的模型结果和分析结果进行解释、与客观现象或实际数据进行比较, 以检验模型结果是否与实际相吻合. 如果吻合较好, 则模型及其结果可以应用于解决实际问题; 如果吻合不好, 则需对模型进行修正或对求解重新审视. 此时, 问题常常出现在模型假设上, 所以应对模型假设进行修正或补充, 然后重新进行建模、求解和检验.

(7) 模型应用. 当模型经过检验已成为一个具有合理性和实用性的模型后, 即可以应用其给出实际问题的解决方案, 并也可以尝试将其应用于解决其他具有相同或相近特点的实际问题.

数学模型的建立过程告诉我们, 数学模型是对客观对象归纳抽象的产物, 数学建模的过程就是 “实践—理论—实践” 的往复过程. 因此, 数学建模需要熟练的数学技巧、丰富的想象力和敏锐的洞察力, 需要大量学习、思考别人所做的模型, 尤其需要自己动手、亲身体验去利用数学建模解决实际问题.

数学建模的方法多种多样, 数学模型也千差万别, 可以从很多不同的角度对数学模型予以划分, 以方便大家学习和使用. 例如, ① 按模型的应用领域划分, 有人口模型、传染病模型、存贮模型、捕捞模型、红绿灯模型、运输模型、生产计划模型等; ② 按模型的建立方法划分, 有比例模型、代数模型、分析模型、优化模型、微分方程模型、差分方程模型、概率统计模型、数学规划模型、回归分析模型、时间序列模型、层次分析模型、模糊评价模型、灰色预测模型、神经网络模型等; ③ 按模型的变量特点划分, 有随机型模型和确定型模型、连续型模型和离散型模型、线性模型和非线性模型、静态模型和动态模型等; ④ 按建模目的划分, 有描述模型、预测模型、分类模型、评价模型、优化模型、决策模型等.

为了学习和使用方便, 数学建模教材中通常按照数学模型的建立方法或应用领域进行划分, 并遵循由浅入深、从简单到复杂的原则.

1.2　数学建模示例

本节介绍几个简单的数学建模例子, 通过这些例子, 使大家对数学建模解决实际问题有一个初步的了解.

1.2.1 商人安全过河

问题 三名商人各带一名随从乘船渡河, 一只小船只能容纳两人, 由他们自己划行. 随从们密约, 在河的任一岸, 一旦随从的人数比商人多, 就杀人越货. 但是如何乘船渡河的决策权掌握在商人手中. 商人们怎样才能安全渡河呢?

问题分析 这是一个智力游戏问题, 从数学建模的角度可以归结为多步决策问题. 如果把商人和随从目前所在位置称为"此岸"、把河的对岸称为"彼岸", 那么, 这个多步决策问题就是要确定: 商人和随从通过有限次"由此岸驶向彼岸"及"由彼岸返回此岸"的转移过程. 在这个转移过程中, 每一步决策都要给出船上人员的合理安排 (商人人数、随从人数) 情况, 并在保证商人安全 (每一步决策下两岸的随从人数都不比商人多) 的前提下使商人和随从过河 (在有限步内使全部人员到达彼岸). 对此, 可以利用"状态转移方法"进行求解. 用"状态"表示某一岸的人员情况, 用"决策"表示每一步船上人员安排, 然后找出"状态"随"决策"变化的规律, 并在状态的允许范围 (保证商人安全) 内给出每一步的决策结果, 最终实现渡河目的.

模型建立 包含三个主要建模过程.

(1) 状态与决策描述. 定义状态变量 $s_k = (x_k, y_k)$, 其中 s_k 表示第 k 次渡河前此岸商人的人数为 x_k、随从的人数为 y_k, 其可能值为 $x_k, y_k = 0, 1, 2, 3$, $k = 1, 2, \cdots$. 对商人安全的状态集合称为允许状态集合, 记作 S, 且

$$S = \{(x, y)|x = 0, y = 0, 1, 2, 3; x = 3, y = 0, 1, 2, 3; x = y = 1, 2\} \tag{1.1}$$

定义决策变量 $d_k = (u_k, v_k)$, 其中 d_k 表示第 k 次渡河方案, 渡船中商人的人数为 u_k、随从的人数为 v_k, 其可能值为 $u_k, v_k = 0, 1, 2$, $k = 1, 2, \cdots$. 对小船可行的决策集合称为允许决策集合, 记作 D, 且

$$D = \{(u, v)|u, v = 0, 1, 2, u + v = 1, 2\} \tag{1.2}$$

(2) 建立状态转移方程. 分析第 k 次渡河前后此岸商人和随从人数与第 k 次渡河的商人和随从人数之间的关系, 可以给出状态转移规律

$$s_{k+1} = s_k + (-1)^k d_k, \quad k = 1, 2, \cdots \tag{1.3}$$

称式 (1.3) 为状态转移方程.

(3) 多步决策问题. 由于全部人员完成渡河需要奇数次状态转移, 设为 N 次, 从而该问题可归结为: 求 $d_k \in D$ $(k = 1, 2, \cdots, N)$, 使 $s_k \in S$, 并按状态转移方程 (1.3) 的规律实现由初始状态 $s_1 = (3, 3)$ 到最终状态 $s_{N+1} = (0, 0)$ 的转移过程.

模型求解 一方面, 根据式 (1.1)~(1.3), 可以编写一段程序并利用计算机求解上述多步决策问题, 给出决策方案. 另一方面, 由于此问题中的状态和决策都是

二维向量, 并且允许状态集合与允许决策集合中元素较少, 因此, 可利用直观的图示法求解, 如图 1.1 所示. 在图 1.1 中, 方格中所有交叉点表示所有可能的状态集合, 其中允许状态用圆点表示, 初始状态在右上角 $s_1 = (3,3)$, 最终状态在左下角 $s_{N+1} = (0,0)$; 允许决策为沿方格线移动 1 格或 2 格, 其运动规律为 k 为奇数时向左下方移动 (实线), k 为偶数时向右上方移动 (虚线).

模型结果 如图 1.1, 经过 $N = 11$ 步转移能到达 $(0,0)$, 即商人与随从能安全过河. 过河方案为 $d_1 = (0,2), d_2 = (0,1), d_3 = (0,2), d_4 = (0,1), d_5 = (2,0), d_6 = (1,1), d_7 = (2,0), d_8 = (0,1), d_9 = (0,2), d_{10} = (0,1), d_{11} = (0,2)$.

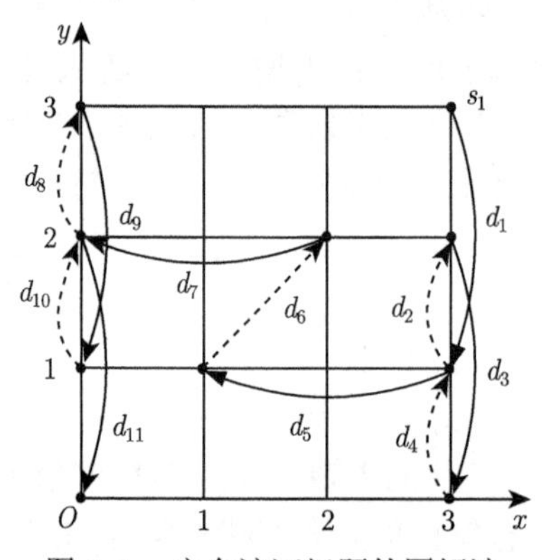

图 1.1 安全渡河问题的图解法

思考 如果商人和随从的人数增多, 比如 4 名商人和 4 名随从, 应该如何安全渡河? 如果有 n 名商人和 n 名随从呢?

1.2.2 椅子如何放稳

很多年长一些的人都有过这样的经历: 教室里的地面凸凹不平, 桌子、椅子 (或凳子) 经常放不稳, 但是挪动几下可能就放稳了. 这里有什么奥秘吗?

问题 在一块凸凹不平的地面上, 能使椅子放稳吗?

问题分析 这个看似与数学无关的生活中的问题, 能通过建立数学模型给出明确的回答或合理的解释吗? 要解决此问题, 一是了解 "凸凹不平的地面" 是什么样的地面? 如果地面上有较多的突峰、深沟或者台阶, 无论如何都很难把椅子放稳. 二要知道 "椅子" 是什么样的椅子? 三条腿还是四条腿的椅子? 椅脚连线是正方形、长方形或其他形状? 三要分析 "椅子放稳" 是什么意思? 如果椅子各条腿的椅脚与地面无缝接触 (称为 "椅脚着地"), 则可以认为是放稳了.

模型假设 (1) 椅子有四条腿且四条腿一样长, 四条椅脚连线为正方形;

(2) 地面的高度连续变化, 且沿任何方向都不会出现间断 (没有突峰、深沟或者台阶那样的情况);

(3) 相对于椅脚的间距和椅腿的长度而言, 地面是相对平坦的, 使椅子在地面上的任何位置都能有三只脚同时着地.

由假设 (1), 我们考虑的是一种常见的四条腿的椅子, "四条腿一样长" 既是合理的也是必须的 (否则, 在任何平整的地面上椅子都不会放稳); 由假设 (2) 和 (3), 给出了椅子能放稳的必要条件, 因为在有台阶的地方是无法使椅子放稳的, 而当地面上出现突峰或深沟时, 则可能使三只脚都无法同时着地, 更谈不上四只脚着地.

模型建立 用数学语言把椅子四脚同时着地的条件和结论描述出来.

首先, 引入坐标和变量表示椅子在地面上的位置. 由于椅脚连线为正方形, 根据正方形的对称性, 如果以正方形中心为对称点, 则正方形绕中心的旋转刚好代表了椅子位置的改变. 因此, 在地面上引入极坐标, 以正方形的中心为极点, 以中心与一个椅脚连线为极轴, 以逆时针旋转角度表示椅子的任意位置. 如图 1.2 给出了椅子的初始位置和旋转 θ 角度后的位置.

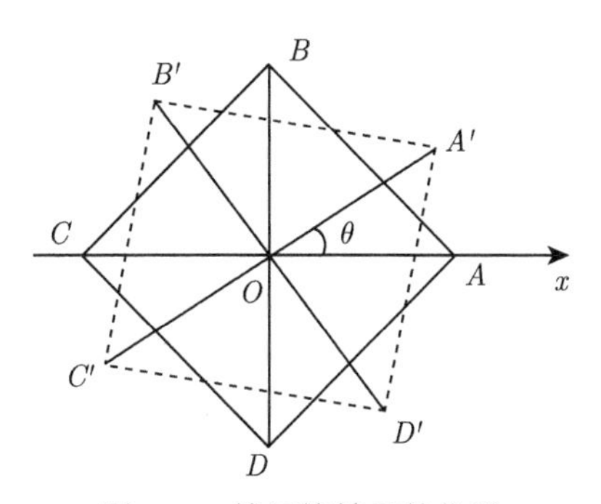

图 1.2 椅子旋转后的位置

在图 1.2 中, 椅脚连线为正方形 $ABCD$, 初始位置对角线 AC 与 x 轴重合, 当椅子绕中心 O 逆时针旋转角度 θ 后, 正方形 $ABCD$ 转至 $A'B'C'D'$ 的位置, 所以可用对角线 $A'C'$ 与极轴 (x 轴) 的夹角 θ 表示椅子的当前位置.

其次, 把椅脚着地用数学符号表示出来. 如果用某个量表示椅脚与地面的竖直距离, 那么当这个量为零时就是椅脚着地了. 椅子在不同位置时椅脚与地面的距离不同, 所以这个距离是位置变量 θ 的函数. 为简化符号及后续分析处理的方便, 设 A, C 两脚与地面距离之和为 $f(\theta)$, B, D 两脚与地面距离之和为 $g(\theta)$. 由假设 (2), $f(\theta)$ 和 $g(\theta)$ 都是 θ 的连续函数; 由假设 (3), 对任意 $\theta \in [0, 2\pi]$, $f(\theta)$ 和 $g(\theta)$ 至少一个为零.

于是, "旋转椅子的位置使椅子四脚同时着地" 就归结为如下的数学命题.

命题 已知 $f(\theta)$ 和 $g(\theta)$ 是 $\theta \in [0, 2\pi]$ 上的连续函数, 对任意 θ 有 $f(\theta)g(\theta) = 0$, 且 $g(0) = 0$, $f(0) \geqslant 0$. 证明: 存在 $\theta_0 \in [0, 2\pi]$ 使 $f(\theta_0) = g(\theta_0) = 0$.

模型求解　证明上述命题.

证　若 $f(0)=0$, 则 $\theta_0=0$. 若 $f(0)>0$, 将椅子逆时针旋转 $\dfrac{\pi}{2}$, 对角线 AC 与 BD 互换. 由 $g(0)=0$ 和 $f(0)>0$ 可知 $g\left(\dfrac{\pi}{2}\right)>0$ 和 $f\left(\dfrac{\pi}{2}\right)=0$.

令 $h(\theta)=f(\theta)-g(\theta)$, 则 h 是连续函数, 且 $h(0)>0$, $h\left(\dfrac{\pi}{2}\right)<0$. 根据连续函数的介值性质, 必存在 $0<\theta_0<\dfrac{\pi}{2}$ 使 $h(\theta_0)=0$, 即 $f(\theta_0)=g(\theta_0)$. 又因为 $f(\theta_0)g(\theta_0)=0$, 所以 $f(\theta_0)=g(\theta_0)=0$.

模型解释　将一把四脚连线为正方形的椅子放在 “凸凹不平的地面” 上, 如果不稳, 就将椅子绕椅脚连线的正方形的中心沿逆时针旋转, 那么一定存在某一个角度 (位置) 使椅子能够放稳.

思考　模型中的假设 (1) “四脚连线为正方形” 并不是本质的假设, 如果将其改为 “四脚连线为矩形”, 椅子将如何放稳呢?

1.2.3　交叉路口信号灯管理

问题　在设有交通信号灯的交叉路口, 在绿灯和红灯转换之间要亮起一段时间的黄灯, 以使那些正驶在交叉路口或因离交叉路口太近而无法停下的车辆驶过路口. 那么黄灯应该持续多长时间才合理呢?

问题分析　黄灯设置的主要目的是让行驶在交叉路口或离交叉路口太近的车辆安全驶过交叉路口. 一方面, 已经行驶在交叉路口的车辆驶过交叉路口所需的最长时间为路口长度除以车速 (匀速行驶情况). 另一方面, 对于驶近交叉路口的车辆, 驾驶员在看到黄灯后要做出决定: 是停车还是通过路口? 如果驾驶员以法定速度 (或低于法定速度) 行驶, 当其决定停车时, 必须有足够的停车距离使其刹车; 当其决定通过路口, 则必须有足够的时间让其完全通过路口 (距离为车辆当时所在位置到路口斑马线的距离与路口长度之和). 因此, 黄灯需持续的时间应包括驾驶员作出决定的时间 (即反应时间)、车辆驶至斑马线 (行驶距离不小于停车所需最短距离) 的驾驶时间和通过路口所需的驾驶时间.

模型假设　(1) 驶过交叉路口的驾驶员技术熟练, 看到黄灯后的反应时间为常值 T_0, 且驾驶员按道路法定速度 v 行驶;

(2) 交叉路口的交通状况良好, 不影响驾驶员在路口前停车或通过路口;

(3) 路口长度为 D (包括路口两侧斑马线的最长距离), 车辆长度为 L;

(4) 车辆到达路口指车头达到路口一侧斑马线位置, 而车辆完全通过路口指车尾部已通过路口对侧斑马线;

(5) 车辆的停车过程是通过驾驶员踩动刹车踏板产生摩擦力使汽车匀减速运动直到停止的过程;

(6) 车辆的质量为 m, 路面的摩擦系数为 μ.

模型建立与求解 由问题分析和模型假设, 黄灯持续时间为

$$T = T_0 + T_1 + T_2 \tag{1.4}$$

其中, T_0, T_1, T_2 分别为驾驶员反应时间、驾车通过路口时间和驶过最短停车距离时间.

由模型假设 (1), T_0 可为已知常值. 下面分析 T_1 和 T_2. 首先, 驾驶员通过路口时间 T_1 由路口距离 D、车身长度 L 和车辆速度 v 决定, 即

$$T_1 = \frac{D+L}{v} \tag{1.5}$$

驾驶员驶过最短停车距离的时间 T_2 由最短停车距离 x 和车辆速度 v 决定, 即

$$T_2 = \frac{x}{v} \tag{1.6}$$

其次, 确定最短停车距离, 即刹车距离. 设刹车距离为 $x(t)$, 刹车过程中所产生的摩擦力 $F_1 = \mu mg$ 与所受到的制动力 $F_2 = ma$ (牛顿第二定律) 大小相等且方向相反, 其中 a 为车辆行驶的加速度. 因此, 刹车过程满足如下运动方程:

$$m\frac{\mathrm{d}^2x}{\mathrm{d}t^2} = -\mu mg \tag{1.7}$$

假设开始刹车时刻为初始时刻 $t=0$、位置为初始位置, 则车辆初始位置和初始速度分别为 $x(0)=0$, $\left.\frac{\mathrm{d}x}{\mathrm{d}t}\right|_{t=0} = v$. 对式 (1.7) 积分求解得

$$\frac{\mathrm{d}x}{\mathrm{d}t} = -\mu gt + v$$

$$x(t) = -\frac{1}{2}\mu gt^2 + vt$$

令 $\frac{\mathrm{d}x}{\mathrm{d}t} = -\mu gt + v = 0$, 得刹车时间 $t_1 = \frac{v}{\mu g}$, 于是刹车距离为 $x(t_1) = \frac{v^2}{2\mu g}$. 将其代入式 (1.6), 得

$$T_2 = \frac{x(t_1)}{v} = \frac{v}{2\mu g} \tag{1.8}$$

因此, 由式 (1.4)、式 (1.5) 和式 (1.8) 得黄灯持续时间:

$$T = T_0 + \frac{D+L}{v} + \frac{v}{2\mu g} \tag{1.9}$$

模型分析 分析可知, T 是 v 的凹函数 $\left(因为 \dfrac{\mathrm{d}^2 T}{\mathrm{d}v^2} > 0\right)$, 且存在最短黄灯持续时间及对应的车速

$$T^* = T_0 + 2\sqrt{\frac{D+L}{2\mu g}}, \quad v^* = \sqrt{2\mu g(D+L)} \tag{1.10}$$

如果将模型 (1.9) 中 T 和 v 的关系用图形描述, 可得如图 1.3 所示的示意图.

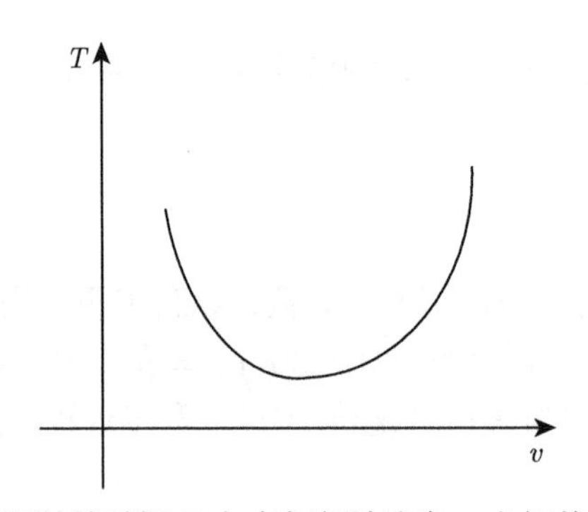

图 1.3 黄灯持续时间 T 与车辆行驶速度 v 之间关系的示意图

模型检验 以某一交叉路口为例, 选择典型的车辆和驾驶员进行数值计算. 假设交通路口长度 $D = 40$ m, 车辆长度 $L = 4.5$ m, 驾驶员反应时间 $T_0 = 1$ s, 重力加速度 $g = 9.8$ m/s^2, 路面摩擦系数 $\mu = 0.2$, 则利用式 (1.9) 可求出在不同的法定行驶速度下的黄灯持续时间, 如表 1.1 所示.

表 1.1 在不同的法定行驶速度下的黄灯持续时间

法定速度/(km/h)	60	50	40	30
黄灯时间/s	7.92	7.78	7.84	8.47

实际中, 观察这样的交叉路口, 我们会发现实际黄灯时间一般仅为 4~5s. 这使人想起, 许多交叉路口红绿灯的设计可能使有些车辆在绿灯转为红灯时还处于交叉路口, 因为黄灯时间偏短. 又由式 (1.10), 得此交叉路口的最短黄灯时间为 $T^* = 7.74$s, 相应的车速为 $v^* = 13.20$m/s ≈ 47.52km/h, 即如果车辆行驶速度为 48km/h, 则理论上黄灯持续时间最短为 7~8s.

1.2.4 三级火箭发射卫星

问题背景 随着航天技术的发展, 卫星、火箭、飞船等航天器的发射已成为人类进行科学探索、征服太空的重要手段. 我国航天事业的发展经历了发射人造地球卫星——“东方红一号”地球卫星成功发射、掌握载人航天技术——“神舟五号”载人飞船遨游太空、开展月球及火星探测活动——“嫦娥一号”绕月探测卫星成功发射、“天问一号”探测器着陆火星等里程碑, 2021 年 6 月 17 日实现了“神舟十二号”载人飞船与天和核心舱成功对接! 中国航天事业的发展又开启了新的里程碑!

问题 在卫星发射中, 一般都使用三级火箭系统发射. 为什么不用单级火箭而用三级火箭来发射呢?

问题分析 卫星发射是一个复杂的系统问题, 涉及众多的学科领域和专业知识. 我们尝试从动力学及质量结构的角度出发, 通过建立数学模型对此做出简要的分析, 以期给出合理的解释.

1. 单级火箭系统

模型 1 卫星速度模型

问题分析 1 卫星被发射到空中后应在预定高度的轨道上运动, 为克服地球引力和大气阻力的影响, 必须保证卫星被发射时具有足够高的速度. 因此, 我们首先分析卫星 (也是火箭系统运行末端) 所需的速度.

模型假设 (1) 地球是半径为 R 的均匀球体;

(2) 卫星的质量为 m, 在距地面高度为 h(球心距 $r=R+h$) 的平面轨道上做匀速圆周运动, 速度为 v.

模型建立与求解 1 由假设 (1) 和 (2), 当卫星在距地球高度为 h 的平面轨道上做匀速圆周运动时, 其受地球的引力为

$$F_1=\frac{kMm}{r^2} \tag{1.11}$$

其中, M 为地球的质量, k 为万有引力常数.

由于卫星的地面重量为 mg, 即 $mg=\dfrac{kMm}{R^2}$, 因此 $k=\dfrac{gR^2}{M}$, 从而卫星所受引力还可表示为

$$F_1=\frac{mgR^2}{r^2} \tag{1.12}$$

再由假设 (2), 卫星以速度 v 做匀速圆周运动时的向心力

$$F_2=\frac{mv^2}{r} \tag{1.13}$$

由 $F_1 = F_2$, 联合式 (1.12) 和式 (1.13), 得卫星 (火箭系统末端) 所需的速度

$$v = R\sqrt{\frac{g}{r}} = R\sqrt{\frac{g}{R+h}} \tag{1.14}$$

显然, v 随着 h 的增大而减小. 设 $g = 9.81\text{m/s}^2$, $R = 6400\text{km}$, 则对不同的地面高度 h 可计算出相应的卫星速度, 如表 1.2.

表 1.2　不同高度所需的卫星速度

h/km	300	400	600	800	1000	2000
v/(km/s)	7.74	7.69	7.58	7.47	7.37	6.91

结果分析 1　表 1.2 中给出的卫星在不同高度发射时所需的速度太大, 是单级火箭无法达到的. 分析原因, 一是建模中仅考虑了卫星的质量, 而没有考虑火箭系统的质量. 实际发射中火箭系统与卫星一同升入空中的指定高度再释放卫星, 且火箭系统本身的质量非常大, 不容忽视; 二是模型中假设地球是个均匀的球体, 是理想化的结果. 下面考虑火箭系统质量因素重新确定发射速度.

模型 2　火箭系统发射速度模型

问题分析 2　卫星是靠火箭系统拖向空中, 火箭系统是靠燃料燃烧喷射气体产生推动力升向高空, 因此火箭系统的质量和速度都是变化的, 且质量逐渐减少, 速度逐渐增大. 考虑火箭系统质量的变化, 在模型 1 的基础上, 增加适当的假设, 重新建立模型.

模型假设　(3) 忽略发射过程中火箭系统整体 (包括火箭系统和卫星) 重力和大气阻力的影响;

(4) 火箭系统整体在 t 时刻的质量、速度分别为 $m(t)$ 和 $v(t)$;

(5) 火箭系统喷气对箭体的相对速度为常值 u.

模型建立与求解 2　火箭系统整体在升向高空的过程中应遵循动量守恒. 考虑到火箭系统整体的质量和速度都是连续变化的, 利用微元法思想建立等量关系. 选取任意时间段 $[t, t+\Delta t]$, $t \geqslant 0, \Delta t > 0$, 假设 $\Delta t > 0$ 任意小, 则在此时段内, 火箭系统整体质量减少为 $\Delta m(t) = m(t+\Delta t) - m(t)$、动量减少近似为 $\Delta m(t)(v(t) - u)$. 根据动量守恒定律, 有

$$m(t)v(t) = m(t+\Delta t)v(t+\Delta t) - \Delta m(t)(v(t) - u) \tag{1.15}$$

整理式 (1.15), 并将等式两端同时除以 Δt, 令 $\Delta t \to 0$, 则得到方程

$$m(t)\frac{\mathrm{d}v(t)}{\mathrm{d}t} = -u\frac{\mathrm{d}m(t)}{\mathrm{d}t}$$

即

$$\frac{\mathrm{d}v(t)}{\mathrm{d}m(t)} = -\frac{u}{m(t)} \tag{1.16}$$

若给定初始条件 $v(m_0) = v_0$, 则式 (1.16) 的解为

$$v(t) = v_0 + u \ln \frac{m_0}{m(t)} \tag{1.17}$$

它表示在初始速度 v_0 和初始质量 m_0 给定条件下, 火箭系统整体的速度 $v(t)$ 取决于喷气速度 u 和火箭系统整体的质量比 $\frac{m_0}{m(t)}$.

分析火箭系统整体质量的构成, 知

$$m(t) = m_{\mathrm{P}} + m_{\mathrm{F}}(t) + m_{\mathrm{S}} \tag{1.18}$$

其中, m_{P}, $m_{\mathrm{F}}(t)$ 和 m_{S} 分别为 t 时刻的卫星质量、燃料质量和火箭结构质量.

在火箭系统整体发射过程中, 燃料质量是递减的, 星箭分离瞬间的剩余质量为 $m_{\mathrm{P}} + m_{\mathrm{S}}$. 由于 $v_0 = 0$, 由式 (1.17) 得火箭系统整体末速度 (即卫星发射速度) 为

$$v = u \ln \frac{m_0}{m_{\mathrm{P}} + m_{\mathrm{S}}} = u \ln \frac{m_{\mathrm{P}} + m_{\mathrm{F}} + m_{\mathrm{S}}}{m_{\mathrm{P}} + m_{\mathrm{S}}} \tag{1.19}$$

其中, $m_{\mathrm{F}} = m_{\mathrm{F}}(0)$, $m_0 = m_{\mathrm{P}} + m_{\mathrm{F}} + m_{\mathrm{S}}$.

由式 (1.19), 为提高卫星发射速度, 需要提高喷气速度 u 和质量比 $\frac{m_0}{m_{\mathrm{P}} + m_{\mathrm{S}}}$. 受技术条件影响, 提高喷气速度 u 相对困难, 所以考虑质量比 $\frac{m_0}{m_{\mathrm{P}} + m_{\mathrm{S}}}$ 的提高. 又由于卫星质量 m_{P} 固定, 提高质量比 $\frac{m_0}{m_{\mathrm{P}} + m_{\mathrm{S}}}$ 相当于减少比值 $\lambda = \frac{m_{\mathrm{S}}}{m_{\mathrm{S}} + m_{\mathrm{F}}}$(火箭系统中结构质量占系统质量的比值).

注意到, $m_{\mathrm{S}} = \lambda(m_{\mathrm{S}} + m_{\mathrm{F}}) = \lambda(m_0 - m_{\mathrm{P}})$, 由式 (1.19) 得

$$v = u \ln \frac{m_0}{\lambda m_0 + (1-\lambda) m_{\mathrm{P}}} \tag{1.20}$$

它表明卫星发射速度由喷气速度 u、火箭系统整体质量、卫星质量及质量比 λ 决定.

在目前的技术条件下, 一般 $u \approx 3\mathrm{km/s}$, $\lambda \approx 0.1$, 因此, 即便是空载 ($m_{\mathrm{P}} = 0$), 火箭的最高速度也只能达到

$$v = u \ln \lambda^{-1} \approx 6.91\mathrm{km/s}$$

所以, 单级火箭发射卫星一般不能达到表 1.2 所需的速度.

结果分析 2 分析产生上述结果的原因, 火箭躯体这样大的无效载荷在发射的加速过程中要浪费掉大量燃料, 使得加速效率低下, 因此, 需要考虑多级火箭发射问题.

2. 多级火箭系统

问题分析 3 多级火箭采用递推发射原理, 即在发射中逐级点燃燃料, 丢掉该级运载火箭, 加速下一级运载工具, 直至最后一级火箭达到预定高度时才释放出卫星.

在上述假设 (1)~(5) 基础上, 增加如下假设.

模型假设 (6) 考虑 n 级火箭系统, 且在理想的 n 级火箭系统中各级的质量比 λ 和相对喷气速度 u 均相同.

模型建立与求解 3 设第 i 级火箭系统质量为 m_i, 则其结构质量应为 λm_i、燃料质量为 $(1-\lambda)m_i$, 并约定荷载卫星为第 $n+1$ 级. 记

$$m_{\mathrm{P}} \equiv m_{n+1} \equiv w_{n+1}$$

则可将火箭系统整体的初始质量、第 i 级火箭系统工作时的系统整体初始质量和剩余质量分别设为 m_0, w_i 和 w_i', 其计算公式如下:

$$m_0 = \sum_{k=1}^{n+1} m_k$$

$$w_i = \sum_{k=i}^{n+1} m_k = m_i + w_{i+1}$$

$$w_i' = \lambda m_i + w_{i+1} = \lambda(w_i - w_{i+1}) + w_{i+1}$$

由式 (1.17), 可逐级递推计算出第 i 级火箭系统整体的末速度

$$v_i = v_{i-1} + u \ln \frac{w_i}{w_i'}, \quad i = 1, 2, \cdots, n \tag{1.21}$$

第 i 级火箭系统开始工作时, 令其初始质量与负载质量比为 $\dfrac{w_i}{w_{i+1}} = \mu_i$. 由于

$$\frac{w_i}{w_i'} = \frac{w_i}{\lambda m_i + w_{i+1}} = \frac{\mu_i}{1 + \lambda(\mu_i - 1)} \tag{1.22}$$

所以当 $v_0 = 0$ 时, 由式 (1.21) 可得到最终速度

$$v_n = u \ln \left(\prod_{k=1}^{n} \frac{\mu_k}{1 + \lambda(\mu_k - 1)} \right) \triangleq \overline{v} \tag{1.23}$$

其中, $\overline{v}$ 为卫星运行所需速度, 是事先设计的常值.

注意到, 在给定卫星速度 $\overline{v}$ 的前提下, 要使火箭系统的载荷 (卫星质量) 尽可能高, 等价于比值

$$\frac{m_0}{m_\mathrm{P}}=\frac{w_1}{w_{n+1}}=\frac{w_1}{w_2}\frac{w_2}{w_3}\cdots\frac{w_n}{w_{n+1}}=\mu_1\mu_2\cdots\mu_n \tag{1.24}$$

尽可能小. 在实际中, 最优的结构设计首先应使 $\mu_1=\mu_2=\cdots=\mu_n=\mu$, 于是由式 (1.23) 得

$$\frac{\mu}{1+\lambda(\mu-1)}=\sqrt[n]{\mathrm{e}^{\overline{v}/u}}=C=\text{常值}$$

因此

$$\mu=\frac{(1-\lambda)C}{1-\lambda C},\quad m_0=m_\mathrm{P}\mu^n \tag{1.25}$$

选取 $m_\mathrm{P}=1\mathrm{t}$, $\overline{v}=10.5\mathrm{km/s}$, $u\approx 3\mathrm{km/s}$, $\lambda\approx 0.1$, 通过计算得各级火箭所需要的火箭系统整体质量, 如表 1.3 所示.

表 1.3 多级火箭系统整体的质量

火箭级数	2	3	4	5	…	∞
火箭质量/t	149	77	65	60	…	50

结果分析 3 由表 1.3 可知, 为实现卫星发射速度 $\overline{v}=10.5\mathrm{km/s}$, 所需要的三级火箭系统比二级火箭系统质量减少近一半, 且其造价、可靠性要比四级及以上火箭系统更加优越, 因此, 通常会使用三级火箭发射卫星.

1.3 数学建模能力的培养

通过 1.2 节我们体会到无论是在日常生活、交通管理还是在航空航天这一高科技领域中, 利用一些并不复杂的数学方法, 通过建立数学模型, 都能够很好地解释日常现象、设计决策方案、解决复杂问题, 数学知识通过数学建模很好地应用到了实际当中. 那么, 我们怎样才能更好地掌握数学建模方法, 并用以解决相应的实际问题呢?

数学建模是连接数学和实际问题的纽带, 它为运用数学知识解决实际问题提供了系统化的方法. 因此, 学习数学建模首先要掌握一定的数学理论知识和计算方法 (特别是在数学建模中常用的数学方法), 具有较好的数学理论基础和分析推导能力 (以建立正确的数学模型), 掌握简单的数值计算方法 (适应复杂模型的求解); 要掌握一定的计算机技术和编程技术 (分析、求解及处理数学模型), 学会使

用有关的数学软件 (如符号运算软件 Mathematica、Maple, 统计处理软件 SAS、SPSS, 矩阵处理软件 MATLAB, 优化软件 LINGO、LINDO 等). 另外, 学习数学建模还要求我们重点培养运用数学的语言表述实际问题以及将数学模型结果回归到实际问题的 "双向翻译" 能力, 培养严密的逻辑推理和准确的数学运算的能力, 培养高度的观察力、丰富的想象力、综合的分析力以及一些灵感和顿悟, 培养自我获取新知识、创造新知识的能力. 同时, 学习数学建模要注意在思考方法和思维方式上的转变, 以适应解决复杂实际问题的需要, 更要培养团队意识, 良好的交流合作和准确表达的能力也是非常重要的.

为了培养上述能力, 我们要做到以下几点.

1. 学习常用的数学建模方法

常用的数学建模方法包括: 初等数学方法, 如比例方法、代数方法、分析方法和优化方法; 现代数学方法, 如微分方程方法、差分方程方法、概率统计方法、数学规划方法、回归分析方法、时间序列方法、层次分析方法、模糊评价方法、灰色预测方法、神经网络方法等. 对各种方法所涉及的问题不能只满足于掌握书中给出的或老师介绍的内容, 要多质疑, 学会从多个不同的角度去思考问题, 如 "还有更好的解决方法吗"、"如果问题中的条件变化一下会怎么样" 等等. 另外, 数学建模没有唯一正确的答案, 对模型很难评价其 "对" 与 "错", 对同一个问题可能会建立多个不同的模型, 因此, 评价模型好坏的唯一标准就是实践的检验, 看模型是否更符合实际情况.

2. 加强多角度、多方位、多层次学习

(1) 广泛了解多学科知识, 尽量多掌握一些数学建模方法, 这样面对实际问题时才能做到丰富地去想象.

(2) 注意观察生活中的各种事物, 把握事物的内在本质, 学会用数学的眼光去看待身边的事物, 培养数学洞察力.

(3) 学会类比, 做到 "由此及彼" 和 "由彼及此", 培养发散思维能力. 数学模型是对现实对象的抽象化产物, 不为对象所属领域所独有, 具有可移植性, 一个好的数学模型经常可以应用于不同领域的多个问题.

(4) 培养自学能力, 能够快速获取新知识, 并要学以致用. 因为数学建模问题是十分广泛的, 所涉及的知识是相对无限的, 我们不可能将所有的知识都储备好再去面对实际问题, 因此, 常常需要为了解决某一特定问题而有针对性地去学习新知识、新方法.

(5) 学会从杂乱无章的各种信息中快速地收集出有用的信息, 学会利用图书馆、互联网查找相关资料; 熟练掌握计算机操作, 会简单的计算机编程, 学会使用一些常用的数学软件.

(6) 学会与他人交流学习体会、交流问题看法, 准确地表述自己的观点; 学会接受别人的意见和建议, 及时调整和改进自身的不足; 学会配合别人的工作, 不能总是以自我为中心.

(7) 要有坚韧不拔的钻研精神和持之以恒的工作态度. 遇到困难既不能回避也不能丧失信心, 应当勇于承担工作和责任, 并以自己的精神鼓励合作者.

(8) 学会撰写科技论文, 数学建模的全过程及全部求解结果都体现在数学建模论文中, 所以应该通过论文让读者清楚地知道我们用了什么方法、解决了哪些问题、获得了怎样的结果, 以及结果是否符合客观实际和模型结果的应用情况等.

3. 加强数学建模的实践

学习数学建模特别要注意在解决实际问题的实践中提高数学建模的能力. 下面列举一些实际问题供大家思考和练习, 它们都可以通过数学建模给予恰当的解决.

(1) 棋子游戏. 15 颗棋子分三堆, 每堆分别有 3、5、7 颗, 两人依次从中取走棋子, 规定每次只能从一堆中取, 至少要取走一颗, 多取不限, 取到最后一颗棋子为胜. 问先取者是否有必胜方法?

(2) 硬币问题. 一摞硬币共 m 枚, 每枚硬币均正面朝上. 取最上面的 1 枚, 将它翻面后放回原处, 然后取最上面的 2 枚硬币, 将它们一起翻面后再放回原处. 再取 3 枚、4 枚等, 直到整摞硬币都按上面方法处理过. 接下来再从这摞硬币最上面的一枚开始, 重复刚才的做法. 这样一直做下去, 直到这摞硬币中的每一个都正面朝上为止. 问这种情形是否一定会出现? 如果出现, 则一共需要做多少次翻面?

(3) 球队比赛. 现有 37 支球队进行冠军争夺赛, 每轮比赛中出场的每两支球队中的胜者及轮空者进入下一轮, 直至比赛结束. 问共需要进行多少场比赛, 共需进行多少轮比赛? 如果是 n 支球队比赛呢?

(4) 空气清洁. 设车间容积为 V 米^3, 其中有一台运转中的机器每分钟能产生 r 米^3 的二氧化碳. 为了清洁车间内的空气, 降低空气中二氧化碳的含量, 用一台风力为 K 米^3/分钟的鼓风机通入含二氧化碳百分比为 m 的新鲜空气, 来降低车间里空气的二氧化碳含量. 假定通入的新鲜空气能与原空气迅速且均匀地混合, 并以相同的风量排出车间. 又设鼓风机开始工作时车间空气中含二氧化碳百分比为 x_0. 问经过 t 分钟后, 车间空气中含百分之几的二氧化碳? 最多能把车间空气中二氧化碳的百分比降低到多少?

(5) 管道包扎. 水管或煤气管道经常需要从外部包扎以便对管道起到保护作用. 包扎是用很长的带子缠绕在管道外部, 如图 1.4. 为节省材料, 如何进行包扎才能使带子全部包住管道而且所用带子最节省?

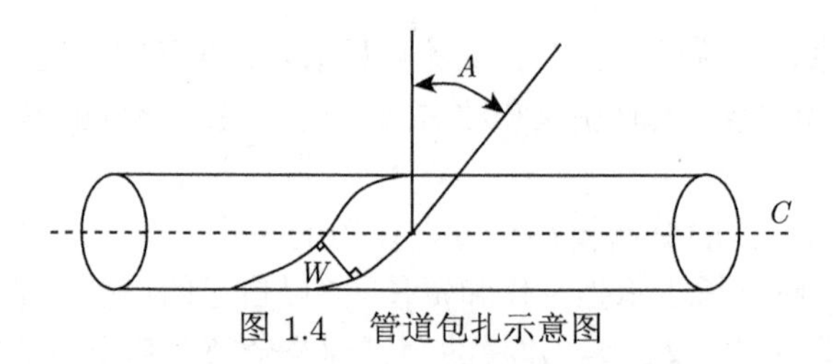

图 1.4　管道包扎示意图

(6) 崖高估算. 假如你站在山崖顶, 身上只带了一支具有跑表功能的计算器, 你也许会出于好奇心想用扔下一块石头听回声的方法来估计出山崖的高度.

(i) 假定你能准确地测定石块下落时间, 请推算山崖的高度.

(ii) 通常是听到回声再按跑表, 因此测定的时间中还包含了人的反应时间, 反应时间虽然不长, 但由于石块落地前的速度已经变得很大, 对计算结果的影响仍会较大. 考虑这一问题给出新的推算结果.

(iii) 所测定的石块下落时间还包括了声音从崖底传回来所需要的时间, 即回声时间, 考虑回声时间再继续讨论问题.

(7) 停车问题. 沿街边停靠的汽车整齐地排成一行, 一辆汽车开往中间的一个空位准备停车. 一个供汽车驾驶员使用的训练手册对此作如下建议: 首先将汽车开到超过空位的距离为车长的 $x\%$、离停靠在街边的车的距离为车身宽度的 $y\%$ 之处 (图 1.5), 再倒车回空位停放.

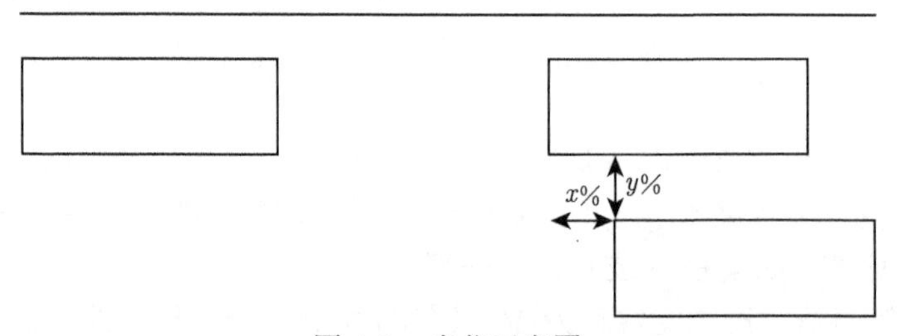

图 1.5　车位示意图

(i) 请你建立一个数学模型使手册的制定者用来确定 x 和 y 的适当数值.

(ii) 求出不超过规定车位的宽度能停车的空地的最小长度 L.

(iii) 若将汽车正向开进车位, 考虑会是怎样的情况?

(8) 基金使用. 某学校基金会有一笔数额为 M 万元的资金, 打算将其存入银行或购买国债. 当前银行存款及各期国债的利率见表 1.4. 假设国债每年至少发行一次, 发行时间不定. 取款政策参考银行的现行政策.

校基金会计划在 n 年内每年用部分本息奖励优秀师生, 要求每年的奖金额大致相同, 且在 n 年末仍保留原资金数额. 校基金会希望获得最佳的资金使用计划,以提高每年的奖金额. 请你帮助校基金会在如下情况下设计资金使用方案, 并对 $M = 5000$ 万元, $n = 10$ 年及 $n = 12$ 年给出具体结果: ① 只存款不购国债; ② 可存款也可购国债; ③ 学校在资金到位后的第 3 年要举行百年校庆, 基金会希望这一年的奖金比其他年度多 $r = 20\%$.

表 1.4 银行存款及购买国债的利率表

	银行存款税后年利率/%	国债年利率/%
活期	0.3	
半年期	1.45	
一年期	1.68	
二年期	2.15	2.25
三年期	2.60	2.75
五年期	2.65	2.75

(9) 拥挤的水房. 某大学在校学生一万余人, 由一个开水房供应开水. 供水时间为早晨 6: 30 到 8: 00, 中午 11: 00 到 12: 30, 下午 17: 00 到 18: 30. 水房内共有 22 个水龙头供大家使用. 水房内有约 10 平方米的面积供排队等候打水. 开水锅炉容量较小, 送水管道较细, 开水的流量受到一定的限制, 再加上水管易被水垢堵塞, 使水流减小甚至状如细线, 致使水房内常有排队的现象. 拥挤的水房成为学生们抱怨的一个话题. 我们的问题是: 水房的设计是否合理? 为什么拥挤, 拥挤的程度如何? 怎样进行改进?

第 2 章　初 等 模 型

对于一些比较简单的实际问题, 研究对象之间的因果关系比较明确, 能够通过不太复杂的分析和推理获得反映对象内部机理的数量规律——数学模型, 并依此模型给出实际问题的解决方案. 本章将介绍一些能用初等数学的方法建立并求解的数学模型——初等模型, 这些模型的构建、求解及应用过程将让我们体会到利用简单的数学方法解决实际问题的魅力, 培养数学建模的思维和能力.

2.1　比 例 模 型

建立变量之间函数关系的方法很多, 其中最常用的方法之一是比例方法, 即利用物体的几何相似性来简化模型建立的过程. 两个物体被称为是几何相似的, 如果这两个物体各点之间存在一个一一对应, 使得对应点之间的距离之比相等. 如果两个物体是几何相似的, 则它们对应的一维长度 (如长方体的长、宽和高) 之比 l/l' 等于常值 C, 而对应的表面积之比 $S/S' = C^2$、体积之比 $V/V' = C^3$. 换言之,

$$\frac{S}{l^2} = \frac{S'}{l'^2} = \text{常值}, \quad \frac{V}{l^3} = \frac{V'}{l'^3} = \text{常值}$$

或者简记为

$$S \propto l^2, \quad V \propto l^3$$

称为 S 与 l^2 成正比、V 与 l^3 成正比.

2.1.1　包装产品的成本

问题　考虑像牙膏、洗涤剂之类的产品, 它们通常是包装后出售的. 注意到包装比较大的按每克计算的价格较低. 能否构造一个简单的数学模型来分析说明这种现象? 人们通常认为这是由于节省了包装和经营的成本. 这是主要原因吗? 是否还有其他重要因素?

问题分析　我们研究的是产品成本随包装大小而变化的规律. 在产品销售过程中, 有批发价和零售价等不同的价格, 它们反映了销售的不同阶段. 我们研究产品的批发价格, 即零售商对该产品所支付的价格. 一般来说产品的批发价格的主要构成为: 生产成本、包装成本和运输成本等, 因此, 分析产品的批发价格就要分析清楚这里的每一项价格.

模型假设 (1) 生产成本与生产量 (如重量) 有关, 生产量越大成本越大.

(2) 包装成本包括人工成本和材料成本, 人工成本与装包、封包、装箱备运所需要的时间有关, 时间越长成本越大; 材料成本与包装产品的重量和体积有关, 重量和体积越大则材料成本越大.

(3) 运输成本与产品的重量和体积有关, 体积又与重量密切相关.

模型建立 引入符号, 生产成本 a、人工成本 b、材料成本 c、运输成本 d. 首先, 依据模型假设细化对产品的各项成本的表述.

(1) 生产成本, 除了与生产量有关, 还会随着商业竞争和经营规模的变化而变化, 在此我们重点研究销售过程中产品价格的粗略规律, 因此忽略类似于这些复杂因素. 假设产品的生产成本 a 与产品重量 W 成正比, 可设

$$a = k_1 W \tag{2.1}$$

其中, k_1 为比例系数.

(2) 包装人工成本, 取决于对产品进行装包、封包及装箱备运所需要的时间. 装包时间大致与被包装产品的体积 (因而与重量) 成正比, 而对于体积在一定范围内的产品的包装, 其封包和装箱备运所需要的时间相差不大. 于是, 可设

$$b = k_2 W + m_1 \tag{2.2}$$

其中, $k_2, m_1 > 0$ 为常值.

(3) 包装材料成本, 取决于包装产品的重量和体积. 若所考虑包装产品的重量和体积的变动范围不太大, 则可认为各种体积的产品包装所用的包装材料品质相同. 因此, 每件包装所消耗包装材料量 (因而也是每件包装材料的重量) 与所覆盖包装产品的表面积成正比、体积与包装产品的表面积或体积成正比且取决于摊平后运输 (如纸板) 还是成型后运输 (如玻璃器皿). 所以包装材料成本可设为

$$c = k_3 W + k_4 S + m_2 \tag{2.3}$$

其中, $k_3, k_4, m_2 > 0$ 均为常数, S 是包装产品的表面积.

(4) 运输成本, 同时取决于产品的重量和体积, 而体积一般与装满的包的重量成比例. 可设

$$d = k_5 W \tag{2.4}$$

其中, $k_5 > 0$ 为比例系数.

综合上述分析, 由式 (2.1)~(2.4) 得产品总成本 (即批发价格) 为

$$P = a + b + c + d$$

$$= (k_1 + k_2 + k_3 + k_5)W + k_4 S + m_1 + m_2$$

$$\triangleq kW + rS + m \tag{2.5}$$

为简化问题, 再将上式中的变量转化为一个变量——重量. 假设各种包装产品在几何形状上是大致相似的, 体积 V 几乎与线性尺度 l 的立方成正比, 表面积 S 几乎与线性尺度 l 的平方成正比, 即 $V \propto l^3$, $S \propto l^2$, 所以 $S \propto V^{2/3}$. 由于 $V \propto W$, 所以 $S \propto W^{2/3}$. 于是每单位重量产品的批发价格是

$$\overline{P} = \frac{P}{W} = k + \frac{r}{W^{1/3}} + \frac{m}{W} \tag{2.6}$$

式 (2.6) 是包装产品的成本模型.

模型分析与解释 由上述模型可以看出, 当包装增大时, 即每包内产品的重量 W 增加时, 单位重量的成本 $\overline{P}$ 将下降, 因此大包装的产品会便宜一些, 适当地买一些大包装的产品会更划算. 另外, 由模型建立过程可以看出, 大包装产品之所以会便宜一些, 不仅仅是因为节省了 “通常的包装和经营的成本”, 还与包装的人工固定成本、材料固定成本及包装产品的形状等有关.

同时, 我们可以看到, 当 $W \to \infty$ 时, $\overline{P} \to k$, 即单位重量产品的批发价格不会无限地降下去, 而是有下限的. 进一步分析可知, 单位重量产品批发价格的下降速度为

$$v = -\frac{\mathrm{d}\overline{P}}{\mathrm{d}W} = \frac{r}{3W^{4/3}} + \frac{m}{W^2}$$

它是 W 的减函数. 因此, 当包装比较大时, 单位重量的节省成本增加得较慢, 即也不是包装越大越划算. 重量为 W 的包装产品的总节省成本为

$$vW = \frac{r}{3W^{1/3}} + \frac{m}{W}$$

也是 W 的减函数. 因此, 随着包装的增大, 总节省成本是递减的.

在日常生活中, 究竟购买哪种包装 (大、中或小包) 的产品更划算, 还是要根据个人具体情况而定.

2.1.2 划艇比赛的成绩

问题 赛艇是一种靠桨手划桨前进的小船, 分单人艇、双人艇、四人艇、八人艇四种. 各种艇虽然大小不同, 但形状相似. T. A. McMahon 比较了各种赛艇在 1964～1970 年 4 次 2000 米国际比赛的最好成绩, 见表 2.1 第 1 列至第 6 列, 发现它们之间有相当一致的差别, 他认为比赛成绩与桨手数量之间存在着某种联系, 于是建立了一个模型来解释这种关系.

表 2.1 各种艇的比赛成绩和规格

艇种	2000 米成绩 t/min					艇长 l/m	艇宽 b/m	l/b	艇重 W/桨手数 n
	1	2	3	4	平均				
单人	7.16	7.25	7.28	7.17	7.21	7.93	0.293	27.0	16.3
双人	6.87	6.92	6.95	6.77	6.88	9.76	0.356	27.4	13.6
四人	6.33	6.42	6.48	6.13	6.32	11.75	0.574	21.0	18.1
八人	5.87	5.92	5.82	5.73	5.84	18.28	0.610	30.0	14.7

问题分析 赛艇前进的主要动力来自桨手划桨的输出功率, 同时赛艇前进时要受到水的阻力, 并且阻力主要是赛艇浸没在水中部分与水之间的摩擦力, 赛艇靠桨手的力量克服阻力保持一定的前进速度. 桨手越多划艇前进的动力越大, 但是艇和桨手总重量的增加又会使赛艇浸没面积加大, 于是阻力也随之加大, 增加的阻力将抵消一部分增加的动力. 本题建模目的是寻求桨手数量与比赛成绩 (赛艇前进一定距离所需时间) 之间的数量规律. 如果假设赛艇前进速度 (艇速) 在整个赛程中保持不变, 那么只需构造一个静态模型, 使问题简化为建立桨手数量与艇速之间的关系.

为了分析赛艇所受阻力的情况, 调查各种艇的几何尺寸和重量, 表 2.1 第 7~10 列给出了这些数据. 可以看出, 桨手数增加时, 艇的尺寸及艇重都随之增加, 但比值 l/b 和 W/n 变化不大. 若假定 l/b 是常数, 即各种艇的形状一样, 则可得到赛艇浸没在水中的面积与排水体积之间的关系. 若假定 W/n 是常数, 则可得到赛艇和桨手的总重量与桨手数之间的关系. 此外, 还需对桨手体重、划桨功率、阻力与艇速的关系等方面做出简化且合理的假设, 才能运用合适的物理定律建立需要的模型.

模型假设 (1) 各种艇的几何形状相同, 即 l/b 是常数; 艇重 W 与桨手数 n 成正比.

(2) 艇速 v 是常数, 艇前进时所受阻力 f 与 Sv^2 成正比 (S 是赛艇浸没在水中部分的面积). 因为在世界级比赛中桨手能在极短的时间内使艇加速到最大速度, 然后把这个速度一直保持到终点.

(3) 所有桨手的体重都相同, 记作 W; 在比赛中每个桨手划桨的输出功率 p 保持不变, 且 p 与 W 成正比.

假设 (1) 是根据所给数据做出的必要且合理的简化假设; 根据物理学知识, 运动速度中等大小的物体所受阻力 f 符合假设 (2) 中 f 与 Sv^2 成正比的情况; 假设 (3) 中 W 和 p 为常数属于必要的简化, 而 p 与 W 成正比可解释为: p 与肌肉体积、肺的体积成正比, 对于身材匀称的运动员, 肌肉、肺的体积与体重成正比.

模型建立

(1) 有 n 名桨手的赛艇获得的总输出功率为 np, 它与阻力 f 和速度 v 的乘积成正比, 即 $np \propto fv$. 由假设 (2) 和 (3), $f \propto Sv^2$, $p \propto W$, 于是

$$v \propto (n/S)^{1/3} \tag{2.7}$$

(2) 由假设 (1), 各种赛艇的几何形状相同, 若浸没在水中的面积 S 与艇的某特征尺寸 c 的平方成正比 ($S \propto c^2$), 则赛艇排水体积 A 必与 c 的立方成正比 ($A \propto c^3$), 于是有

$$S \propto A^{2/3} \tag{2.8}$$

(3) 赛艇重量 W_0 与桨手数 n 成正比, 所以赛艇和桨手的总重量 $W' = W_0 + nW$ 也与 n 成正比, 即 $W' \propto n$. 而由阿基米德定律, 艇排水体积 A 与总重量 W' 成正比, 即 $A \propto W'$. 于是

$$S \propto n^{2/3} \tag{2.9}$$

综合式 (2.7)~(2.9), 得 $v \propto n^{1/9}$. 因为比赛成绩 t(时间) 与艇速 v 成反比, 所以

$$t \propto n^{-1/9} \tag{2.10}$$

这就是各种艇的比赛成绩与桨手数之间的关系——数学模型.

模型检验 为了用表 2.1 中各种赛艇的平均成绩检验 t(时间) 与 v 的关系式, 设 t 与 v 的关系为

$$t = \alpha n^{\beta}$$

其中, α, β 为待定常数. 由上式有

$$\log t = \alpha' + \beta \log n$$

利用线性最小二乘法根据表 2.1 所给数据拟合得到

$$t = 7.21 n^{-0.111}$$

可以看出模型结果与这个结果吻合得非常好 (1/9 与 0.111 近似相等).

2.2 代 数 模 型

在某些实际问题中, 变量之间有着明确的数量关系, 可以建立相应的代数方程进行表达, 这就是代数模型. 对代数模型的求解则可能涉及包括代数、分析、优化等很多的方法.

2.2.1 常染色体隐性疾病

问题背景 目前世界上已经发现的遗传病有将近 4000 种. 在一般情况下, 遗传疾病与特殊的种群、部落及群体有关. 如也叫地中海贫血症的患者以居住在地中海沿岸为多, 镰状细胞贫血一般流行在黑种人中, 家族黑蒙性白痴症则在东欧犹太人中流行. 这些遗传病患者经常未到成年就痛苦地死去, 而他们的父母则是疾病的病源. 我们能否尽量减少这些遗传病的发生?

问题 在常染色体的遗传中, 后代是从双亲的基因对中各继承一个基因形成自己的基因对 (又称基因型), 基因对确定了后代的遗传特征. 假设用 A 表示染色体遗传的正常基因, a 表示染色体遗传的不正常基因, 则基因对 AA、Aa、aa 分别表示正常人、隐性疾病患者和显性疾病患者的基因型. 而只有显性疾病患者会发病. 问题是我们能否控制或降低遗传病的发病率? 应采取什么措施?

问题分析 首先, 根据遗传特性分析一下具有三种基因型人的后代基因型情况, 如表 2.2 所示.

表 2.2 父母基因型对后代基因型的影响

父母基因型	AA-AA	aa-aa	aa-AA	aa-Aa	Aa-AA	Aa-Aa
后代基因型	AA	aa	Aa	Aa, aa	Aa, AA	AA, Aa, aa

从表 2.2 可见, 两个显性患者的后代不可能是正常人, 两个隐性患者的后代可能是显性患者, 而隐性患者与正常人结合其后代或是正常人或是隐性患者. 隐性患者虽然带有不正常的基因, 却不会出现显性特征, 不会受疾病折磨.

其次, 为了降低遗传疾病的发病率, 提高人口质量, 或者使每名儿童至少有一个正常的父亲或母亲, 我国相关法规规定患有某些遗传病人是不允许或被限制结婚的.

模型假设 根据我国对常染色体疾病患者结婚的限制, 提出如下假设

(1) 正常人 AA 不能与显性患者 aa 结合;

(2) 隐性患者 Aa 必须与正常人 AA 结合.

模型建立 在模型假设这种控制策略下, 考虑后代中隐性患者的分布情况.

设 $x_1(n), x_2(n)$ 分别表示第 n 代人中具有基因型 AA 和 Aa 的人占总人数的比例, $n=1,2,\cdots$. 由表 2.2 可知, 父母基因型确定后代基因型的比例分布如表 2.3.

于是, 第 n 代到第 $n+1$ 代的基因的分布满足

$$\begin{cases} x_1(n+1) = x_1(n) + \dfrac{1}{2}x_2(n) \\ x_2(n+1) = \dfrac{1}{2}x_2(n) \end{cases} \tag{2.11}$$

如果已知第 1 代人的基因型 AA 和 Aa 分布比例, 即给定 $x_1(1)=x_{11}, x_2(1)=x_{21}$, 则可以递推求出以后各代基因型分布情况.

表 2.3　父母基因型与后代基因型

比例 \ 父母基因型 \ 后代基因型	AA-AA	AA-Aa
AA	1	1/2
Aa	0	1/2

引入基因型分布向量 $x(n)=(x_1(n),x_2(n))^{\mathrm{T}}$, 则式 (2.11) 可表示成

$$x(n+1)=Mx(n),\quad x(1)=(x_{11},x_{21})^{\mathrm{T}} \tag{2.12}$$

其中, $M=\begin{bmatrix}1 & 1/2\\ 0 & 1/2\end{bmatrix}$ 称为基因型转移矩阵.

于是

$$\begin{aligned}x(n)&=M^{n-1}x(1)=PD^{n-1}P^{-1}x(1)\\&=\begin{bmatrix}1 & 1-(1/2)^{n-1}\\ 0 & (1/2)^{n-1}\end{bmatrix}x(1)\end{aligned}$$

其中

$$M=PDP^{-1},\quad D=\begin{bmatrix}1 & 0\\ 0 & 1/2\end{bmatrix},\quad P=\begin{bmatrix}1 & 1\\ 0 & -1\end{bmatrix}$$

因此

$$\begin{cases}x_1(n)=x_{11}+x_{21}-(1/2)^{n-1}x_{21}\\ x_2(n)=(1/2)^{n-1}x_{21}\end{cases} \tag{2.13}$$

式 (2.13) 即给出了后代基因型 AA 和 Aa 分布比例递推模型.

模型分析　由模型 (2.13) 可见, 当 $n\to\infty$ 时, $x_1(n)\to 1, x_2(n)\to 0$, 即在由假设 (1) 和 (2) 给出的控制措施或策略下, 隐性患者将逐渐消失, 全部成为正常人. 另外, 由式 (2.11) 知, $x_2(n+1)=\frac{1}{2}x_2(n)$, 即隐性患者比例到下一代即会减少一半, 可见此控制策略在短期内也是十分有效的.

2.2.2 森林砍伐管理

问题 某片森林中的树木每年都要有一批被砍伐出售. 为了使这片森林不被耗尽且每年都有砍伐收获, 规定每当砍伐一棵树时应该就地补种一棵幼苗, 以使森林中树木的总数保持不变. 被出售的树木, 其价值取决于树木的高度, 开始时森林中的树木有着高矮不同的高度. 我们希望能找到一个树木砍伐方案, 在维持砍伐收获的前提下使被砍伐的树木获得最大的经济价值.

问题分析 按照我国的《森林法》, 对砍伐树木有明确要求, 即便是商品林也应当“伐育同步规划实施”. 为了方便讨论, 规定每年对森林中的林木砍伐一次, 同时为了维持每年都能有稳定的收获, 每次只能砍伐森林中的部分树木, 并且应保证留下的树木和补种的幼苗经过一年的生长期后与砍伐前森林中树木的高度状态相同. 为了简化问题, 将森林中的树木按其高度进行分类, 假设不同类别树木具有不同的价值, 同一类别的树木价值相同. 一个好的砍伐方案应当在保证每年具有相同的砍伐收获的前提下, 使被砍伐的树木获得最大的经济价值.

模型假设 (1) 森林中某片的树木总数为 S, 树木按高度分为 n 类, 第 1 类树木的高度区间为 $[0, h_1]$, 是树木的幼苗, 第 k 类树木的高度区间为 $(h_{k-1}, h_k]$, $k=2,3,\cdots,n-1$, 第 n 类树木的高度为 (h_{n-1},∞);

(2) 在一年的生长期内, 树木最多生长一个高度类, 即本年度第 k 类树木在下一年度可能进入第 k+1 类也可能停留在第 k 类, 且进入第 k+1 类的比例为 g_k(从而留在第 k 类的比例为 $1-g_k$), 忽略两次砍伐期间树木的死亡情况;

(3) 每年砍伐前森林中树木的高度状态都相同;

(4) 从砍伐的角度, 树木幼苗的经济价值为 $p_1=0$, 第 k 类的经济价值为 p_k, $k=2,3,\cdots,n$.

模型建立 用 t 表示年份、k 表示树木类别, 设 $x_k(t)$ 为第 t 年第 k 类树木的数量, 每年砍伐第 k 类树木数量为 y_k(与 t 无关).

由假设 (1) 有

$$x_1(t)+x_2(t)+\cdots+x_n(t)=S \tag{2.14}$$

由假设 (2), 第 t 年 (砍伐后) 到第 $t+1$ 年 (砍伐前) 各类树木的数量满足如下关系:

$$\begin{cases} x_1(t+1)=(1-g_1)x_1(t)-y_1+\sum\limits_{k=1}^{n} y_k, \\ x_k(t+1)=g_{k-1}x_{k-1}(t)+(1-g_k)x_k(t)-y_k, & k=2,3,\cdots,n-1 \\ x_n(t+1)=g_{n-1}x_{n-1}(t)+x_n(t)-y_n, \end{cases} \tag{2.15}$$

由假设 (3), 每年砍伐前森林中各类树木的高度满足

$$x_k(t+1) = x_k(t), \quad k = 1, 2, \cdots, n$$

即

$$\begin{cases} x_1(t) = (1-g_1)x_1(t) - y_1 + \sum\limits_{k=1}^{n} y_k, \\ x_k(t) = g_{k-1}x_{k-1}(t) + (1-g_k)x_k(t) - y_k, \\ x_n(t) = g_{n-1}x_{n-1}(t) + x_n(t) - y_n, \end{cases} \quad k = 2, 3, \cdots, n-1 \tag{2.16}$$

简化得

$$\begin{cases} y_2 + y_3 + \cdots + y_n = g_1 x_1 \\ y_2 = g_1 x_1 - g_2 x_2 \\ y_3 = g_2 x_2 - g_3 x_3 \\ \qquad \cdots \\ y_{n-1} = g_{n-2}x_{n-2} - g_{n-1}x_{n-1} \\ y_n = g_{n-1}x_{n-1} \end{cases} \tag{2.17}$$

由假设 (4), 每年所收获树木的价值为

$$\begin{aligned} f(y_2, y_3, \cdots, y_n) &= p_2 y_2 + p_3 y_3 + \cdots + p_n y_n \\ &= p_2 g_1 x_1 + (p_3 - p_2) g_2 x_2 + \cdots + (p_n - p_{n-1}) g_{n-1} x_{n-1} \end{aligned} \tag{2.18}$$

因此, 为了选择收益最大的砍伐策略, 需在满足式 (2.14) 和 (2.17) 的条件下求式 (2.18) 的最大值.

另一方面, 为模型表示简单, 引入树木状态向量 $x(t)$、收获向量 y、价值向量 P、生长矩阵 G、种植矩阵 R 如下:

$$x(t) = (x_1(t), x_2(t), \cdots, x_n(t))^{\mathrm{T}}, \quad y = (y_1, y_2, \cdots, y_n)^{\mathrm{T}}, \quad P = (p_1, p_2, \cdots, p_n)^{\mathrm{T}}$$

$$G = \begin{bmatrix} 1-g_1 & 0 & 0 & \cdots & 0 & 0 \\ g_1 & 1-g_2 & 0 & \cdots & 0 & 0 \\ 0 & g_2 & 1-g_3 & \cdots & 0 & 0 \\ \vdots & \vdots & \vdots & & \vdots & \vdots \\ 0 & 0 & 0 & \cdots & 1-g_{n-1} & 0 \\ 0 & 0 & 0 & \cdots & g_{n-1} & 1 \end{bmatrix}, \quad R = \begin{bmatrix} 1 & 1 & \cdots & 1 \\ 0 & 0 & \cdots & 0 \\ \vdots & \vdots & & \vdots \\ 0 & 0 & \cdots & 0 \end{bmatrix}$$

则式 (2.15)~(2.17) 分别表示为

$$x(t+1) = Gx(t) - y + Ry \tag{2.19}$$

$$x(t) = Gx(t) - y + Ry \tag{2.20}$$

$$(R - I)y = (I - G)x(t) \tag{2.21}$$

因此, 本问题即是求满足式 (2.14) 条件下的式 (2.21) 的解.

模型求解 结合实际情况求解本问题. 由于幼苗无经济价值, 所以不会砍伐幼苗, 即 $y_1 = 0$. 在实际砍伐中, 往往只砍伐一种类别的所有树木, 设为第 k 类, 即 $y_k > 0, y_j = 0, j \neq k, j = 2, 3, \cdots, n$, 此时由式 (2.16) 有 $x_i = 0, i \geqslant k$, 且

$$y_k = g_1 x_1 = g_2 x_2 = g_3 x_3 = \cdots = g_{k-1} x_{k-1}$$

于是

$$x_2 = \frac{g_1}{g_2} x_1, x_3 = \frac{g_1}{g_3} x_1, \cdots, x_{k-1} = \frac{g_1}{g_{k-1}} x_1$$

代入式 (2.14) 得

$$x_1 = \frac{S}{1 + \dfrac{g_1}{g_2} + \dfrac{g_1}{g_3} + \cdots + \dfrac{g_1}{g_{k-1}}}$$

根据式 (2.18), 砍伐收获树木的价值为

$$\begin{aligned} f_k &= f(y_k) = p_k y_k \\ &= p_k g_1 x_1 = \frac{p_k S}{\dfrac{1}{g_1} + \dfrac{1}{g_2} + \cdots + \dfrac{1}{g_{k-1}}}, \quad k = 2, 3, \cdots, n-1 \end{aligned} \tag{2.22}$$

当森林中树木的各参数给出后, 比较式 (2.18) 中 $f_k (k = 2, 3, \cdots, n-1)$ 的值, 即可获得最佳砍伐方案.

数值验证 假设某片森林中的树木具有 6 年的生长期, 并按生长期周期将树木分为 6 类. 已知在一年生长期内生长到更高一类的比例为 $g_1 = 0.28$, $g_2 = 0.32$, $g_3 = 0.25$, $g_4 = 0.23$, $g_5 = 0.37$, 各类树木的经济价值为 $p_2 = 50$ 元, $p_3 = 100$ 元, $p_4 = 150$ 元, $p_5 = 200$ 元, $p_6 = 250$ 元. 求最优砍伐的策略.

按照模型结果式 (2.22) 计算得

$$f_2 = 14.0S, \quad f_3 = 14.7S, \quad f_4 = 13.9S, \quad f_5 = 13.2S, \quad f_6 = 14.0S$$

比较得 f_3 最大, 收益是 $14.7S$. 因此, 最佳砍伐方案是砍伐第 3 类中的全部树木. 在此方案下, 森林中仅会剩下第 1、2 类树木, 且 $x_2 = 0.475S$, 森林中各类树木的占比分布为 $x = (0.525, 0.475, 0, 0, 0)^{\mathrm{T}}$, 即第一年树木占树木总数的 52.5%, 第二年树木占树木总数的 47.5%.

2.3 分析模型

在一些实际问题中, 所研究的对象之间具有明显的相互影响和相互依存的关系, 但具体的数量关系并不明确也难以确定, 对此, 可以通过建立抽象的函数关系进行定性与定量相结合的分析, 这就是分析模型. 对分析模型的求解一般会涉及对函数性质的讨论.

2.3.1 实物交换

问题 有甲乙二人, 甲有面包 1 斤 (1 斤 = 0.5 千克), 乙有香肠若干. 二人共进午餐时希望相互交换一部分, 以达到双方满意的结果. 这种实物交换问题可以出现在个人之间或国家之间的各种类型的贸易市场上. 那么, 能否建立数学模型来刻画这种实物交换是如何实现的呢?

问题分析 显然, 实物交换的结果取决于双方对两种物品的偏爱程度, 而偏爱程度很难给出确切的定量关系, 一般只能用定性的方式刻画. 而且, 不同人对 "满意" 的要求也不一样, 即具有不同的满意度. 因此, 我们尝试采用图形法建模来描述双方实物交换的过程, 分析实现实物交换的可能性和交换结果.

模型假设 交换前, 甲拥有物品 X 的数量为 x_0, 乙拥有物品 Y 的数量为 y_0; 交换后, 甲拥有物品 X 和 Y 的数量分别为 x 和 y, 于是乙拥有物品 X 和 Y 的数量分别为 $x_0 - x$ 和 $y_0 - y$.

模型建立与求解

(1) 确定交换区域. 引入坐标平面 Oxy 表示甲乙拥有的两种物品情况. 由假设, 易见 $0 \leqslant x \leqslant x_0$, $0 \leqslant y \leqslant y_0$, 即交换前后甲拥有物品 X 和 Y 的数量都可以用平面上矩形中的点表示, 如图 2.1 所示.

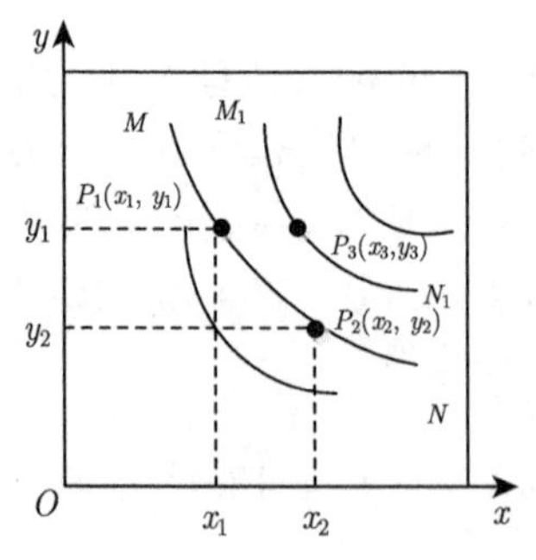

图 2.1 甲乙交换区域和甲的无差别曲线

(2) 确定交换曲线. 引入 "无差别曲线" 来描述甲对物品 X 和 Y 的偏爱程度. 如果 "拥有 x_1 数量的 X 和 y_1 数量的 Y" 与 "拥有 x_2 数量的 X 和 y_2 数量的 Y"

对甲来说是同样满意的, 则称点 $P_1(x_1, y_1)$ 与点 $P_2(x_2, y_2)$ 对甲是无差别的. 不妨设点 P_1 与 P_2 的位置如图 2.1 所示. 换句话说, P_2 与 P_1 相比, 甲愿意以 Y 的减少 $y_1 - y_2$ 换取 X 的增加 $x_2 - x_1$. 所有与 P_1 和 P_2 具有同样满意度的点组成一条甲的无差别曲线 MN, 而比这些点的满意度更高的点 P_3 则位于另一条无差别曲线 M_1N_1 上. 这样, 甲将有无数条无差别曲线, 它们是互不相交且充满整个平面区域的无差别曲线族. 不妨将这族曲线记为 $f(x, y) = c_1$, c_1 称为甲的满意度. 对甲来说, c_1 越大满意度越大, 无差别曲线向右上方移动. 按照常识, 无差别曲线应是单调递减的、下凸的 (见后面的 "模型解释").

同样, 乙对物品 X 和 Y 也有一族无差别曲线, 记作 $g(x, y) = c_2$, c_2 称为乙的满意度. 尽管我们无法给出无差别曲线 f 和 g 的具体表达式, 但是每个人都可以根据对两种物品的偏爱程度用曲线表示它们. 特殊情况下, 无差别曲线可能会退化为一个点 (当某个人只接受对两种物品的一种拥有情况时). 如果两个人的无差别曲线都退化为各自的点, 则很难实现实物交换.

为得到双方满意的交换方案, 将双方的无差别曲线画在一个坐标面上, 如图 2.2 所示, 实线为甲的无差别曲线 $f(x, y) = c_1$, 坐标原点在 O 点, 虚线为乙的无差别曲线 $g(x, y) = c_2$, 坐标原点在 O' 点, 坐标轴方向恰好都相反. 当甲的满意度 c_1 增加时, 无差别曲线向右上方移动; 当乙的满意度 c_2 增加时, 无差别曲线向左下方移动. 两族曲线的切点连成一条曲线 AB, 如图 2.2 中的点线. 可以断言: 双方满意的交换方案应该在曲线 AB 上, 称 AB 为交换路径 (或交换曲线). 因为若交换在曲线 AB 外的某点 P' 进行, 则通过 P' 点甲的无差别曲线与 AB 交于 P 点, 甲对 P 点和 P' 点的满意度相同, 而乙对 P 点的满意度高于 P' 点, 因此双方不可能在 P' 点交换成功, 只能在 P 点交换成功.

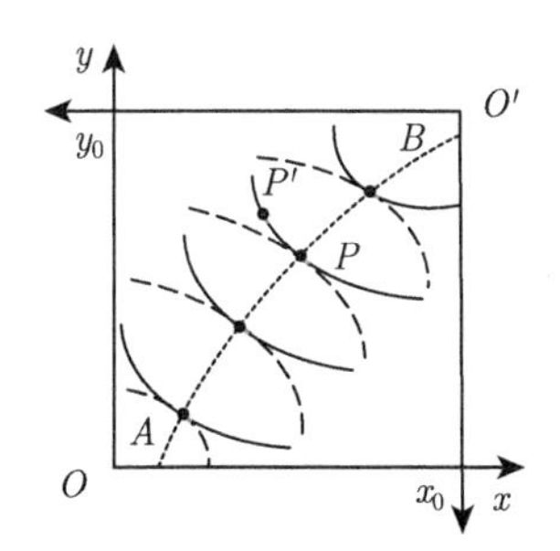

图 2.2 双方无差别曲线和交换路径

(3) 寻找交换方案. 有了双方的无差别曲线, 交换方案的范围可从整个长方形区域缩小为一条曲线, 但仍不能确定交换究竟应在 AB 上哪一点进行. 显然, 越靠近 B 端甲的满意度越高而乙的满意度越低, 靠近 A 端则恰好相反. 要想把交换方案确定下来, 需要双方协商或者依据双方同意的某种准则, 如等价交换准则.

等价交换准则是指两种物品用同一种货币衡量其价值, 进行等价交换.

不妨设交换前甲拥有的数量 x_0 (物品 X) 与乙拥有的数量 y_0 (物品 Y) 具有相同的价值, 分别为图 2.3 中的 C, D 两点, 那么, 在直线 CD 上的点进行交换都符合等价交换准则. 因此, 在等价交换准则下, 双方满意的交换方案必是 CD 与 AB 的焦点 P.

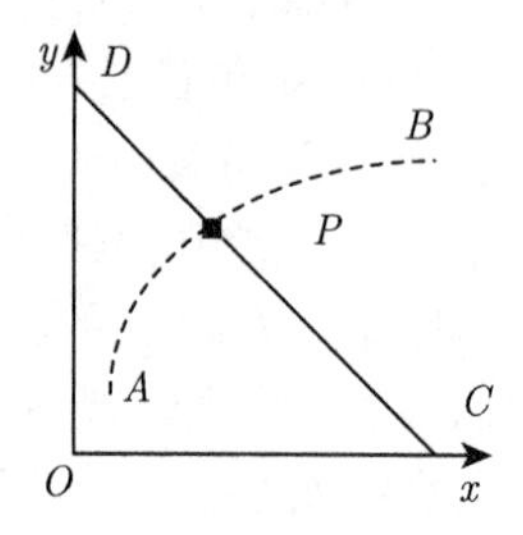

图 2.3　等价交换准则确定的交换方案

模型解释　对 "无差别曲线应是单调递减的、下凸的" 作以解释. 如图 2.4 所示, 当人们占有的 x 较少时 (P_1 点附近), 一般会宁愿以较多的 Δy 交换较少的 Δx; 而当占有的 x 较多时 (P_2 点附近), 就要用较多的 Δx 换取较少的 Δy. 满足这种特性的曲线即是递减的、下凸的.

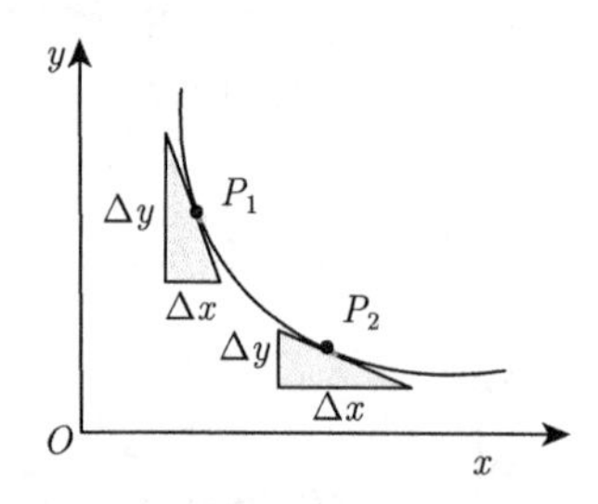

图 2.4　无差别曲线单调递减且下凸形状的解释

2.3.2　核竞争

问题　20 世纪冷战时期, 一些国家为了保持自己的军事优势, 打着 "保卫国家安全" 的旗号, 尽可能地发展核武器, 导致 "核竞争" 的不断升级. 一些国家出于安全防御的考虑, 发展一定数量的核武器以防备 "核讹诈", 即要保证在遭受第一次核攻击后, 能保存有足够的核武器, 给对方以致命的还击. 那么, 人们非常关心的问题是: 是否存在一个核竞争的稳定区域, 在该区域内, 双方都拥有他们认为使自己处于安全状态的核武器数目？这个稳定区域会长久不变吗?

下面以甲乙双方的核竞争为研究对象, 建立数学模型分析上述问题.

模型假设 (1) 甲乙任意一方都认为对方可能对己方发起第一次核攻击, 即对方倾其全部核武器攻击己方的核基地;

(2) 己方在受到对方第一次核攻后, 应能保存有足够数量的核武器, 以给对方致命的还击, 即有能力攻击对方的重要设施;

(3) 在任意一方实施第一次核攻击时, 假定一枚核武器只能攻击对方的一个核基地, 且摧毁这个基地的可能性是常数, 它由一方的攻击精度和另一方的防御能力决定.

模型建立与分析 设甲乙双方的核武器数量分别为 x,y. 从双方各自的角度看, 当甲方拥有核武器数 x 时, 乙方认为可以与甲方抗衡所需的核武器数 y 应满足函数关系 $y=f(x)$, 而安全所需的核武器数 y 满足 $y\geqslant f(x)$; 当乙方拥有核武器数 y 时, 甲方认为可以与乙方抗衡所需核武器数 x 应满足函数关系 $x=g(y)$, 而安全所需的核武器数 x 满足 $x\geqslant g(y)$. 显然两个函数 f,g 均为单调增函数, 函数曲线如图 2.5 所示.

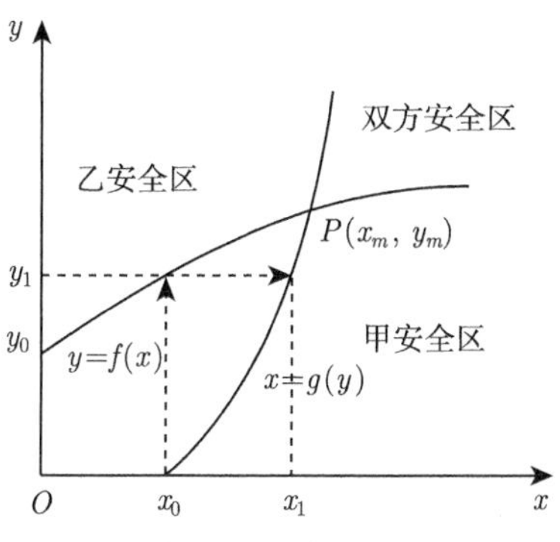

图 2.5 安全区、安全线和平衡点

图 2.5 中, 称满足 $y\geqslant f(x)$ 的区域为乙方安全区, $y=f(x)$ 为乙方安全线, y_0 表示当甲方核武器全部用完时, 乙方可以给甲方致命性还击所需的最少核武器数量. 同理, 称满足 $x\geqslant g(y)$ 的区域为甲方安全区, $x=g(y)$ 为甲方安全线, x_0 表示当乙方核武器全部用完时, 甲方可以给乙方致命性还击所需的最少核武器数量. x_0 和 y_0 分别称为甲方和乙方的核威慑值.

同时满足 $y\geqslant f(x)$ 和 $x\geqslant g(y)$ 的区域称为甲乙双方安全区, 这就是核竞争的稳定区域, 该区域中的状态称为稳定状态. 两条安全线的交点 P 是平衡点, P 的坐标 x_m 和 y_m 则为稳定状态下甲乙双方均认为安全时分别拥有的最少核武器数量.

(1) 在一次核攻击不能摧毁对方全部核武器的条件下, 两条安全线 $y=f(x)$ 与 $x=g(y)$ 具有如图 2.5 所示的性质, 因此双方安全区域是存在的.

曲线 $x=g(y)$ 从点 $(x_0,0)$ 开始其斜率不断增加. 假设 $y=rx$, r 表示乙方核武器对甲方核武器的优势比. 显然, 甲方核武器在遭受乙方打击后剩余数目与 r 有关, 设甲方核武器保留下来的比例为 $p(r)$, 则甲方保留下来的核武器数为 $p(r)x$, 只要 $p(r)x\geqslant x_0$, 甲方即认为是安全的. 选取满足 $p(r)x\geqslant x_0$ 的 x 的最小值 x^*, 则 x^* 是在 $y=rx$ 条件下使甲方认为安全时拥有核武器的最少数量. 由安全线的概念, x^* 是 $y=rx$ 与 $x=g(y)$ 交点的横坐标. 由于 r 的任意性, 且 $y=rx$ 与 $x=g(y)$ 总能相交, 可知 $x=g(y)$ 的斜率不断增加. 如图 2.6 所示.

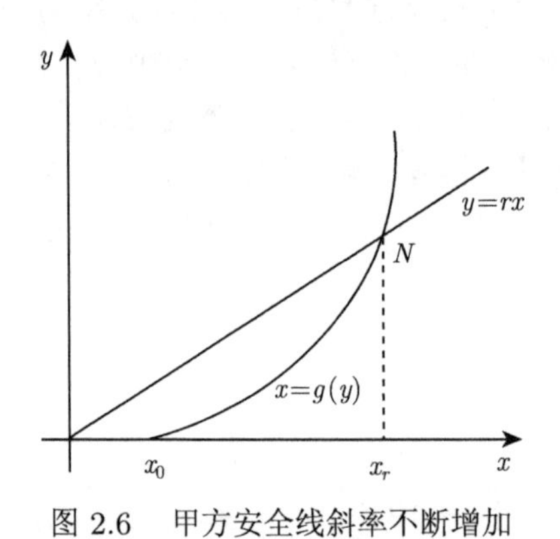

图 2.6　甲方安全线斜率不断增加

同理, 曲线 $y=f(x)$ 也有类似于 $x=g(y)$ 的性质. 因此, 两条安全线总相交, 且交点是唯一的. 甲乙双方的安全稳定区域是存在的.

(2) 若任意一方采取被动防御、技术升级等“措施”, 平衡点 $P(x_m,y_m)$ 都会发生变化, 核竞争的稳定区域也会随之变化, 可能导致核竞争升级.

当甲方采取单方面防御措施时, 比如增加经费保护及疏散重要工业、交通中心等目标, 而其他因素不变, 则乙方将随之提高其核威慑值 y_0, 此时乙方安全线 $y=f(x)$ 上移, 平衡点变为 $P'(x'_m,y'_m)$, 如图 2.7 所示. 显然有 $x'_m>x_m, y'_m>y_m$, 即双方拥有的核武器数量都将增多, 稳定区域变小, 核竞争升级.

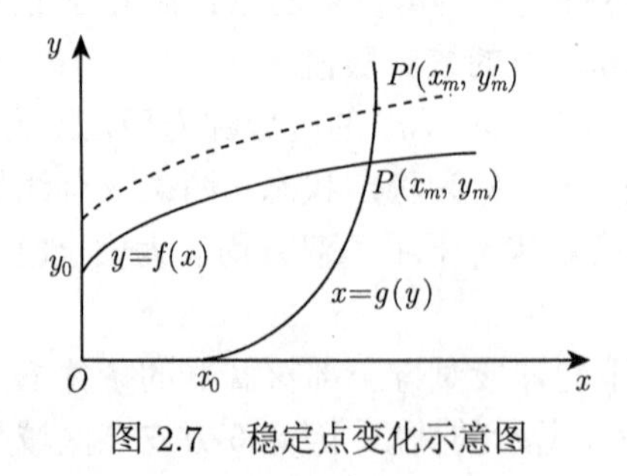

图 2.7　稳定点变化示意图

同样, 若乙方单方面采取防御措施也将导致核竞争升级. 事实上, 双方或单方采取其他“措施”, 也会使得平衡点及稳定区域发生变化, 都可能导致竞争升级.

2.4 优化模型

在日常生活、生产实践和商业活动中, 做决策时常常要考虑某些“目标”的最优 (最小或最大), 因此, 需要建立相应的“目标函数”, 并在实际约束下寻求问题的最优解决方案. 这里建立的就是优化模型, 对优化模型的求解可以是理论上的解析求解, 也可以是计算上的数值求解.

2.4.1 走路与跑步如何节省能量

人在行走或跑动时要消耗一定的能量, 怎样让能量消耗更少呢? 下面分别建立数学模型予以讨论.

1. 走路如何节省能量

问题 讨论人在行走时, 在做功最小的准则下每秒走几步最合适?

问题分析 走路之所以消耗能量, 主要是要克服身体重力做功和为获得行走速度做功. 显然, 走路时间越长、距离越远, 消耗的能量自然越多, 所以应考虑每单位时间所消耗能量的多少. 另外, 人走路时身体重心在不断变化, 且行走速度主要体现在腿的运动速度, 因此, 人走路所做的功包括抬高人体重心所需势能与两腿运动所需动能两部分.

模型假设 (1) 人匀速行走, 速度为 v (米/秒);

(2) 人行走步长为 s (米), 每秒行走 n 步;

(3) 人体总质量为 M (千克), 集中在人体重心处;

(4) 腿的质量为 m (千克), 腿长为 l (米), 腿的质量集中在脚部, 行走看作脚的直线运动.

模型建立 将人体行走时重心的变化简化为示意图 2.8.

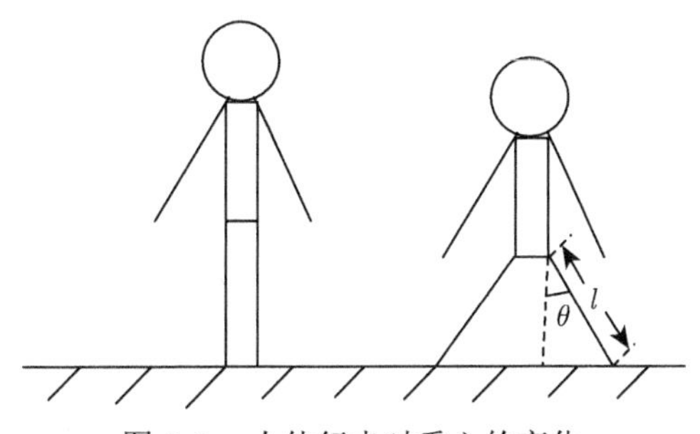

图 2.8 人体行走时重心的变化

由图 2.8, 每走一步重心 “升高”

$$\delta = l - l\cos\theta = l - l\sqrt{1 - \frac{s^2}{4l^2}}$$

于是消耗势能

$$W_1 = Mg\delta$$

同时消耗动能

$$W_2 = \frac{1}{2}mv^2$$

注意到 $v = ns$, 因此人走路每秒消耗的总能量为

$$W = n(W_1 + W_2) = \frac{v}{s}\left(Mg\left(l - l\sqrt{1 - \frac{s^2}{4l^2}}\right) + \frac{1}{2}mv^2\right) \tag{2.23}$$

问题即为求最优行走步数 n 使总能量 W 最小.

模型求解 先简化模型 (2.23). 当步长 s 不太长时, 比如 $s/l < 1/2$, 用泰勒展开处理 $\sqrt{1 - \dfrac{s^2}{4l^2}}$, 有 $\sqrt{1 - \dfrac{s^2}{4l^2}} \approx 1 - \dfrac{s^2}{8l^2}$, 于是模型 (2.23) 近似为

$$W = \frac{Mgvs}{8l} + \frac{mv^3}{2s} \tag{2.24}$$

对模型 (2.24) 求解. 令 $\dfrac{\mathrm{d}W}{\mathrm{d}s} = 0$, 得 $s^* = 2v\sqrt{\dfrac{ml}{Mg}}$, 进而 $n^* = \dfrac{v}{s^*} = \dfrac{1}{2}\sqrt{\dfrac{Mg}{ml}}$.

因此, 人走路时每秒的最优步数近似为 $\dfrac{1}{2}\sqrt{\dfrac{Mg}{ml}}$.

模型检验 假设人腿长为 1 米, 腿的质量占体重的 1/4, 则计算得 $n^* = 3.13$, 即最优步数近似为每秒走 3 步.

思考 这个计算结果符合日常走路习惯吗? 能否通过修改模型假设提出另外的模型?

2. 跑步如何节省能量

问题 讨论人在跑步时, 在做功最小的准则下怎样跑步才能更节省能量?

问题分析 跑步与走路不同, 每跑一步都包含两个过程: 双腿同时离地和一条腿或两条腿同时落地. 于是, 人跑步过程中跨越一步时重心的运动轨迹可简化为图 2.9 所示的曲线, 其中一步长为 $a + b$, $b/a = j$ 称为跨步系数, 与人跑步时的跨步姿势有关.

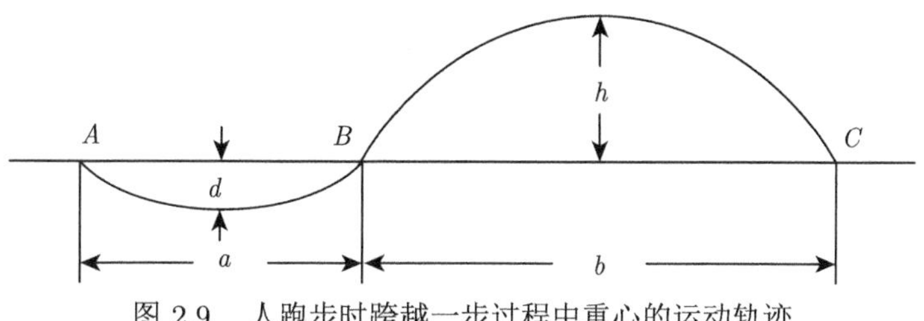

图 2.9 人跑步时跨越一步过程中重心的运动轨迹

模型假设 (1) 跑步是匀速运动, 速度为 v;
(2) 人体总质量为 M, 腿的质量为 m, 人体的一维长度为 L (身高或腿长);
(3) 将人体重心升高过程看成是 "物体向上斜抛运动";
(4) 在图 2.9 中, $d/h = a/b$, a 正比于 L, 且跨步系数 j 为常数.

模型建立 每跑一大步要消耗势能

$$W_1 = (d+h)Mg$$

及消耗动能

$$W_2 = \frac{1}{2}mv^2$$

根据假设 (3), 由图 2.9, 人体重心离开 B 点上升到最高点的时间为 $t = \dfrac{b}{2v}$, 因此上升高度为

$$h = \frac{1}{2}gt^2 = \frac{gb^2}{8v^2}$$

于是, 跑步消耗的总能量

$$W = (d+h)Mg + \frac{1}{2}mv^2 = \frac{a+b}{b}\frac{gb^2}{8v^2}Mg + \frac{1}{2}mv^2$$

而完成一大步所需要的时间是 $T = \dfrac{a+b}{v}$, 因此单位时间消耗的总能量为

$$\overline{W} = \frac{W}{T} = \frac{Mg^2b}{8v} + \frac{mv^3}{2(a+b)} \tag{2.25}$$

由假设 (2) 和 (4), 可设 $M = k_1L^3, m = k_2L^3, a = k_3L$, 进而 $b = k_3jL$, 于是式 (2.25) 化为

$$\overline{W} = k_4\frac{jL^4}{v} + k_5\frac{v^3L^2}{1+j}$$

其中, $k_4=\frac{1}{8}k_1k_3g^2, k_5=\frac{k_2}{2k_3}$. 令 $\frac{\mathrm{d}\overline{W}}{\mathrm{d}j}=0$, 得

$$(1+j)^2=\frac{k_5v^4}{k_4L^2}\triangleq k\frac{v^4}{L^2} \tag{2.26}$$

式 (2.26) 给出了最优跨步系数与人体一维长度和跑步速度的关系.

模型解释 显然, 由于各人身体条件的不同, 每个人跑步时选择的跨步步长也不同, 但却可以通过式 (2.26) 选择跨步系数来节省能量. 一般来说, 身材高的、腿长的, 跨步系数小; 速度越快, 跨步系数越大.

2.4.2 货物的最优存贮策略

问题背景 存贮问题广泛存在于工厂原材料贮备、商场商品贮备、水库蓄水等实际问题中. 贮存量过大, 则贮存费用过高; 贮存量太小, 则可能导致因缺货而不能及时满足需求. 因此, 贮存量过大及过小都会造成损失.

问题 考虑商场商品贮备问题. 在销售过程中商场通过向供应商订货获得销售货物, 在市场需求量为确定值的情况下, 商场订货可以采取周期性订货方式. 试建立数学模型确定商场的最优存贮策略, 即多长时间订一次货、每次订多少货, 以使总的费用最小. 为了处理方便, 考虑连续情形, 即假设订货周期和订货量均为连续变量.

1. 不允许缺货的存贮策略

问题分析 因为不允许缺货, 所以可假设商场预先订购所需货物, 在每周期开始时订货到货, 供本周期销售, 并在周期末货物售完.

模型假设 (1) 货物每天的需求量为常数 r;

(2) 订货周期为 T, 每次订货量为 Q;

(3) 每次订货费为 c_1, 每天每单位货物贮存费为 c_2.

模型建立 每周期初货物存量为 Q, 设任意时刻 t 的货物贮存量为 $q(t)$, 且 $q(t)$ 以需求速率 r 递减, 即 $q(t)=Q-rt$, 直到 $q(T)=0$, 见示意图 2.10.

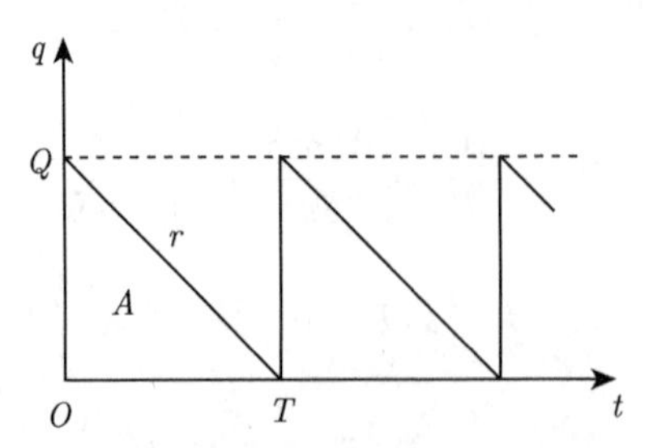

图 2.10 不允许缺货时的贮存量 $q(t)$

在一个周期内, 订货费为 c_1、贮存费为 $c_2\int_0^T q(t)\mathrm{d}t=\frac{1}{2}c_2QT$, 且 $Q=rT$, 因此一个周期内的总费用为

$$C=c_1+\frac{1}{2}c_2QT=c_1+\frac{1}{2}c_2rT^2$$

单位时间的平均总费用是

$$\overline{C}(T)=\frac{C}{T}=\frac{c_1}{T}+\frac{1}{2}c_2rT \tag{2.27}$$

于是问题成为求最优周期 T 使目标函数 (2.27) 最小.

模型求解 令 $\frac{\mathrm{d}\overline{C}(T)}{\mathrm{d}T}=0$, 得最优周期

$$T^*=\sqrt{\frac{2c_1}{c_2r}} \tag{2.28}$$

进而最优订货量及单位时间的最小总费用为

$$Q^*=\sqrt{\frac{2c_1r}{c_2}},\quad \overline{C}^*=\sqrt{2c_1c_2r}$$

这里 T^* 和 Q^* 即是经济学中著名的经济订货批量 (economic order quantity, EOQ) 公式.

结果解释 当订货费 c_1 增加时, 订货周期和订货量都增大; 当贮存费 c_2 增加时, 订货周期和订货量都减小; 当需求量 r 增加时, 订货周期减小而订货量增大.

敏感性分析 讨论当参数 c_1,c_2,r 有微小变化时对最优订货周期 T^* 的影响. 用相对改变量衡量结果对参数的敏感程度, 比如, 定义 T^* 对 c_1 的敏感度为

$$S\left(T^*,c_1\right)=\frac{\Delta T^*/T^*}{\Delta c_1/c_1}\approx\frac{\mathrm{d}T^*}{\mathrm{d}c_1}\frac{c_1}{T^*}$$

由式 (2.28) 容易得到 $S(T^*,c_1)=\frac{1}{2}$. 做类似的计算可得到 $S(T^*,c_2)=-\frac{1}{2}$, $S(T^*,r)=-\frac{1}{2}$, 即 c_1 增加 1%, T^* 约增加 0.5%, 而 c_2 或 r 增加 1%时, T^* 约减少 0.5%. 可见, 参数 c_1,c_2,r 有微小变化时对最佳订货周期 T^* 的影响不大.

2. 允许缺货的存贮策略

在现实生活中常常会遇到去买某种商品时正赶上缺货，缺货自然会对商家造成一定的损失，但是如果损失费不超过不允许缺货导致的订货费和贮存费的话，允许缺货就应该是可以采取的策略.

模型假设 在不允许缺货模型的假设均成立情形下，增加假设:

(4) 每天单位货物缺货损失费为 c_3，但缺货数量需在下一周期订货时补足.

模型建立 订货周期仍记作 T，每周期初的货物贮存量为 Q. 因贮存量不足造成缺货时，可以认为贮存量函数 $q(t)$ 为负值，如图 2.11 所示.

由图 2.11，当 $t=T_1$ 时，$q(t)=0$，在 T_1 到 T 时段缺货，但货物需求率 r 不变，$q(t)$ 仍按原速度继续下降，缺货量为 $r(T-T_1)$. 由于缺货量需补足，所以在 $t=T$ 时订货量 $R=rT$ 立即到货，以使下周期初的货物贮存量恢复到 $Q=rT_1$.

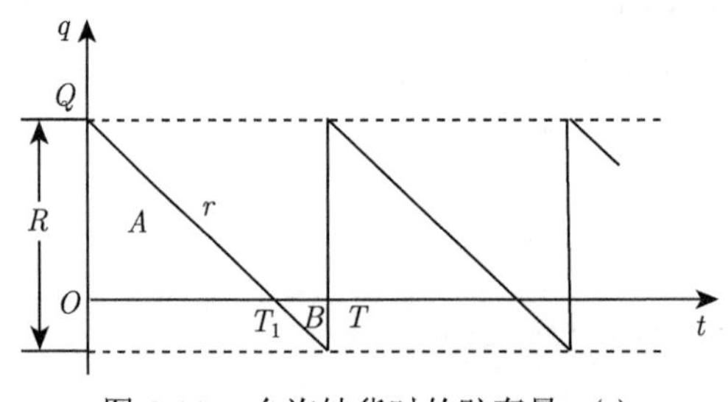

图 2.11 允许缺货时的贮存量 $q(t)$

与不允许缺货模型类似，一周期内的总费用为

$$C=c_1+\frac{1}{2}c_2QT_1+\frac{1}{2}c_3r(T-T_1)^2$$

单位时间的平均总费用

$$\overline{C}(T,Q)=\frac{c_1}{T}+\frac{c_2Q^2}{2rT}+\frac{c_3(rT-Q)^2}{2rT} \tag{2.29}$$

于是问题成为求最优周期 T 和最优订货量 Q 使目标函数 (2.29) 最小.

模型求解 令 $\dfrac{\partial\overline{C}}{\partial T}=0, \dfrac{\partial\overline{C}}{\partial Q}=0$，可得最优解

$$T'^*=\sqrt{\frac{2c_1}{c_2r}\frac{c_2+c_3}{c_3}},\quad Q'^*=\sqrt{\frac{2c_1r}{c_2}\frac{c_3}{c_2+c_3}} \tag{2.30}$$

每周期的订货量 $R=rT'^*$，即

$$R=\sqrt{\frac{2c_1r}{c_2}\frac{c_2+c_3}{c_3}}$$

记 $\lambda=\sqrt{\dfrac{c_2+c_3}{c_3}}$, 与不允许缺货模型的结果比较, 不难得到

$$T'^*=\lambda T^*,\quad Q'^*=\frac{1}{\lambda}Q^*,\quad R^*=\lambda Q^*$$

结果解释 由于 $\lambda>1$, 所以 $T'^*>T^*, Q'^*<Q^*, R^*>Q^*$, 即允许缺货时最优周期 T'^* 及最优订货量 R^* 应增加, 而周期初的贮存量 Q'^* 则减少. 另外, 缺货损失费 c_3 越大 (相对于贮存费 c_2), λ 越接近 1, T'^* 越接近 T^*, Q'^* 和 R^* 越接近 Q^*; 特别地, 当 $c_3\to\infty$ 时 $\lambda\to 1$, 于是 $T'^*\to T^*, Q'^*\to Q^*, R^*\to Q^*$, 因此不允许缺货模型可视为允许缺货模型的特例.

2.5 数学模型的分析

由于数学模型是对实际问题的抽象和近似的刻画, 所以需要根据数学模型的求解及结果来分析所建立的数学模型是否达到了建模的目的, 从而明确是否能解释或解决实际问题. 因此, 通常要对数学模型进行相应的误差分析、灵敏性分析以及相关算法的复杂度和稳定性分析等, 通过分析判别所建模型的好坏, 进而给出模型改进的方向及方法.

2.5.1 误差分析

在数学模型的建立和求解过程中, 误差是不可避免的 (比如模型假设的理想化、函数处理的线性化、数值计算的近似化等都是产生误差的主要因素), 且直接影响模型计算结果的有效性和准确性. 因此, 有必要通过分析误差来源、估计误差大小来改进和检验模型, 尽量减少产生误差的机会、减小误差或将它们限制在容许或可容忍的范围内.

建模中的误差通常来自**固有误差**与**计算误差**. 固有误差包括模型误差和观测误差. 一方面, 将实际问题通过合理的简化假设, 近似地表示为数学模型, 这种近似的表示会产生模型误差; 另一方面, 由于各种条件的限制, 通过观测得到的数据与真值之间往往存在一定差异, 给模型的求解带来了一定的误差, 这种误差称为观测误差. 计算误差包括**方法误差**与**舍入误差**. 在求解数学模型或者进行简化时, 需要将数学模型转化为计算机可执行的近似形式, 再利用合适的算法对其进行求解, 这种模型简化或转化通常会使数学模型的数值解产生误差, 此时会产生方法误差 (或称为截断误差); 此外, 由于计算机能表示的有效数字的位数有限, 在利用计算机计算时, 对于超出计算机所能表达的位数的数字进行舍入, 这样产生的误差称为舍入误差.

数学模型误差分析的主要任务是考虑模型误差与方法误差. 在实际应用中,

通常利用绝对误差和相对误差来衡量各种误差的大小. 绝对误差的大小反映了近似值偏离精确值的程度, 而相对误差则表示绝对误差与精确值的比值.

1. *模型误差*

对于由模型假设产生的模型误差, 一方面, 若误差无法消除, 需要分析这些误差对模型产生的影响, 并对误差值进行估计; 另一方面, 若通过修改模型假设, 可以减少误差的影响, 则需要修改假设, 从而改进模型.

例如在 2.4.1 节中的“走路如何节省能量”中, 如果将假设 (4) 的“腿的质量集中在脚部, 行走看作脚的直线运动”改为“将腿看作是均匀的直杆, 腿的质量均匀分布在直杆上, 行走看作是腿绕腰部的转动运动”, 则腿的转动惯量为 $I=\frac{1}{3}ml^2$, 角速度为 $\omega=\frac{v}{l}$, 所以每一步行走所需的动能为 $W_2'=\frac{1}{2}I\omega^2=\frac{mv^2}{6}$. 结合原走路模型的讨论, 人走路每秒消耗的总能量模型近似为

$$W'=\frac{v}{s}\left[Mg\left(l-l\sqrt{1-\frac{s^2}{4l^2}}\right)+\frac{1}{6}mv^2\right]\approx\frac{Mgvs}{8l}+\frac{mv^3}{6s}$$

求解得近似最优步数为 $n'^*=\frac{v}{s'^*}=\sqrt{\frac{3Mg}{4ml}}=\sqrt{3}n^*$. 与原模型的结果偏差还是很大的, 这就是由模型误差导致的.

假设人腿长为 1 米, 腿的质量占体重的 1/4, 则计算得 $n'^*=5.4$, 即最优步数近似为每秒走 5~6 步. 这个结果符合日常走路习惯吗? 与原模型结果相比, 哪个更合理?

2. *方法误差*

在模型的求解过程中, 利用数值方法近似求解、函数近似以及计算机运算会产生方法误差. 对于数学建模中出现的方法误差, 选择合适的模型转化方法, 尽量减少方法误差对模型结果的影响.

例如在 2.4.1 节的“走路如何节省能量”中, 建立了人走路每秒消耗的总能量模型为

$$W=n(W_1+W_2)=\frac{v}{s}\left[Mg\left(l-l\sqrt{1-\frac{s^2}{4l^2}}\right)+\frac{1}{2}mv^2\right]$$

在求解该模型时, 考虑“步长不太长”的条件, 通过泰勒展开处理 $\sqrt{1-\frac{s^2}{4l^2}}$, 将模型转化为近似形式 $W=\frac{Mgvs}{8l}+\frac{mv^3}{2s}$, 再求解得近似最优步数 $n^*=\frac{1}{2}\sqrt{\frac{Mg}{ml}}$.

这种转化必然会使模型的最优解产生误差. 根据泰勒展开余项公式, 展开 $\sqrt{1-\frac{s^2}{4l^2}}$ 项的误差为 $o\left(s^3/l^3\right)$, 核算到总能量的误差为 $o\left(s^2/l^2\right)$, 因此通过控制 s/l 可以控制最优结果的误差界.

另外, 无论是模型误差还是方法误差都可以通过实际数据计算, 讨论误差对模型的影响, 从而评价或改进模型.

2.5.2 灵敏性分析

数学模型的灵敏性分析的主要任务是考虑数学模型中的参数或变量发生微小变化时, 模型的解会发生怎样的改变. 灵敏性分析方法可以定性或定量地评价参数或变量的变化对模型结果产生的影响, 是模型分析的有效工具, 在生态学、经济、机械等领域有着广泛的应用. 受建模的外部条件变化或原始数据不准确等因素的影响, 模型中对应的参数或变量会发生变化, 不可避免地对数学模型的解产生影响, 此时就需要对模型的解进行灵敏性分析, 获得哪些参数或变量对模型的解有较大的影响及解的变化趋势, 评价和检验模型的合理性.

直接求导法和有限差分法是数学建模中常用的灵敏性分析方法.

1. 直接求导法

对于参数个数较少、参数的导数容易推导的数学模型, 直接法是一种简单快速的灵敏性分析的方法.

考虑非时变的数学模型

$$y=f(x,c) \tag{2.31}$$

其中 x 为自变量, $c=(c_1,c_2,\cdots,c_m)^{\mathrm{T}}$ 为 m 维参数向量. 定义 f 对参数 c_j 的灵敏度为

$$\hat{S}\left(f,c_j\right)=\frac{\partial f}{\partial c_j} \tag{2.32}$$

即 f 对参数 c_j 的灵敏度是函数 f 对参数 c_j 的偏导数, 表示参数 c_j 的变化引起函数 f 变化的快慢程度. 公式 (2.32) 定义的是参数 c_j 的绝对灵敏度.

针对实际问题, 由于变量的量纲不同, 有时绝对比较是没有什么意义的, 因此通常采用 f 对参数 c_j 的相对灵敏度:

$$S(f,c_j)=\frac{\partial f}{\partial c_j}\Big/\frac{f}{c_j} \tag{2.33}$$

例如在 2.4.2 节的货物存贮模型中, 可利用直接求导法分别计算最优订货量 Q^* 对参数 c_1,c_2,r 的相对灵敏度. 如 Q^* 对 c_1 的相对灵敏度记作 $S(Q^*,c_1)$, 根

据公式 (2.33) 得到 $S(Q^*, c_1) = \dfrac{\partial Q^*}{\partial c_1} \Big/ \dfrac{Q^*}{c_1} = \dfrac{1}{2}$, 由此可知, 若 c_1 增加 1%, 则 Q^* 约增加 0.5%; 同理可以分别得到 Q^* 对参数 c_2, r 的相对灵敏度.

2. 有限差分法

有限差分法基于数值微分思想, 通过赋予变量或参数一个微小的摄动, 利用差分格式计算模型结果在该参数发生变化时的变化量, 从而获得灵敏度信息. 有限差分法对目标函数的具体形式没有明确要求, 容易实现, 在数学模型的分析中应用广泛. 参数或变量的变化有两种方式: 一种是因子变化法, 如将拟分析的参数增加或减少一个变化量; 另一种是偏差变化法, 如将拟分析的参数增加或减少一个标准偏差.

有限差分法分为向前差分、中心差分和向后差分. 考虑非时变的数学模型 (2.31), 利用向前差分定义绝对灵敏度:

$$\tilde{S}(f, c_j) = \frac{f(x, c_j + \Delta c_j) - f(x, c_j)}{\Delta c_j} \tag{2.34}$$

相应地, 可以定义相对灵敏度:

$$S(f, c_j) = \frac{[f(x, c_j + \Delta c_j) - f(x, c_j)]/f(x, c_j)}{\Delta c_j / c_j} \tag{2.35}$$

类似地, 也可以利用中心差分和向后差分定义绝对灵敏度和相对灵敏度.

有限差分法计算的灵敏度是直接求导法计算的灵敏度的一个近似表达形式, 它的计算与 Δc_j 的选择有关, 要根据实际问题的相关信息来选择 Δc_j. 这是实际应用的一个难点.

例如 2.4.2 节 "货物的最优存贮策略" 中, 利用向前差分法分别计算最优订货量 Q^* 对参数 c_1, c_2, r 的相对灵敏度. Q^* 对 c_1 的相对灵敏度记作 $S(Q^*, c_1)$, 令参数 c_1 的增量 $\alpha c_1 (\alpha > 0)$, 根据公式 (2.35) 及 Q^* 的表达式, 得到

$$\begin{aligned} S(Q^*, c_1) &= \frac{\sqrt{2(c_1 + \alpha c_1) r / c_2} - \sqrt{2 c_1 r / c_2}}{\alpha c_1} \frac{c_1}{\sqrt{2 c_1 r / c_2}} \\ &= \frac{\sqrt{1+\alpha} - 1}{\alpha} \end{aligned}$$

针对 α ($\alpha > 0$) 的不同值, 计算 $S(Q^*, c_1)$, 得到表 2.4.

表 2.4　利用向前差分法计算最优订货量 Q^* 对参数 c_1 的相对灵敏度

α	1%	3%	5%	7%	9%	11%
$S(Q^*, c_1)$	0.4988	0.4963	0.4939	0.4915	0.4892	0.4870

根据表 2.4, 若 c_1 增加 1%, 则 Q^* 约增加不到 0.5%, 而且随着 α 的增加 Q^* 的增加量在递减, 即 Q^* 的增加量都能被控制在 0.5%以下. 可见 Q^* 并没有因为 c_1 的微小变化而发生较大的变化. 同理可以分别得到 Q^* 对参数 c_2, r 的敏感度.

2.5.3 稳定性分析

所谓数值算法的稳定性, 是指初始数据的误差在算法执行过程中能否得到控制. 在实际计算过程中, 参与运算的各种数据一般都有误差, 这个误差或者是初值本身就有 (如观测误差) 或者受计算机有效数字位数限制所造成的舍入误差. 这些误差虽然很小, 但是随着计算过程的进行, 它们都会不断地传播下去, 对以后的结果产生一定的影响. 如果计算结果对初始数据的误差以及计算过程中的舍入误差不敏感, 则认为相应的计算过程是稳定的, 否则就称为不稳定的.

下面以三项递推关系为例, 分析递推算法的稳定性.

例 2.1 设三项递推关系为

$$P_{n+1}(x) = a(x)P_{n-1}(x) + b(x)P_n(x) \tag{2.36}$$

其初值为 $P_0(x)$ 与 $P_1(x)$, 试分析该递推关系的稳定性.

分析过程 设 $P_n(x) = [t(x)]^n$, 简记 $P_n(x)$ 为 P, $t(x)$ 为 t, $a(x)$ 为 a, $b(x)$ 为 b, 代入三项递推关系式 (2.36), 得到

$$t^2 - at - b = 0$$

解之得

$$t_{1,2} = \frac{1}{2}\left[a \pm \sqrt{a^2 + 4b}\right]$$

即有两个互相独立的序列 t_1^n 和 t_2^n 满足三项递推公式 (2.36), 则其通解为

$$P_n = At_1^n + Bt_2^n$$

其中, A 与 B 是任意常数. 根据给定的初值, 可以解出

$$A = \frac{P_0t_2 - P_1}{t_2 - t_1}, \quad B = \frac{P_1 - P_0t_1}{t_2 - t_1}$$

在实际过程中, P_0 与 P_1 通常是有误差的, 因此 A 与 B 有误差, 分别设为 ε_A 与 ε_B, 从而计算得到的序列 P_n 有误差 ΔP_n, 即

$$P_n + \Delta P_n = (A + \varepsilon_A)t_1^n + (B + \varepsilon_B)t_2^n = (At_1^n + Bt_2^n) + (\varepsilon_A t_1^n + \varepsilon_B t_2^n)$$

由此得到误差序列为

$$\Delta P_n = \varepsilon_A t_1^n + \varepsilon_B t_2^n \tag{2.37}$$

由式 (2.37) 可见, 如果 $|t_1|$ 与 $|t_2|$ 均小于 1 或等于 1, 则其误差序列的绝对值 $|\Delta P_n|$ 随着 n 的增大而减小或不变, 即误差得到了控制, 递推关系 (2.36) 是稳定的; 但如果 $|t_1|$ 与 $|t_2|$ 有一个大于 1, 则 $|\Delta P_n|$ 随着 n 的增大而增大, 即误差得不到控制, 该递推关系是不稳定的.

2.5.4 复杂性分析

数学模型的求解常常会用到一些算法, 包括经典算法或智能算法, 同一问题也可以用不同的算法求解, 算法分析的目的在于选择合适算法和改进算法. 算法的复杂度是评价算法优劣的重要依据. 算法的复杂度与计算机运行该算法所需要的运行时间和存储空间有关, 所需要的运行时间和存储空间越多, 算法的复杂度越高, 否则算法的复杂度就越低. 因此, 算法复杂度包括时间复杂度和空间复杂度.

1. 时间复杂度

首先, 定义时间频度. 一个算法中的语句执行次数称为时间频度, 记为 $T(n)$. n 称为问题的规模, 即算法求解问题的输入量的个数. 当 n 变化时, 时间频度 $T(n)$ 也会变化. 一个算法花费的时间与算法中语句的执行次数 (时间频度) $T(n)$ 成正比, 哪个算法中语句执行次数多, 它花费时间就多.

其次, 定义时间复杂度. 算法的时间复杂度是指执行算法所需要的计算工作量. 若存在某个辅助函数 $f(n)$ 和一个正常数 c 使得 $cf(n) \geqslant T(n)$ 恒成立, 则记作 $T(n)=O(f(n))$, 称 $O(f(n))$ 为算法的时间复杂度. 如果 $\lim\limits_{n\to\infty}\dfrac{T(n)}{f(n)}=c$, 则称 $O(f(n))$ 为算法的渐近时间复杂度, 即 $T(n)$ 与 $f(n)$ 是同阶的.

若算法中语句执行次数为一个常数, 则时间复杂度为 $O(1)$. 在时间频度不相同时, 时间复杂度有可能相同, 如 $T(n)=n^2+3n+4$ 与 $T(n)=4n^2+2n+1$ 它们的频度不同, 但时间复杂度相同, 都为 $O(n^2)$.

按数量级递增排列, 常见的时间复杂度有常数阶 $O(1)$、对数阶 $O(\log_2 n)$、线性阶 $O(n)$、线性对数阶 $O(n\log_2 n)$、平方阶 $O(n^2)$、立方阶 $O(n^3)$ $\cdots\cdots$ k 次方阶 $O(n^k)$、指数阶 $O(2^n)$. 随着问题规模 n 的不断增大, 上述时间复杂度不断增大, 算法的执行效率不断降低.

例 2.2 求两个 n 阶方阵的乘积 $C=A\times B$. 算法如下:

```
# define n 100 // n 可根据需要定义, 这里假定为100
void MatrixMultiply(int A[n][n], int B[n][n], int C[n][n])
{ //右边列为各语句的频度
  int i, j, k;
  for(i=0; i<n; i++) {  //n+1
    for (j=0; j<n; j++) { //n*(n+1)
```

```
        C[i][j] = 0; //n^2
          for (k=0; k<n; k++) {  //n^2*(n+1)
            C[i][j] = C[i][j] + A[i][k] * B[k][j]; //n^3
          }
        }
      }
    }
```

该算法中所有语句的频度之和为 $T(n) = 2n^3 + 3n^2 + 2n + 1$.

分析 语句 (1) 的循环控制变量 i 要增加到 n, 测试到 $i = n$ 成立才会终止. 故它的频度是 $n+1$. 但是它的循环体却只能执行 n 次. 语句 (2) 作为语句 (1) 循环体内的语句应该执行 n 次, 但语句 (2) 本身要执行 $n+1$ 次, 所以语句 (2) 的频度是 $n(n+1)$. 同理可得语句 (3), (4) 和 (5) 的频度分别是 n^2, $n^2(n+1)$ 和 n^3.

例 2.3 交换 i 和 j 的内容. 算法如下:

```
Temp=i;
i=j;
j=temp;
```

以上三条单个语句的频度均为 1, 该程序段的执行时间是一个与问题规模 n 无关的常数. 算法的时间复杂度为常数阶, 记作 $T(n) = O(1)$.

例 2.4 变量计数. 算法之一如下:

```
(1) x=0; y=0;
(2) for(k=1; k<=n; k++)
(3) x++;
(4) for(i=1; i<=n; i++)
(5) for(j=1; j<=n; j++)
(6) y++;
```

一般情况下, 对步进循环语句 for 只需考虑循环体中语句的执行次数, 忽略该语句中步长加 1、终值判别、控制转移等成分. 因此, 以上程序段中频度最大的语句是 (6), 其频度为 $f(n) = n^2$, 所以该程序段的时间复杂度为 $T(n) = O(n^2)$.

当有若干个循环语句时, 算法的时间复杂度是由嵌套层数最多的循环语句中最内层语句的频度 $f(n)$ 决定的.

例 2.5 变量计数. 算法之二如下:

```
(1) x=1;
(2) for(i=1; i<=n; i++)
(3) for(j=1; j<=i; j++)
(4) for(k=1; k<=j; k++)
(5) x++;
```

该程序段中频度最大的语句是 (5), 内层循环的执行次数虽然与问题规模 n 没有直接关系, 但是却与外层循环的变量取值有关, 而最外层循环的次数直接与 n 有关, 因此可以从内层循环向外层分析语句 (5) 的执行次数, 则该程序段的时间复杂度为 $T(n) = O(n^3)$.

例 2.6 在数值 $A[0 \cdots n-1]$ 中查找给定值 k. 算法如下:

```
(1) i=n-1;
(2) while(i 0&&(A[i]!=k));
(3) i--;
(4) return i;
```

此算法中的语句 (3) 的频度不仅与问题规模 n 有关, 还与输入实例中 A 的各元素取值及 k 的取值有关. 若 A 中没有与 k 相等的元素, 则语句 (3) 的频度 $f(n) = n$; 若 A 的最后一个元素等于 k, 则语句 (3) 的频度 $f(n)$ 是常数 0.

2. 空间复杂度

空间复杂度是对一个算法在运行过程中临时占用存储空间大小的度量. 一个算法在计算机存储器上所占用的存储空间, 包括存储算法本身所占用的存储空间、算法的输入输出数据所占用的存储空间和算法在运行过程中临时占用的存储空间这三个方面. 算法的输入输出数据所占用的存储空间是由要解决的问题决定的, 是通过参数表由调用函数传递而来的, 它不随算法的不同而改变. 存储算法本身所占用的存储空间与算法书写的长短成正比, 要压缩这方面的存储空间, 就必须编写出较短的算法.

空间复杂度定义为该算法所耗费的存储空间, 它也是问题规模 n 的函数, 记为 $S(n) = O(f(n))$. 渐近空间复杂度也常常简称为空间复杂度.

当一个算法的空间复杂度为一个常量, 即不随问题规模 n 的大小而改变时, 可表示为 $O(1)$; 当一个算法的空间复杂度与以 2 为底的 n 的对数成正比时, 可表示为 $O(\log_2 n)$; 当一个算法的空间复杂度与 n 呈线性比例关系时, 可表示为 $O(n)$. 在许多实际问题中, 为了减少算法所占用的存储空间, 通常采用压缩存储技术, 以便降低算法的空间复杂度.

对数学模型进行理论及计算方面的分析是十分重要的, 分析的内容也包含多个方面, 有关数学模型分析的深入学习可见相关文献 (徐士良, 2007; Cormen et al., 2009).

思 考 题 2

2.1 产品的零售价格取决于哪些因素, 包装产品的成本模型是否可推广于研究零售价格?

2.2 表 2.3 中的比例是否合理? 如果不控制结合, 即随机结合, 隐性患者的比例将如何变化?

2.3 在森林砍伐管理问题中, 如果在一年的生长期内, 树木最多可生长两个高度类, 且进入第 $k+1$ 类和第 $k+2$ 类的比例 g_k, g_{k+1} 是变化的, 甚至是随机的, 结果怎么样?

2.4 在走路如何节省能量的问题中如果将人行走看作腿绕腰部转动, 最优步数怎么样?

2.5 建立不允许缺货的生产销售存贮模型. 设生产速率为常数 k, 销售速率为常数 r, $k > r$; 在每个生产周期 T 内, 开始的一段时间 $(0 < t < T_0)$ 一边生产一边销售, 后来的一段时间 $(T_0 < t < T)$ 只销售不生产, 画出贮存量 $q(t)$ 的图形. 设每次生产准备费为 c_1, 单位时间每件产品贮存费为 c_2, 以单位时间的总费用最小为目标确定最优生产周期. 讨论 $k \gg r$ 和 $k \approx r$ 的情况.

2.6 在货物存贮模型中, 如果货物需求量是变化的甚至是随机的, 该问题将如何解决?

2.7 驶于河中的渡轮, 它的行驶方向要受水流的影响. 船在河的位置不同, 所受到水流的影响也不同. 试设计一条使渡轮到达对岸时间最短的航线.

2.8* 组成生命蛋白质的若干种氨基酸可以形成不同的组合. 通过质谱试验测定分子量来分析某个生命蛋白质分子的组成时, 遇到的首要问题就是如何将它的分子量 x 分解为几个氨基酸的已知分子量 $\mathrm{a}[i](i = 1, 2, \cdots, n)$ 之和. 某实验室所研究的问题中: $n = 18$, $\mathrm{a}[1\text{: } 18] = 57$, 71, 87, 97, 99, 101, 103, 113, 114, 115, 128, 129, 131, 137, 147, 156, 163, 186, x 为正整数, 小于等于 1000. 对上述问题提出你们的解答, 并就你所研讨的数学模型与方法在一般情形下进行讨论.

2.9* 我国淡水资源有限, 节约用水人人有责. 洗衣在家庭用水活动中占有相当大的份额, 目前洗衣机已非常普及, 节约洗衣机用水十分重要. 假设在放入衣物和洗涤剂后洗衣机的运行过程为加水—漂洗—脱水—加水—漂洗—脱水—$\cdots$—加水—漂洗—脱水 (称 "加水—漂洗—脱水" 为运行一轮). 请为洗衣机设计一种程序 (包括运行多少次、内轮加水量等), 使得在满足一定洗涤效果的条件下, 总用水量最少. 选用合理的数据进行计算. 对照目前常用的洗衣机的运行情况, 对你的模型和结果进行评价.

第 3 章 微分方程模型

自然界及工程、经济、军事和社会等领域中的许多问题都可以看成是实际对象的某些特性随时间 (或空间) 而演变的过程, 这一过程可借助微分方程模型来描述. 微分方程模型是微分法应用于实际问题的具体体现, 其建立过程包括利用机理分析法找出问题的内在规律并列出研究对象的变化量方程、分析建立瞬时变化率的表达式、根据所给的特定条件确定方程的初始条件或边值条件等. 本章主要介绍微分方程模型建立的准则和基本方法, 如何通过微分方程的解去解释实际现象并进行模型检验, 以及介绍不用求解微分方程而是利用微分方程的稳定性理论直接讨论方程的解当时间充分长以后的变化趋势 (称为稳定状态). 微分方程从数学复杂程度角度大致可分为常微分方程和偏微分方程, 本章将结合不同背景问题对这两种微分方程模型分别进行介绍.

从数学角度看, 常 (偏) 微分方程是未知函数含有一个 (多个) 自变量的微分方程, 它是由未知函数的导数 (偏导数)、未知函数、自变量组成的方程, 是一个在任何 "时刻" 都成立的瞬时表达式. 很多科学问题都可以表示为常 (偏) 微分方程. 以常微分方程为例, 如根据牛顿第二定律: 物体在力 F 的作用下的位移 x 和时间 t 的关系就可以表示为二阶常微分方程

$$m\frac{\mathrm{d}^2x}{\mathrm{d}t^2}=F(x)$$

其中, m 是物体的质量, $F(x)$ 是物体所受的力且是位移的函数. 所要求解的未知函数是位移 x, 它只以时间 t 为自变量.

对一般的实际问题, 建立微分方程模型的目的是找到微分方程的一条解曲线, 通过曲线上每一点处的导数 (偏导数) 以及它的起始点将此曲线重新构造出来. 模型需要根据实际问题中表示 "导数" 的常用词及问题所遵循的规律 "模式" 来建立. 例如, 微分方程模型的建立应遵循以下几个基本准则.

(1) 翻译: 将研究对象的某个特性 "翻译" 成为时间变量的连续函数.

(2) 转化: 关注问题中与导数 (偏导数) 相对应的常用词, 如通常的 "速率"、在生物学和人口学问题研究中的 "增长率"、在放射性问题研究中的 "衰变" 以及在经济学研究中的 "边际" 等, 要注意它们的利用.

(3) 模式: 找出问题遵循的变化模式, 大致可按下面两种方法.

(i) 利用熟悉的力学、数学、物理学及化学等学科中的已有规律, 对某些实际问题直接列出微分方程;

(ii) 模拟近似法, 在生物学、经济学等学科中, 许多现象所满足的规律并不清楚, 而且现象也相当复杂, 但大体上都可以遵循下面的变化模式

$$改变量 = 净变化量 = 输入量 - 输出量$$

(4) 建立瞬时表达式: 根据问题遵循的变化模式, 建立起在自变量 Δt 时段上的函数 $x(t)$ 的增长量 Δx 的表达式, 然后令 $\Delta t \to 0$, 得到含 $\frac{\mathrm{d}x}{\mathrm{d}t}$, $x(t)$ 及 t 的瞬时表达式.

(5) 单位: 在建立微分方程模型过程中, 等式两端应采用同样的物理单位.

(6) 确定初始或边界条件: 这些条件是关于系统在某一特定时刻或边界上的信息, 它们独立于微分方程而成立, 用于确定有关的常数. 为了完整、充分地给出问题陈述, 应将这些给定的条件和微分方程一起给出.

3.1 人口增长模型

人口增长预测就是根据现有的人口状况并考虑影响人口发展的各种因素, 按照科学的方法, 测算在未来某个时间的人口规模、水平和趋势, 为社会经济发展规划提供重要信息. 预测的结果可以指明经济发展中可能发生的问题, 借以帮助制定正确的政策.

问题 人类社会进入 20 世纪以来, 在科学技术和生产力飞速发展的同时, 世界人口也以空前的规模增长. 统计数据显示, 世界人口每增长 10 亿的时间已由 100 年缩短为十几年, 如表 3.1 所示.

表 3.1 世界人口增长概况

年份	1625	1830	1930	1960	1974	1987	1999
人口/亿	5	10	20	30	40	50	60

据人口学家们预测, 到 2033 年世界人口将突破 100 亿. 让我们建立数学模型来预测人口的增长趋势.

3.1.1 指数增长模型

英国神父马尔萨斯 (Malthus) 在分析了 18 世纪以前 100 多年人口统计资料的基础上, 建立了人口增长的指数模型.

问题分析 在此, 我们仅关心任意时刻的人口总数 $N(t)$, 而忽略人的年龄和性别. 影响总人口数的最显著因素是个体的出生、死亡和进出我们所研究区域的

个体数. 为了寻找 $N(t)$ 所满足的微分方程, 我们从分析任意时段 Δt 内人口的变化入手.

模型假设　(1) 忽略迁入与迁出的人口, 仅考虑时段 Δt 内人口数的变化.

(2) 时段 Δt 内出生和死亡人数的变化将主要依赖于两个因素: 时间间隔 Δt 的长短和时间间隔开始时的人口数, 假设是最简单的正比关系, 即

$$\text{时段 } \Delta t \text{ 内的出生人数} = bN(t)\Delta t, \quad \text{死亡人数} = dN(t)\Delta t$$

这里 b 和 d 分别是出生率和死亡率, 且均为常数.

模型建立与求解　根据模式 "改变量＝输入量－输出量", 得到关系式

$$N(t+\Delta t) - N(t) = (b-d)N(t)\Delta t \tag{3.1}$$

将式 (3.1) 改写为

$$\frac{1}{N(t)}\frac{N(t+\Delta t)-N(t)}{\Delta t} = b-d$$

令 $\Delta t \to 0$, 则有

$$\frac{1}{N(t)}\frac{\mathrm{d}N(t)}{\mathrm{d}t} = b-d \tag{3.2}$$

式 (3.2) 左端的表达式可以理解为人口的 "相对增长率".

设当前时刻为 $t=0$, 且已知当前人口数 $N(0)=N_0$. 若记 $r=b-d$, 则 r 表示人口的净增长率, 也是一个常数. 求解方程 (3.2), 得解为

$$N(t) = N_0\mathrm{e}^{rt}, \quad t \geqslant 0 \tag{3.3}$$

式 (3.3) 即为指数增长模型.

模型检验　在人口指数增长模型提出后, 人们发现 19 世纪以前欧洲某些地区人口情况与指数增长模型比较相符, 但此后发展情况则相差很大. 实际上, 由模型解 (3.3) 易见, 如果人口净增长率 $r>0$, 则人口的预测值将以 e^r 为公比按几何级数无限增长, 这与人口的实际数量情况不相符.

3.1.2　逻辑斯谛增长模型

问题分析　仔细分析指数增长模型与 19 世纪以后人口情况不符的原因, 会发现上述模型假设过于简单, 因此我们可以进一步考虑其他因素的影响. 比如, 只有在一个很短的时期内, 才可以把人口净增长率近似地看作一个常数, 而随着人口不断增长, 环境资源所能承受的人口容量的限制, 以及人口中年龄和性别结构等都会对出生率和死亡率产生影响. 因此, 人口净增长率 r 应看作人口数量的函数, 记作 $r(N(t))$, 则方程 (3.2) 被改为

$$\frac{\mathrm{d}N(t)}{\mathrm{d}t}=r(N(t))N(t) \tag{3.4}$$

模型假设 在人口指数增长模型假设基础上增加两个假设条件:

(3) 受环境及资源所限, 某地区的人口容量有限, 设为常值 N_m.

(4) 人口净增长率 r 是人口数 $N(t)$ 的线性减函数, 当人口数相对于 N_m 较小时其值近似为常值, 而当人口数接近最大容量 N_m 时其值接近为零, 取简单形式 $r(N)=r\left(1-\dfrac{N}{N_m}\right)$.

模型建立与求解 利用假设 (4) 及方程 (3.4), 得

$$\frac{\mathrm{d}N(t)}{\mathrm{d}t}=r\left(1-\frac{N(t)}{N_m}\right)N(t),\quad N_0=N(0) \tag{3.5}$$

求得方程 (3.5) 的解为

$$N(t)=\frac{N_m}{1-\left(1-\dfrac{N_m}{N_0}\right)\mathrm{e}^{-rt}},\quad t\geqslant 0 \tag{3.6}$$

式 (3.6) 称为逻辑斯谛增长模型.

模型分析 模型 (3.6) 的曲线如图 3.1 所示.

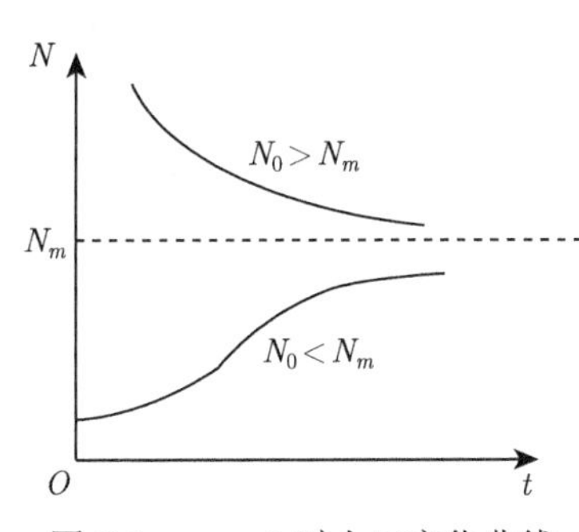

图 3.1 $r>0$ 时人口变化曲线

分析解 (3.6), 知

(1) 若 $r<0$, 则当 $t\to\infty$ 时, 有 $N(t)\to 0$;

(2) 若 $r>0$, 对任意正值 N_0, 当 $t\to\infty$ 时, 有 $N(t)\to N_m$;

(3) 若 $r=0$, 则 $N(t)=N_0$.

另外, 容易看出, 当 $N(t)=\dfrac{N_m}{2}$ 时, $\dfrac{\mathrm{d}N(t)}{\mathrm{d}t}$ 取得最大值, 即这个时刻 t 人口增长速度最大. 更重要的是, 由逻辑斯谛增长模型可知, 人口增长有一个稳定的平衡值 N_m, 这比指数增长模型更符合实际.

模型检验 表 3.2 是近两个世纪的美国人口统计数据 (以百万为单位), 利用这些数据对上述指数增长模型及逻辑斯谛增长模型做一下检验.

表 3.2 美国人口统计数据

年份	1790	1800	1810	1820	1830	1840	1850	1860
人口	3.9	5.9	7.2	9.6	12.9	17.1	23.2	31.4
年份	1870	1880	1890	1900	1910	1920	1930	1940
人口	38.6	50.2	62.9	76.0	92.0	106.5	123.2	131.7
年份	1950	1960	1970	1980	1990	2000		
人口	150.7	179.3	204.0	226.5	251.4	281.4		

根据人口专家的估计, 取 $r = 0.03134$, $N_m = 197273000$, 得部分计算结果, 如表 3.3.

表 3.3 模型计算结果比较 ($\times 10^6$)

年份	1790	1800	1810	1820	1830	1840	1850	1860
指数增长	3.929	5.308	7.171	9.668	13.088	17.682	23.888	32.272
误差	0	0	−0.9	0.5	1.7	3.6	3.0	2.6
逻辑斯谛增长	3.929	5.336	7.228	9.757	13.109	17.506	23.192	30.412
误差	0	0.5	−0.2	1.2	1.9	2.6	0	−3.3
年份	1870	1880	1890	1900	1910	1920	1930	1940
指数增长	43.599	58.901	79.574	107.503	145.234	196.208	265.074	358.109
误差	13.1	17.4	26.4	41.5	57.9	85.6	115.9	172.9
逻辑斯谛增长	39.372	50.177	62.796	76.870	91.972	107.559	123.124	136.653
误差	2.1	0	−0.3	1.2	0	1.7	0.3	3.8

数值计算表明, 逻辑斯谛增长模型确实较指数增长模型更符合实际.

在实际应用中, 模型中的参数 r 和 N_m 及 N_0 都应该通过参数估计获得. 一般常采取线性最小二乘方法对参数进行估计.

对于指数增长模型 (3.3), 两边取对数, 得

$$\ln N(t) = \ln N_0 + rt$$

记 $y = \ln N(t)$, $a = \ln N_0$, 有

$$y = a + rt \tag{3.7}$$

利用线性最小二乘法, 依据表 3.2 中 1790 年至 1900 年的数据, 结合式 (3.7) 可得 $N_0 = 4.1884$, $r = 0.2743$ (每 10 年); 如果依据表 3.2 中全部数据计算可得 $N_0 = 6.0450$, $r = 0.2022$ (每 10 年). 可见所利用数据的多少会影响参数估计结果.

对于逻辑斯谛增长模型, 先将方程 (3.5) 表示为

$$\frac{\mathrm{d}N(t)/\mathrm{d}t}{N(t)} = r - sN(t)$$

其中 $s=\dfrac{r}{N_m}$.

上式左端可以依据表 3.2 中的数据, 利用数值微分方法求出, 右端关于参数 r 和 s 是线性的, 所以仍可利用线性最小二乘法估计参数 r 和 s. 依据表 3.2 中 1860 年至 1990 年的数据 (去掉个别异常数据), 计算得到 $N_m = 392.0886$, $r=0.2557$ (每 10 年).

在获得了模型中的参数后, 可以进一步计算各时刻的人口数, 再与实际人口数做比较, 以验证模型的效果.

3.1.3 偏微分方程模型

问题分析 上面的模型都是常微分方程模型, 它的缺点是将群体中的每一个个体都视为同等地位来对待, 而对于人群来说, 必须考虑不同个体之间的差异, 特别是年龄因素的影响, 人口的数量不仅和时间 t 有关, 还应和年龄有关, 同时出生率和死亡率等参数也都明显地应与年龄有关, 不考虑年龄因素就不能正确地把握人口的发展动态.

模型假设 (1) 考虑一个稳定社会中的人口发展过程. 设人口的数量不仅和时间 t 有关, 还和年龄 x 有关;

(2) 设 $p(t,x)$ 表示人口在任意时刻 t 按年龄坐标 x 的密度分布函数.

模型建立 由 $p(t,x)$ 的定义, 在时刻 t, 年龄在 $[x,x+\Delta x]$ 中的人口数 $=p(t,x)\Delta x$. 因此在时刻 t 时的人口总数是

$$N(t)=\int_0^{+\infty} p(t,x)\mathrm{d}x \tag{3.8}$$

这里的积分上限实际上只需取人的最大年龄. 因此, 确定了函数 $p(t,x)$, 就会了解在任一时刻人口按年龄的分布状况, 也就知道了人口随时间 t 的发展规律. 如果不考虑死亡, 那么对任何人来说, 都成立

时间的增量 = 年龄的增量

因此在时刻 $t+\Delta t$, 年龄在 $[x,x+\Delta x]$ 中的人数 $p(t+\Delta t,x)\Delta x$ 应等于在时刻 t、年龄在 $[x-\Delta t,x+\Delta x-\Delta t]$ 中的人数 $p(t,x-\Delta t)\Delta x$, 从而

$$p(t+\Delta t,x)=p(t,x-\Delta t) \tag{3.9}$$

将式 (3.9) 整理, 可得

$$\frac{p(t+\Delta t,x)-p(t,x)}{\Delta t}=\frac{p(t,x-\Delta t)-p(t,x)}{\Delta t} \tag{3.10}$$

当 $\Delta t \to 0$ 时, 对式 (3.10) 两端取极限, 因此得 $p(t,x)$ 应满足方程

$$\frac{\partial p(t,x)}{\partial t} + \frac{\partial p(t,x)}{\partial x} = 0 \tag{3.11}$$

但是实际上必须考虑死亡的影响. 年龄在 $[x, x+\Delta x]$ 中的人口在时段 $[t, t+\Delta t]$ 中的死亡数可自然地假设与此年龄段中人口数 $p(t,x)\Delta x$ 成正比, 并与时间区间长度 Δt 成正比, 其比例系数记为 $d(x)$, 称为死亡率. 由于假设社会是稳定的, 与年龄有关的死亡率 $d(x)$ 可设为与时间无关, 因此在时刻 t, 年龄在 $[x-\Delta t, x+\Delta x-\Delta t]$ 中的人数 $p(t, x-\Delta t)\Delta x$ 与在时刻 $t+\Delta t$, 年龄在 $[x, x+\Delta x]$ 中的人数 $p(t+\Delta t, x)\Delta x$ 的差应等于在时刻 t, 年龄在 $[x-\Delta t, x+\Delta x-\Delta t]$ 中的死亡数 $d(x-\Delta t)\,p(t, x-\Delta t)\Delta x \Delta t$. 采用类似于式 (3.11) 的推导过程, 即有

$$\frac{\partial p(t,x)}{\partial t} + \frac{\partial p(t,x)}{\partial x} = -d(x)\,p(t,x) \tag{3.12}$$

要想求出偏微分方程 (3.12) 的解, 还需要给出定解条件.

(1) 初始条件: 设初始人口密度分布为 $p_0(x)$, 则有

$$p(0,x) = p_0(x) \tag{3.13}$$

(2) 边界条件: 在推导方程时只考虑了死亡, 没有考虑出生, 而出生的婴儿数应该作为 $x = 0$ 时的边界条件, 因此需要计算在时段 $[t, t+\Delta t]$ 中出生的婴儿总数. 假设社会中男女人口数各占一半, 且男女按照年龄的分布也基本是相等的, 同时假定适龄的男女都能及时婚配, 从而排除对影响生育率的不必要干扰. 设生育率为 $b(x)$, 与年龄 x 有关, 其意义为: 年龄在 $[x, x+\Delta x]$ 中的人口在时段 $[t, t+\Delta t]$ 中出生的婴儿数 $= b(x)\,p(t,x)\,\Delta x \Delta t$, 其意义与死亡率 $d(x)$ 的定义类似.

这样在时段 $[t, t+\Delta t]$ 中出生的婴儿总数 $= \left(\int_0^{\infty} b(\xi)\,p(t,\xi)\,\mathrm{d}\xi\right)\Delta t$, 这里的积分实际上也是在有限区间上的积分. 在时段 $[t, t+\Delta t]$ 中出生的婴儿总数应等于在年龄区间 $[0, \Delta t]$ 中的人数 $p(t,0)\,\Delta t$, 于是可得在 $x = 0$ 处的边界条件为

$$p(t,0) = \int_0^{\infty} b(\xi)\,p(t,\xi)\mathrm{d}\xi \tag{3.14}$$

因此, 定解问题 (3.12)~(3.14) 构成人口问题的偏微分方程模型.

模型分析与求解　设人的最大寿命为 A, 于是年龄 x 的变化范围为 $0 \leqslant x \leqslant A$, 而方程 (3.12) 的求解区域则为 $\{(t,x) \mid t \geqslant 0, 0 \leqslant x \leqslant A\}$, 设 a 为可以生育的最低年龄, 显然 $a < A$, 于是成立

$$b(x) \equiv 0, \quad \forall x \in [0, a]$$

$$b(x) \geqslant 0, \quad \forall x \in (a, A]$$

这样, 模型 (3.12)~(3.14) 有如下具体化形式.

在区域 $\{(t,x) \mid t \geqslant 0, 0 \leqslant x \leqslant A\}$ 上求解

$$\begin{aligned} &\frac{\partial p(t,x)}{\partial t}(t,x) + \frac{\partial p(t,x)}{\partial x} = -d(x)p && (t \geqslant 0, 0 \leqslant x < A) \\ &p(0,x) = p_0(x) && (0 \leqslant x \leqslant A) \\ &p(t,0) = \int_a^A b(\xi)\, p(t,\xi)\mathrm{d}\xi && (t \geqslant 0) \end{aligned} \tag{3.15}$$

方程 (3.15) 的解具有如下递推表达式

$$p(t,x) = \begin{cases} p_0(x-t)\mathrm{e}^{-\int_{x-t}^{x} d(\tau)\mathrm{d}\tau}, & t \geqslant 0, t \leqslant x < A \\ \mathrm{e}^{-\int_0^x d(\tau)\mathrm{d}\tau} \displaystyle\int_a^A b(\xi)\, p(t-x,\xi)\mathrm{d}\xi, & t \geqslant 0, x \leqslant t, 0 \leqslant x < A \end{cases} \tag{3.16}$$

在实际求解过程中, 可通过数据拟合出生率 $b(x)$ 与死亡率 $d(x)$, 然后利用式 (3.16) 写出人口密度函数 $p(t,x)$, 这样可以由式 (3.8) 得到在时刻 t 的人口总数. 但注意到, 由这种方法给出的 $p(t,x)$ 仍然不易表达. 因此, 在实际中可以求其数值解. 以 2010 年第六次全国人口普查数据作为参考, 选取 2010 年全国出生率与死亡率随年龄分布情况以及全国人口数随年龄分布情况作为出生率 $b(x)$、死亡率 $d(x)$ 和人口初始密度 $p_0(x)$ 的离散值, 利用差分法, 得到 2010~2020 年的全国人口数如表 3.4.

表 3.4　2010~2020 年全国人口数计算结果

年份	2010	2011	2012	2013	2014	2015
全国人口数	1332810869	1337577284	13 4226 9402	13 4670 7487	13 5085 5158	13 5446 4753
年份	2016	2017	2018	2019	2020	
全国人口数	1357439196	1359908840	1361599686	1362657222	1363277782	

由表 3.4 中计算结果可以看到, 到 2020 年, 全国人口数约为 13.6 亿, 低于 2020 年的实际人口普查数 14.1 亿. 这是因为在模型中仅考虑出生率和死亡率与年龄有关, 没有考虑与时间 t 之间的关系. 实际上, 2016 年全面放开二孩政策的实施和社会医疗水平的进一步发展, 对出生率和死亡率分别具有一定的提高和抑制作用. 同时, 注意到如果人口总数太多, 有限的自然资源及有限的就业条件等因素

对出生率和死亡率都有一定的影响, 因此, 还可以将模型 (3.15) 中的出生率和死亡率进行进一步修正. 但是, 若考虑出生率和死亡率与人口密度分布函数 $p(t,x)$ 之间的关系, 则能够更精确地描述人口分布发展过程, 当然所得到的偏微分方程将更加复杂, 这里不再赘述, 具体可参看相关文献.

3.2 传染病模型

传染病问题一直是人类医学领域研究的重要问题. 20 世纪 80 年代十分险恶的艾滋病毒开始肆虐全球, 至今仍在蔓延; 2003 年春天来历不明的 SARS 病毒突袭人间, 给人们的生命财产带来极大的危害; 在 2009 年和 2013 年, 甲型 H1N1 流感和 H7N9 型禽流感病毒也分别对人们健康造成了极大威胁.

问题 当为数不多的传染者分配到能够感染的人群中时, 随着时间的推移, 疾病是否会蔓延, 最终有多少人会被传染, 应采取怎样的防疫措施? 通过建立传染病的数学模型来描述传染病的传播过程, 分析受感染人数的变化规律, 探索控制传染病蔓延的手段, 一直都是各国专家和官方关注的问题.

不同类型传染病的传播过程有其各自不同的特点, 弄清这些特点需要诸多医学知识, 在此只是按照一般的传播机理建立几种模型.

3.2.1 SI 模型

模型假设 (1) 在疾病传播期内所考察地区的总人数 N 不变, 不考虑人的生死和迁移.

(2) 将人群分为易感者 S (健康者) 和患病者 I, t 时刻这两类人在总人数中所占的比例分别记作 $s(t)$ 和 $i(t)$, 且 $s(t)+i(t)=1$, $i(0)=i_0$ 是初始时刻患病人数的比例. 人群的流动形式为易感者 $\to$ 患病者, 此模型也被称为 SI 模型.

(3) 每天每个患病者有效接触的平均人数是常数 λ, 这里有效接触是指当患病者与易感者接触时足以使易感者受感染而成为患病者的接触, λ 称为日接触率.

模型建立与求解 根据假设 (3), 每个病人每天可使 $\lambda s(t)$ 个易感者成为患病者, 因病人数为 $Ni(t)$, 所以每天共有 $\lambda Ns(t)i(t)$ 个新的患病者产生, 于是 $\lambda Ns(t)\cdot i(t)$ 就是患病者人数 $Ni(t)$ 的增加率, 故有

$$N\frac{\mathrm{d}i(t)}{\mathrm{d}t}=\lambda Ns(t)i(t) \tag{3.17}$$

进一步有

$$\frac{\mathrm{d}i(t)}{\mathrm{d}t}=\lambda i(t)(1-i(t)),\quad i(0)=i_0 \tag{3.18}$$

方程 (3.18) 是逻辑斯谛增长模型, 它的解为

$$i(t)=\frac{1}{1+(i_0^{-1}-1)\mathrm{e}^{-\lambda t}} \tag{3.19}$$

模型分析与解释 做出 $i(t)$-t 和 $\frac{\mathrm{d}i(t)}{\mathrm{d}t}$-$i$ 的图形, 如图 3.2 和图 3.3 所示.

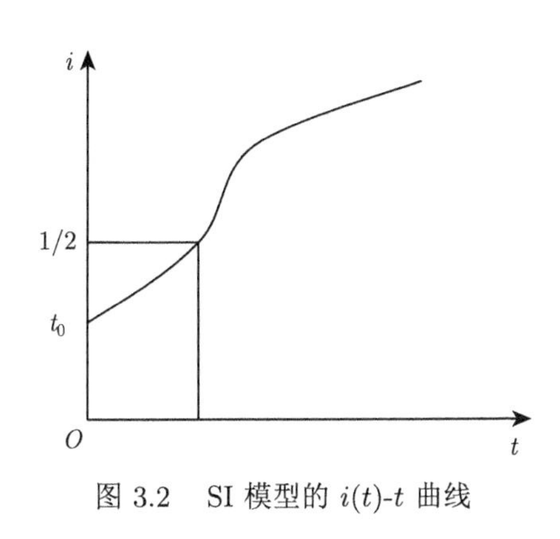

图 3.2 SI 模型的 $i(t)$-t 曲线

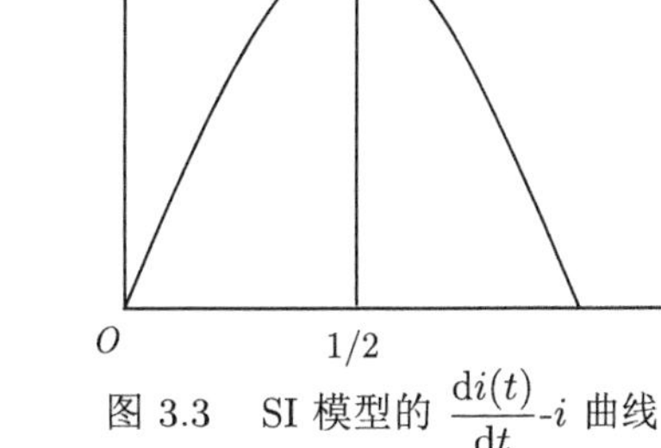

图 3.3 SI 模型的 $\frac{\mathrm{d}i(t)}{\mathrm{d}t}$-$i$ 曲线

由式 (3.18) 和式 (3.19) 及图 3.3 可知, 当 $i=\frac{1}{2}$ 时, $\frac{\mathrm{d}i(t)}{\mathrm{d}t}$ 达到最大值 $i'_{\max}$, 且对应时刻为

$$t_m=\lambda^{-1}\ln\left(i_0^{-1}-1\right) \tag{3.20}$$

t_m 时刻预示着传染病高潮的到来, 是医疗卫生部门关注的时刻. 而 t_m 与 λ 成反比, 因为日接触率 λ 表示该地区的卫生水平, λ 越小, 卫生水平越高. 所以改善保健设施、提高卫生水平可以推迟传染病高潮的到来.

另一方面, 当 $t\to\infty$ 时 $i(t)\to 1$, 即所有人终将被传染, 全变为病人, 这显然不符合实际情况. 其原因是模型假设中没有考虑到病人可以治愈或有自身免疫能力, 假设了人群中的健康者只能变成病人, 而病人不会再变成健康者. 为此修正上述模型, 重新考虑模型的假设. 下面给出的两个模型将讨论病人可以治愈的情况.

3.2.2 SIS 模型

问题分析 有些传染病, 如伤风、痢疾等愈后无免疫性, 于是病人被治愈后变成易感者, 易感者还可以被感染再次变成患病者, 人群的流动形式是易感者 → 患病者 → 易感者, 所以这个模型也被称为 SIS 模型.

模型假设 在前述假设条件 (1) 和 (3) 基础上, 增加新的假设条件为

(4) 每天被治愈的病人数占病人总数的比例为常数 μ, 病人治愈后成为仍可被感染的健康者, μ 称为日治愈率.

模型建立与求解　显然 $1/\mu$ 是这种传染病的平均传染期. 定义 $\sigma=\lambda/\mu$, 由 λ 和 $1/\mu$ 的含义知, σ 是整个传染期内每个病人有效接触的平均人数, 称为接触数.

由假设 (4), SI 模型 (3.17) 应修正为

$$N\frac{\mathrm{d}i(t)}{\mathrm{d}t}=\lambda Ns(t)i(t)-\mu Ni(t) \tag{3.21}$$

即

$$\frac{\mathrm{d}i(t)}{\mathrm{d}t}=\lambda i(t)(1-i(t))-\mu i(t),\quad i(0)=i_0 \tag{3.22}$$

利用 σ 的定义, 方程 (3.22) 可以改写作

$$\frac{\mathrm{d}i(t)}{\mathrm{d}t}=-\lambda i(t)\left[i(t)-\left(1-\sigma^{-1}\right)\right] \tag{3.23}$$

解方程 (3.23) 得

$$i(t)=\frac{1-\sigma^{-1}}{1-\left[1-\left(1-\sigma^{-1}\right)i_0^{-1}\right]\mathrm{e}^{-\lambda(1-\sigma^{-1})t}} \tag{3.24}$$

模型分析与解释　作出 $i(t)$-t 的图形如图 3.4 和图 3.5 所示.

接触数 $\sigma=1$ 是一个阈值. 当 $\sigma>1$ 时, $i(t)$ 的增减性取决于 i_0 的大小 (图3.4), 但其当 $t\to\infty$ 时的极限值 $i(\infty)=1-\sigma^{-1}$ 随 σ 的增加而增加; 当 $\sigma\leqslant 1$ 时, $i(t)$ 越来越小, 最终趋于零, 这是由于传染期内经有效接触, 从而使健康者变成的病人数不超过原来病人数的 SI 模型可视为 SIS 模型的特例.

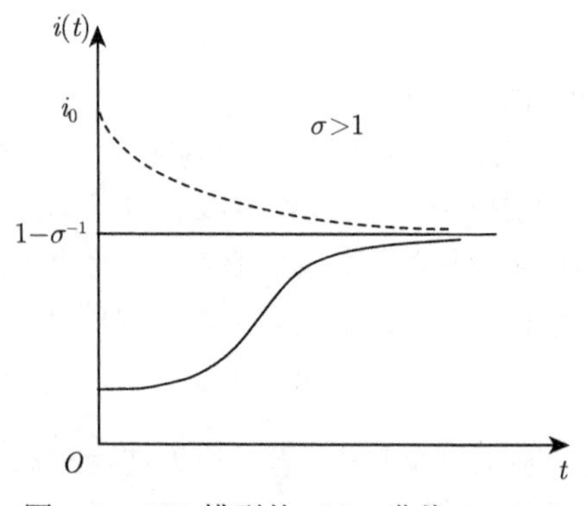

图 3.4　SIS 模型的 $i(t)$-t 曲线 ($\sigma>1$)

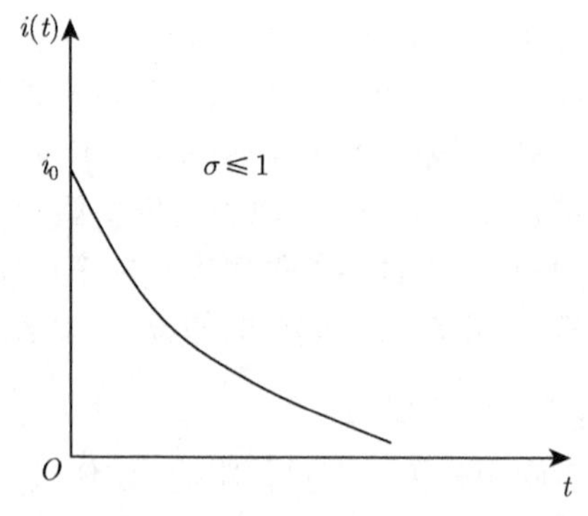

图 3.5　SIS 模型的 $i(t)$-t 曲线 ($\sigma\leqslant 1$)

3.2.3　SIR 模型

问题分析　大多数传染病如天花、麻疹等治愈后均有很强的免疫力, 病愈的人已经退出传染系统, 成为具有长期免疫的人, 因此还应将人群详细划分.

模型假设 (1) 总人数 N 不变, 人群分为易感者、患病者和病愈免疫的移出者三类人, 它们在总人数 N 中占的比例分别记作 $s(t)$, $i(t)$ 和 $r(t)$, 且 $s(t)+i(t)+r(t)=1$. 记初始时刻的健康者和病人比例分别是 s_0 $(s_0>0)$ 和 i_0 $(i_0>0)$(不妨设移出者的初始值为 $r_0=0$), 人群的流动形式为易感者 $\to$ 患病者 $\to$ 移出者, 此模型称为 SIR 模型.

(2) 病人的日接触率为 λ, 日治愈率为 μ, 传染期接触数为 $\sigma=\lambda/\mu$.

模型建立 根据假设条件 (2), 对于易感者、移出者应有

$$\begin{aligned} N\frac{\mathrm{d}s(t)}{\mathrm{d}t} &= -\lambda N s(t) i(t) \\ N\frac{\mathrm{d}r(t)}{\mathrm{d}t} &= \mu N i(t) \end{aligned} \tag{3.25}$$

由式 (3.21) 和式 (3.25), 得模型

$$\begin{aligned} \frac{\mathrm{d}i(t)}{\mathrm{d}t} &= \lambda s(t)i(t)-\mu i(t), \quad i(0)=i_0 \\ \frac{\mathrm{d}s(t)}{\mathrm{d}t} &= -\lambda s(t)i(t), \quad s(0)=s_0 \end{aligned} \tag{3.26}$$

方程 (3.26) 无法求出 $s(t)$ 和 $i(t)$ 的解析解, 仅能用相轨线方法分析 $i(t)$, $s(t)$ 的一般变化规律.

模型分析 s-i 平面称为相平面, 相轨线在相平面上的定义域 D 为

$$D=\{(s,i)|\, s\geqslant 0, i\geqslant 0, s+i\leqslant 1\}$$

在方程 (3.26) 中消去 $\mathrm{d}t$, 并利用 σ 的定义, 可得

$$\frac{\mathrm{d}i}{\mathrm{d}s}=\frac{1}{\sigma s}-1, \quad i|_{s=s_0}=i_0 \tag{3.27}$$

其解为

$$i=(s_0+i_0)-s+\frac{1}{\sigma}\ln\frac{s}{s_0} \tag{3.28}$$

在定义域 D 内, 式 (3.28) 表示的曲线即为相轨线, 如图 3.6 所示, 其中箭头方向表示了随着时间 t 的增加 $s(t)$ 和 $i(t)$ 的变化趋向.

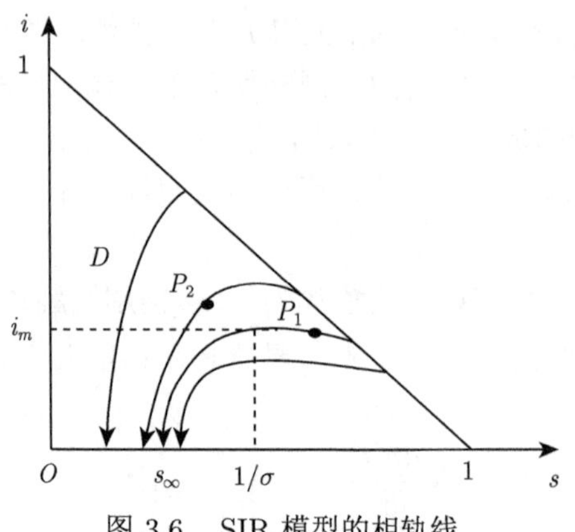

图 3.6　SIR 模型的相轨线

根据式 (3.26) 和式 (3.28), 分析 $s(t)$, $i(t)$ 和 $r(t)$ 的极限值变化情况 (当 $t\to\infty$ 时, 它们的极限值分别记作 s_∞, i_∞, r_∞), 可得如下结论:

情况 1　模型 (3.26) 的解 $i(t)$ 最终趋近于零 (病人终将消失), 即 $i_\infty=0$.

情况 2　模型 (3.26) 的解 $s(t)$ 的极限 s_∞ (最终未被感染的健康者比例) 是方程

$$s_0+i_0-x+\frac{1}{\sigma}\ln\frac{x}{s_0}=0 \tag{3.29}$$

在 $(0,\sigma^{-1})$ 内的唯一根.

情况 3　当 $s_0>\sigma^{-1}$ 时, $i(t)$ 先增加, 并在 $s_0=\sigma^{-1}$ 时达到最大值

$$i_m=s_0+i_0-\sigma^{-1}(1+\ln\sigma s_0) \tag{3.30}$$

然后 $i(t)$ 减小且趋于零, 而 $s(t)$ 单调减小至 s_∞; 当 $s_0\leqslant\sigma^{-1}$ 时, $i(t)$ 则单调减小至零, $s(t)$ 单调减小至 s_∞.

综上所述, 在图形上 s_∞ 是相轨线与 s 轴在 $(0,\sigma^{-1})$ 内交点的横坐标. 不论相轨线从 P_1 或从 P_2 点出发, 它终将与 s 轴相交于 $(s_\infty,0)$(t 充分大).

模型应用　(1) 群体免疫和预防. 一方面, σ^{-1} 是一个阈值, 当 $s_0\leqslant\sigma^{-1}$(即 $\sigma\leqslant 1/s_0$) 时, 传染病就不会蔓延; 当 $s_0>\sigma^{-1}$ (即 $\sigma>1/s_0$) 时, 传染病就会蔓延. 因此, 应减小传染期接触数 σ, 即提高阈值 σ^{-1}, 使得 $s_0\leqslant\sigma^{-1}$ 成立. 同时, i_m 会降低, 也控制了蔓延的程度. 另一方面, 人们的卫生水平越高, 日接触率 λ 越小, 医疗水平越高, 日治愈率 μ 越大, 于是由 $\sigma=\lambda/\mu$ 知, 提高卫生水平和医疗水平有助于控制传染病的蔓延.

因此, 控制传染病蔓延有两种手段: 一是提高卫生和医疗水平, 使阈值 σ^{-1} 变大; 二是降低 s_0, 可以通过预防接种使群体初始时刻获得免疫者的比例数满足

$r_0 \geqslant 1-\sigma^{-1}$ 即可. 因为, 若忽略病人比例的初始值 i_0, 则有 $s_0 = 1-r_0$, 传染病不会蔓延的条件 $s_0 \leqslant \sigma^{-1}$ 可以表示为 $r_0 \geqslant 1-\sigma^{-1}$.

(2) 数值验证与估量. 不妨用最终未感染的健康者的比例 s_∞ 和病人比例的最大值 i_m 作为传染病蔓延程度的度量标准, 给出参数 λ, μ, s_0, i_0 的不同值, 用式 (3.29) 计算 s_∞(当 $s_0 > \sigma^{-1}$ 时将 x 换成 s_∞), 结果列入表 3.5 中.

表 3.5 s_∞ 和 i_m 的计算结果

	λ	μ	σ^{-1}	s_0	i_0	s_∞	i_m
s_∞	1.0	0.3	0.3	0.98	0.02	0.0398	0.3499
	0.6	0.3	0.5	0.98	0.02	0.1965	0.1635
	0.5	0.5	1.0	0.98	0.02	0.8122	0.0200
	0.4	0.5	1.25	0.98	0.02	0.9172	0.0200
i_m	1.0	0.3	0.3	0.7	0.02	0.0840	0.1685
	0.6	0.3	0.5	0.7	0.02	0.3056	0.0518
	0.5	0.5	1.0	0.7	0.02	0.6528	0.0200
	0.4	0.5	1.25	0.7	0.02	0.6755	0.0200

可以看出, 对于一定的 s_0, 降低 λ 提高 μ, 会使 s_∞ 变大, i_m 变小; 对于一定的 λ 和 μ, 降低 s_0 (即提高 r_0) 也会使 s_∞ 变大 (当 $s_0 \leqslant \sigma^{-1}$ 时, s_∞ 反而小了); i_m 变小. 当 $s_0 \leqslant \sigma^{-1}$ 时, $i_m = i_0$, 传染病不会蔓延.

在 SIR 模型中, 阈值 $\sigma = \lambda/\mu$ 是一个重要参数, 当某一次传染病结束以后, 可获得 s_0 和 s_∞ 的值, 在式 (3.29) 中略去很小的 i_0, 即有

$$\sigma = \frac{\ln s_0 - \ln s_\infty}{s_0 - s_\infty}$$

当同样的传染病到来时, 如果估计 λ, μ 没有多大变化, 那么就可以用上面得到的 σ 分析这次传染病的蔓延过程.

3.2.4 SEIR 模型

问题分析 传染病大多具有潜伏期 (incubation period), 也叫隐蔽期, 是指从被病原体侵入肌体到最早临床症状出现的一段时间. 不同传染病的潜伏期长短不同, 从短至数小时到长达数年, 但同一种传染病有固定的 (平均) 潜伏期, 像水痘、腮腺炎等一些儿童期的疾病就具有这样的特点.

模型假设 (1) 考察地区的总人数 N 不变.

(2) 人群分为易感者 S、潜伏者 E、患病者 I 和病愈免疫的移出者 R 四类, 易感者被感染后成为潜伏者, 随后发病成为患病者, 治愈后成为具有免疫的移出者, 适用于具有潜伏期、治愈后获得终身免疫的传染病. 它们在总人数 N 中占的比例分别记作 $s(t)$, $e(t)$, $i(t)$ 和 $r(t)$.

(3) 初始时刻 $t=0$ 时, 各类人数量所占初始比率为 s_0, e_0, i_0, r_0.

(4) 病人的日接触率为 λ, 日治愈率为 μ, 传染期接触数为 $\sigma=\lambda/\mu$.

(5) 日发病率为 δ, 即每天发病成为患病者的潜伏者占潜伏者总数的比率.

模型建立 如图 3.7, 易感者和感染者有效接触成为病毒潜伏者, 设每个感染者每天可使 $\lambda s(t)$ 个易感者变为潜伏者, $Ni(t)$ 个感染者平均每天能使 $\lambda s(t)\,Ni(t)$ 个易感者变为潜伏者, 故有

$$N\frac{\mathrm{d}s(t)}{\mathrm{d}t}=-\lambda s(t)\,Ni(t) \tag{3.31}$$

每天的潜伏者 $Ne(t)$ 中, 又有 $\delta Ne(t)$ 发病成为患病者, 即病毒潜伏人群的变化等于易感人群转入的数量减去转为感染者的数量, 于是有

$$N\frac{\mathrm{d}e(t)}{\mathrm{d}t}=\lambda s(t)\,Ni(t)-\delta Ne(t) \tag{3.32}$$

每天的患病者 $Ni(t)$ 中, 又有 $\mu Ni(t)$ 被治愈成为康复移出者,

$$N\frac{\mathrm{d}i(t)}{\mathrm{d}t}=\delta Ne(t)-\mu Ni(t) \tag{3.33}$$

将方程 (3.31)~(3.33) 进行整理, 得到常微分方程组

$$\begin{aligned}
&\frac{\mathrm{d}s(t)}{\mathrm{d}t}=-\lambda s(t)\,i(t), \quad s(0)=s_0\\
&\frac{\mathrm{d}e(t)}{\mathrm{d}t}=\lambda s(t)\,i(t)-\delta e(t), \quad e(0)=e_0\\
&\frac{\mathrm{d}i(t)}{\mathrm{d}t}=\delta e(t)-\mu i(t), \quad i(0)=i_0
\end{aligned} \tag{3.34}$$

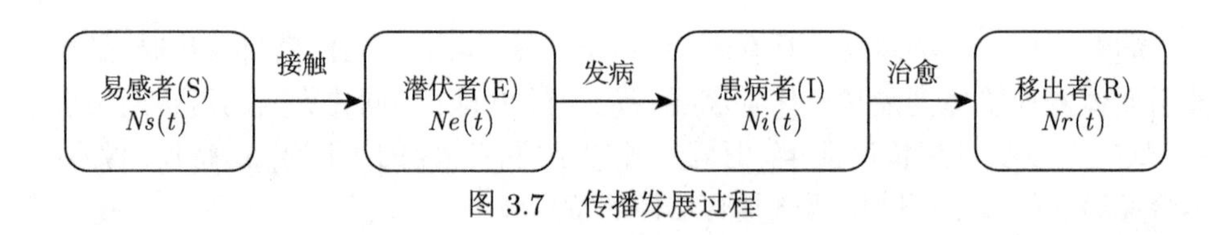

图 3.7 传播发展过程

模型求解 方程组 (3.34) 无法求出精确解, 给出 $\lambda,\delta,\mu,s_0,i_0$ 可求出数值解. 取初始值 $s_0=0.9$, $e_0=0.1$, $i_0=0$, 表明初始时刻易感者和潜伏者在人群所占比例分别为 90%和 10%、没有患病者. 再取两组参数 $\mu_1=0.095$, $\lambda_1=0.8$, $\delta_1=0.1$ 和 $\mu_2=0.5$, $\lambda_2=0.5$, $\delta_2=0.6$, 计算结果分别如图 3.8 和图 3.9 所示. 可见, 当提

高治愈率、降低接触率后, 即使发病率有所提高, 但经过一段时间后潜伏者和患病者所占比例逐渐趋近于零, 这表明传染病蔓延得到了有效控制. 因此, 通过加大政府干预, 如提高医疗水平和卫生水平、适当降低人群接触等方式仍然是控制这种带有潜伏期传染病蔓延的有效手段.

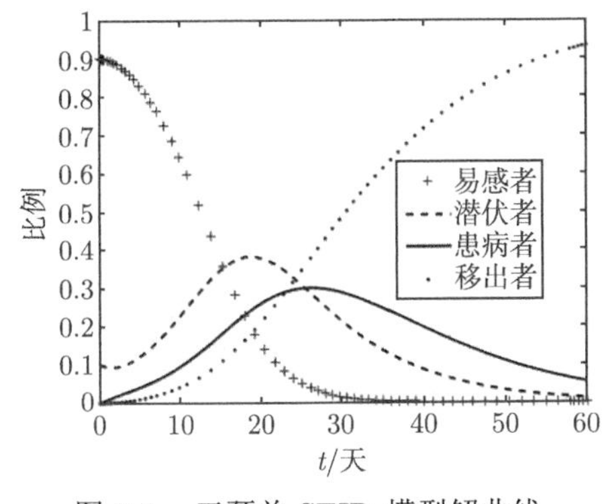

图 3.8 干预前 SEIR 模型解曲线

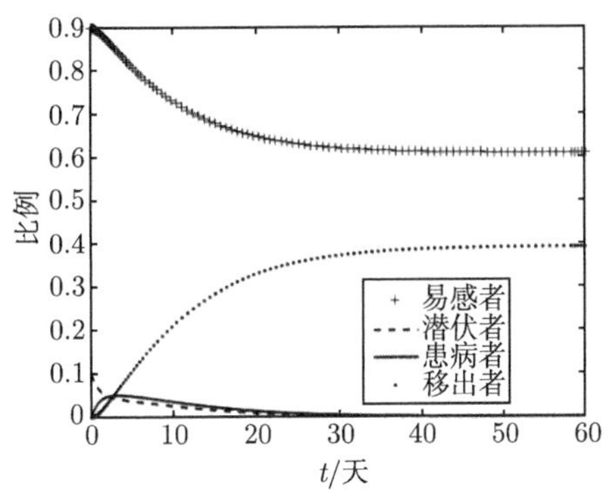

图 3.9 干预后 SEIR 模型解曲线

3.3 捕鱼业的持续收获模型

虽然动态过程的变化规律一般要用微分方程来描述, 但对于某些实际问题, 主要目的并不是要寻求动态过程每个瞬时的性态, 而是研究当时间充分长以后动态过程的变化趋势, 即数学中所描述的稳定状态. 为了分析这种稳定与不稳定的规律常常不需要求解微分方程, 而是利用微分方程稳定性理论, 直接研究平衡状态的稳定性就行了.

3.3.1 捕捞模型

渔业资源是再生资源, 再生资源一定要注意适度开发, 不能为了一时的高产去"竭泽而渔", 应该在持续稳产前提下追求最高产量或最大的经济效益.

问题 渔场中的鱼量在天然环境下按一定规律增长, 如何捕捞才可以持续下去? 建立在捕捞情况下渔场鱼量遵从的模型, 分析鱼量稳定的条件, 并在稳定的前提下讨论如何控制捕捞使持续产量和经济效益达到最大, 最后研究捕捞过度的问题.

记 t 时刻渔场中的鱼量为 $x(t)$, 寻找在有捕捞情形下 $x(t)$ 的变化规律.

模型假设 (1) 在无捕捞时, 鱼量 $x(t)$ 自然增长, 并服从逻辑斯谛增长模型;

(2) 在有捕捞时, 单位时间的捕捞量与渔场鱼量 $x(t)$ 成正比, 比例常数为 E, E 表示单位时间捕捞率, 又称为捕捞强度. E 的大小可控制, 比如可用捕鱼网眼的大小或出海渔船数量来控制其大小.

模型建立 由假设 (1), 在无捕捞时, 鱼量 $x(t)$ 满足如下微分方程

$$\frac{\mathrm{d}x(t)}{\mathrm{d}t} = f(x) = rx\left(1 - \frac{x}{N}\right) \tag{3.35}$$

其中, r 是鱼量的固有增长率, N 是环境容许的最大鱼量, $f(x)$ 是单位时间的鱼量增长量.

由假设 (2), 单位时间的捕捞量为

$$h(x) = Ex \tag{3.36}$$

因此, 在有捕捞情况下渔场鱼量 $x(t)$ 应满足微分方程:

$$\frac{\mathrm{d}x(t)}{\mathrm{d}t} = rx\left(1 - \frac{x}{N}\right) - Ex = F(x) \tag{3.37}$$

模型分析与求解 对方程 (3.37), 我们只希望知道渔场的稳定鱼量和保持稳定的条件, 即时间 t 足够长以后渔场鱼量 $x(t)$ 的变化趋向, 并由此确定最大的持续产量. 为此, 可以直接求方程 (3.37) 的平衡点并分析其稳定性. 令 $F(x) = 0$, 得方程 (3.37) 的两个平衡点

$$x_0 = N\left(1 - \frac{E}{r}\right), \quad x_1 = 0 \tag{3.38}$$

不难算出

$$F'(x_0) = \frac{\mathrm{d}F(x_0)}{\mathrm{d}x} = E - r, \quad F'(x_1) = \frac{\mathrm{d}F(x_1)}{\mathrm{d}t} = r - E$$

由微分方程稳定性理论可知, 当 $E < r$ 时, $F'(x_0) < 0$, 从而平衡点 x_0 稳定, 而 $F'(x_1) > 0$, 平衡点 x_1 不稳定; 当 $E > r$ 时, $F'(x_0) > 0$, 平衡点 x_0 不稳定, 而 $F'(x_1) < 0$, 平衡点 x_1 点稳定.

在渔场鱼量稳定于 x_0 的前提下, 如何控制捕捞强度 E, 以获得最大的捕捞量? 此即求持续捕捞量函数 $h(x_0) = Ex_0$ 的最大值问题. 用图解法可以非常简单地得到结果. 根据式 (3.35) 和式 (3.36), 作抛物线 $y = f(x)$ 和直线 $y = h(x) = Ex$ 的图形, 如图 3.10 所示.

在图 3.10 中, $y = f(x)$ 在原点处的切线为 $y = rx$. 当 $E < r$ 时, $y = Ex$ 必与 $y = f(x)$ 有交点 $P(x_0, h(x_0))$, P 点横坐标就是稳定平衡点 $x_0 = N(1 - E/r)$. 显然 x_0 随着 E 的减小而增大, 相应的点 P 也在 $y = f(x)$ 上向右下方移动.

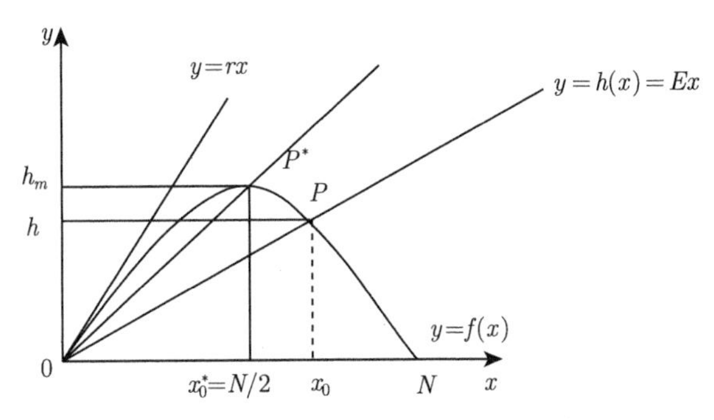

图 3.10 最大持续捕捞量的图解法

由假设 (2), P 点的纵坐标 $h(x_0)$ 为稳定条件下单位时间的持续捕捞量, 由图3.10 知, 当 $y = Ex$ 与 $y = f(x)$ 在抛物线顶点 $P^*(x_0^*, h(x_0^*))$ 相交时可获得最大的持续捕捞量, 此时的稳定平衡点为

$$x_0^* = \frac{N}{2} \tag{3.39}$$

再由式 (3.36) 不难算出保持渔场鱼量稳定下对应的捕捞强度为

$$E^* = \frac{r}{2} \tag{3.40}$$

根据式 (3.39)、式 (3.40) 及式 (3.36) 可知, 单位时间的最大持续捕捞量为

$$h_m = \frac{rN}{4} \tag{3.41}$$

模型解释 将捕捞强度控制在固有增长率 r 的一半, 或者使渔场鱼量保持在最大鱼量 N 的一半, 能够获得最大的持续捕捞量.

3.3.2 效益模型

问题分析 从经济效益角度考虑, 我们希望获得最大的利润. 捕捞所获得利润用从捕捞所得的收入中扣除开支后的净收入来衡量.

模型假设 在捕捞模型假设基础上增加一个假设条件:

(3) 鱼的销售价格为常数 p, 单位捕捞率 (如每条出海渔船) 的费用为常数 c.

模型建立 由假设 (3), 单位时间的收入 T 和支出 S 分别为

$$T = ph(x) = pEx, \quad S = cE$$

从而单位时间的利润为

$$R(E, x) = T - S = pEx - cE \tag{3.42}$$

在稳定条件 $x = x_0$ 下, 式 (3.42) 可写为

$$R(E) = T(E) - S(E) = pNE\left(1 - \frac{E}{r}\right) - cE \tag{3.43}$$

用微分法易求出, 使利润 $R(E)$ 达到最大的捕捞强度为

$$E_R = \frac{r}{2}\left(1 - \frac{c}{pN}\right) \tag{3.44}$$

将 E_R 代入式 (3.38), 可得最大捕捞强度下的渔场稳定鱼量为

$$x_R = \frac{N}{2} + \frac{c}{2p} \tag{3.45}$$

再将式 (3.44) 和式 (3.45) 代入 (3.36) 式得单位时间的持续捕捞量为

$$h_R = rx_R\left(1 - \frac{x_R}{N}\right) = \frac{rN}{4}\left(1 - \frac{c^2}{p^2N^2}\right) \tag{3.46}$$

比较式 (3.39)~(3.41) 与式 (3.44)~(3.46) 可以看出

$$x_R > x_0^*, \quad E_R < E^*, \quad h_R < h^*$$

模型解释　在最大效益原则下, 捕捞强度和持续捕捞量均有所减少, 而渔场应保持的稳定鱼量有所增加, 并且减少或增加的部分随着捕捞率的费用 c 的增长而变大, 随着销售价格 p 的增长而变小.

捕捞过度　为了追求最大利润, 即使只有微薄的利润, 经营者也会去捕捞, 这种情况称为捕捞过度 (或盲目捕捞). 式 (3.43) 给出了利润与捕捞强度的关系, 令 $R(E) = 0$ 的解为 E_S, 可得

$$E_S = r\left(1 - \frac{c}{pN}\right) \tag{3.47}$$

当 $E < E_S$ 时, 利润 $R(E) > 0$, 盲目的经营者会加大捕捞强度; 当 $E > E_S$ 时, 利润 $R(E) < 0$, 要减小捕捞强度. E_S 是盲目捕捞下的临界强度. 图 3.11 画出了 $T(E) = NpE(1 - E/r)$ 和 $S(E) = cE$ 的曲线, 它们交点的横坐标为 E_S.

由式 (3.47) 或图 3.11 易知, E_S 存在的必要条件 (即 $E_S > 0$) 是

$$p > c/N \tag{3.48}$$

即售价大于 (相对于总量而言) 成本, 并且由式 (3.47) 可知, 成本越低, 售价越高, 则 E_S 越大.

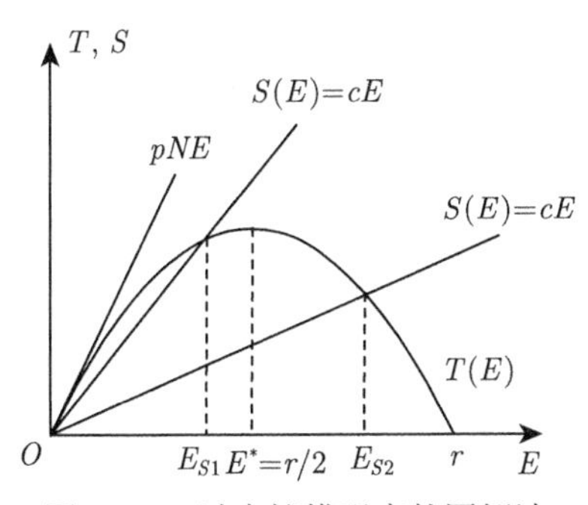

图 3.11 过度捕捞强度的图解法

将式 (3.47) 代入式 (3.38) 得到盲目捕捞下的渔场稳定鱼量为

$$x_S = c/p \tag{3.49}$$

式 (3.49) 说明 x_S 完全由成本、价格比决定, 随着价格的上升和成本的下降, x_S 将迅速减少, 出现捕捞过度. 比较式 (3.44) 和式 (3.46) 可知 $E_S = 2E_R$, 即盲目捕捞强度比最大效益下捕捞强度大一倍. 由式 (3.47) 得到, 当 $c/N < p < 2c/N$ 时, $(E_R <)E_S < E^*$, 如图 3.11, E_{S1} 称经济学捕捞过度; 当 $p > 2c/N$ 时, $E_S > E^*$, 如图 3.11, E_{S2} 称生态学捕捞过度.

3.4 食饵–捕食者模型

问题 意大利生物学家 D'Ancona(狄安科纳) 曾致力于鱼类种群相互制约关系的研究. 从第一次世界大战及战后地中海各港口捕获的几种鱼类占捕获总量百分比的资料中, 他发现在 1914~1918 年 (第一次世界大战期间) 意大利阜姆港收购的鲨鱼 (捕食者) 的比例有明显的增加, 见表 3.6.

表 3.6 1914~1923 阜姆港鲨鱼捕获比例

年份	1914	1915	1916	1917	1918
百分比%	11.9	21.4	22.1	21.1	36.4
年份	1919	1920	1921	1922	1923
百分比%	27.3	16.0	15.9	14.8	10.7

事实上, 捕获的各种鱼的比例基本上代表了地中海渔场中各种鱼的比例. 战争中捕获量大幅度下降, 使渔场中食用鱼 (食饵) 增加, 以此为生的鲨鱼也同时增加. 但是捕获量的下降为什么会使鲨鱼的比例增加, 即对捕食者更加有利呢?

他无法解释这个现象, 于是求助于他的朋友、著名的意大利数学家沃尔泰拉 (Volterra) 建立了一个简单的数学模型, 回答了 D'Ancona 的问题.

模型假设 (1) 食饵在自然环境中独立生存时, 由于大海中资源丰富, 所以可假设其增长规律遵循指数增长模型, 相对增长率为 r;

(2) 捕食者的存在将使食饵的相对增长率减少, 假设减少量与捕食者数量成正比, 比例系数为 a, 它反映了捕食者掠取食物的能力;

(3) 捕食者在自然环境中无法独立生存, 其独自存在时增长规律遵循负指数增长模型, 相对死亡率为 d;

(4) 食饵的存在为捕食者提供了食物, 使捕食者的相对死亡率降低, 假设降低量与食饵数量成正比, 比例系数为 b, 它反映了食饵对捕食者的供养能力.

模型建立 设在时刻 t 食饵 (食用鱼) 和捕食者 (鲨鱼) 的数量分别为 $x(t)$ 和 $y(t)$. 由假设 (1)~(4), 在食饵与捕食者共存时, $x(t)$ 和 $y(t)$ 分别满足方程

$$\frac{\mathrm{d}x(t)}{\mathrm{d}t}=x(r-ay)=rx-axy \tag{3.50}$$

$$\frac{\mathrm{d}y(t)}{\mathrm{d}t}=-y(d-bx)=-dy+bxy \tag{3.51}$$

方程 (3.50) 和 (3.51) 即是著名的沃尔泰拉食饵–捕食者模型 (简称沃尔泰拉模型). 模型中没有考虑种群增长的阻滞作用, 是沃尔泰拉提出的最简单的模型.

模型求解与分析 非线性微分方程组 (3.50)~(3.51) 没有解析解, 分两步对这个模型所描述的现象进行分析. 首先, 利用数学软件求微分方程组的数值解, 通过对数值结果和图像的观察, 猜测它的解析解的特性; 然后, 从理论上研究其平衡点以及沿着周期解的积分平均值.

1. 数值解及其图像

记食饵和捕食者的初始数量分别为

$$x(0)=x_0, \quad y(0)=y_0 \tag{3.52}$$

为求微分方程组 (3.50)~(3.52) 的数值解 $x(t),y(t)$ 及相轨线 $y(x)$. 设参数 $r=1$, $d=0.5$, $a=0.1$, $b=0.02$, $x_0=25$, $y_0=2$, 用 MATLAB 软件可得 $x(t),y(t)$ 及其相轨线 $y(x)$, 如图 3.12 和图 3.13.

由图 3.12 和图 3.13 观察到, $x(t),y(t)$ 是周期函数, 相轨线 $y(x)$ 是封闭曲线, 数值解近似地给出解的周期为 10.7, x 的最大、最小值分别为 99.3 和 2.0, y 的最大、最小值分别为 28.4 和 2.0, 并且容易算出 $x(t),y(t)$ 在一个周期的平均值为 $\overline{x}=25,\overline{y}=10$.

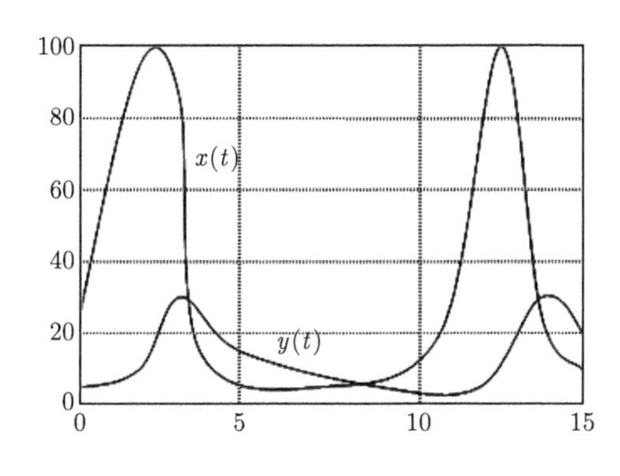

图 3.12 数值解 $x(t), y(t)$ 的图形

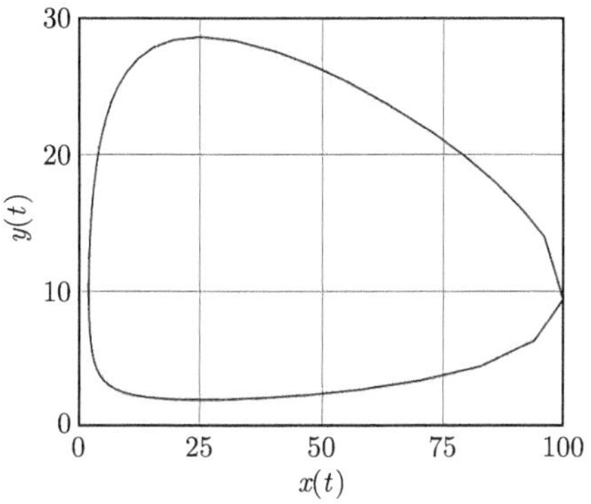

图 3.13 相轨线 $x(t)$-$y(t)$ 的图形

2. 周期解 $x(t)$ 和 $y(t)$ 在一个周期内的平均值

将方程 (3.51) 改写成

$$x(t)=\frac{1}{b}\left(\frac{1}{y}\frac{\mathrm{d}y}{\mathrm{d}t}+d\right) \tag{3.53}$$

对式 (3.53) 两边在一个周期内积分, 注意到 $y(T)=y(0)$, 易算出平均值为

$$\overline{x}=\frac{1}{T}\int_0^T x(t)\mathrm{d}t=\frac{1}{T}\left(\frac{\ln y(T)-\ln y(0)}{b}+\frac{dT}{b}\right)=\frac{d}{b}=x_0 \tag{3.54}$$

类似地可得

$$\overline{y}=\frac{r}{a}=y_0 \tag{3.55}$$

即 $x(t)$ 和 $y(t)$ 的平均值正是相轨线中心 P 点的坐标.

模型解释 在弱肉强食情况下捕食者的数量 $\overline{y}$ 与食饵增长率 r 成正比, 与它掠夺食饵的能力 a 成反比, 即降低食饵的繁殖率, 可使捕食者减少, 降低捕食者的掠夺能力却会使之增加; 食饵的数量 $\overline{x}$ 与捕食者死亡率 d 成正比, 与它供养捕食者的能力 b 成反比, 即捕食者的死亡率上升导致食饵增加, 食饵供养捕食者的能力增强会使食饵减少.

沃尔泰拉用这个模型这样来解释生物学家 D'Ancona 提出的问题: 战争期间捕获量下降为什么会使鲨鱼 (捕食者) 的比例有明显的增加. 只需要在上述自然环境下得到的结果基础上考虑人为捕获量的影响, 引入表示捕获能力的系数 e, 此时食饵增长率由 r 下降为 $r-e$, 而捕食者死亡率由 d 上升为 $d+e$. 用 x_1, y_1 表示这种情况下食饵 (食用鱼) 和捕食者 (鲨鱼) 的数量, 由式 (3.50) 和式 (3.51) 知

$$x_1=\frac{d+e}{b},\quad y_1=\frac{r-e}{a} \tag{3.56}$$

平衡点由 $P(x_0, y_0)$ 变为 $P'(x_1, y_1)$.

战争期间捕获量下降, 即捕获系数 $e' < e$, 于是食饵和捕食者的数量变为

$$x_2 = \frac{d+e'}{b}, \quad y_2 = \frac{r-e'}{a} \tag{3.57}$$

平衡点由 $P'(x_1, y_1)$ 变为 $P''(x_2, y_2)$.

显然, $x_0 < x_2 < x_1$, $y_1 < y_2 < y_0$. 这正说明战争期间鲨鱼 (捕食者) 的比例会有明显的增加. 如图 3.14.

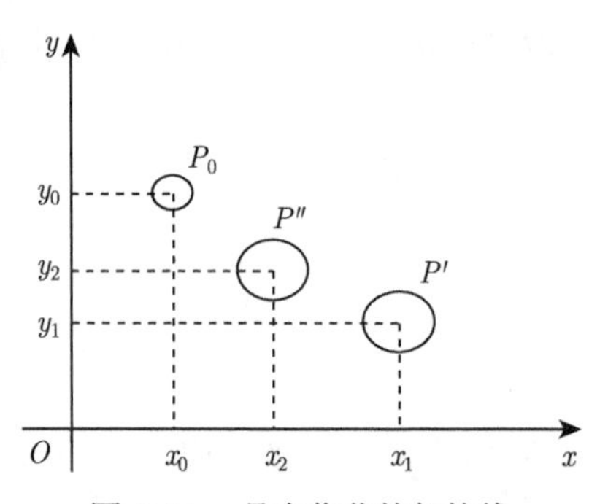

图 3.14 具有收获的相轨线

模型应用 沃尔泰拉模型还可用来分析生物治虫过程中使用杀虫剂的后果. 自然界里不少以吃农作物为主的害虫都有它的天敌——益虫, 以害虫为食饵的益虫是捕食者, 于是构成一个食饵–捕食者系统. 杀虫剂不仅杀死害虫, 也能杀死益虫, 那么使用杀虫剂就相当于前面讨论的人为捕获的影响, 即有 $x_1 > x_0$, $y_1 > y_0$. 从长期效果看, 使用杀虫剂将使害虫增多, 益虫减少.

3.5 有毒浮游植物–浮游动物模型

问题 针对浮游生物的研究对海洋生态系统乃至于我们整个星球都是至关重要的, 因为浮游生物是处于整个生态系统中食物链最底端的种群, 是初级生产者. 浮游动物掠食浮游植物, 所以浮游植物决定了浮游动物的产量, 而浮游动物又决定着小型鱼类和一些大型鱼类的产量, 因此浮游植物-浮游动物在人类渔业产业中占有重要的地位. 近些年, 由于环境污染等原因, 赤潮等现象频发, 有些浮游植物自身具有一定毒素, 这样的浮游植物和浮游动物构成的生态系统可能会更脆弱. 请建立数学模型分析, 捕捞对有毒浮游植物-浮游动物系统的影响.

模型假设 (1) 记 t 时刻有毒浮游植物数量为 $P(t)$, 浮游动物数量为 $Z(t)$;

(2) 有毒浮游植物的自然增长服从逻辑斯谛增长模型, 其相对增长率为 r, 环境对浮游植物的最大承载能力是 K;

(3) 浮游动物的存在将使浮游植物的相对增长率减小, 减小量与浮游动物数量成正比, 假设浮游动物单位时间的捕食量为 $Zf(P)$, 其中 $f(P)$ 表示浮游动物捕食浮游植物的能力;

(4) 浮游动物在自然环境中无法独立生存, 其相对死亡率是 d, 浮游植物被浮游动物捕食后的生物转化率是 β_1, 由于有毒浮游植物对浮游动物有一定的毒性, 若记 ρ 为单位浮游植物产生的毒性物质指标, 一般假定 $\beta_1 > \rho$;

(5) 浮游动物的可捕获比率为 q, 对浮游动物的捕捞强度用 E 表示;

(6) 对浮游动物每单位捕捞强度的捕捞成本为 c, 捕获的每单位数量的浮游动物价格为 p.

模型建立 对于浮游植物, 根据假设 (1), 有毒浮游植物满足的微分方程如下:

$$\frac{\mathrm{d}P}{\mathrm{d}t} = rP\left(1 - \frac{P}{K}\right) - Zf(P) \tag{3.58}$$

关于捕食能力函数 $f(P)$ 在各种文献的讨论中有种种不同的描述, 如果令 $f(P) = \beta g(P)$, β 是常数, 那么 $g(P)$ 称为功能反应函数, 它表示捕食者对猎物的捕食效应. 一个最简单的想法是令 $g(P) = P$, 即功能反应函数是一个线性函数, 但是如果考虑这样一种现实, 在一段有限的时间内, 浮游动物能够定位并捕食的浮游植物的数量是有限的, 那么上面这种选择显然是不合适的. 这里我们选择另外一种函数来表示 $g(P)$, 令 $g(P) = \dfrac{P}{P+\alpha}$, 即 $f(P) = \dfrac{\beta P}{P+\alpha}$, 它表示捕食能力随着浮游植物的增加而达到最大值, 即浮游动物对浮游植物的最大摄入能力 β; 参数 α 表示捕食能力达到最大摄入能力值的一半时对应的浮游植物数量, 此时 (3.58) 变为

$$\frac{\mathrm{d}P}{\mathrm{d}t} = rP\left(1 - \frac{P}{K}\right) - \frac{\beta PZ}{\alpha + P} \tag{3.59}$$

对于浮游动物, 其数量变化应遵循的模式为 “单位时间浮游动物的增量 = 捕食有毒浮游植物使浮游动物增加的量 − 摄入毒性使浮游动物减少的量 − 死亡的量 − 捕捞量”, 因此与前面的情况类似, 根据假设 (3), 单位时间内捕食浮游植物使浮游动物的增加量为 $\beta_1\beta Zg(P)$, 因为捕食有毒浮游植物又使其减少的量为 $\rho\beta Zg(P)$. 再由假设 (4), 浮游动物满足的微分方程如下:

$$\frac{\mathrm{d}Z}{\mathrm{d}t} = \frac{\beta_1\beta PZ}{\alpha + P} - dZ - \frac{\rho\beta PZ}{\alpha + P} - qZE \tag{3.60}$$

最后, 根据基本的经济学公式

$$\text{净经济效益 (NER)} = \text{总效益 (TR)} - \text{总支出 (TC)}$$

由假设 (5)~(6) 可知, $\mathrm{TR} = pqZE$, $\mathrm{TC} = cE$. 令 $\mathrm{NER} = m$, 联立 (3.59) 和 (3.60), 得

$$\begin{aligned}
\frac{\mathrm{d}P}{\mathrm{d}t} &= rP\left(1 - \frac{P}{K}\right) - \frac{\beta PZ}{\alpha + P} \\
\frac{\mathrm{d}Z}{\mathrm{d}t} &= \frac{\beta(\beta_1 - \rho)PZ}{\alpha + P} - (d + qE)Z \\
0 &= (pqZ - c)E - m
\end{aligned} \tag{3.61}$$

这便是浮游植物–浮游动物模型, 是一个微分–代数方程模型.

从 (3.61) 之第三个方程中将 E 解出来再代入第二个方程, 可以得到一个常微分方程模型. 经过简单的计算可知, 当 $m = 0$ (总效益与总支出平衡) 时, 如果 $\beta c - \alpha rpq < 0$, 则系统存在唯一一个正的平衡点 $S^* = (P^*, Z^*, E^*)$ 满足

$$\begin{aligned}
Z^* &= \frac{c}{pq} \\
E^* &= \frac{(\beta_1 - \rho)\beta P^*}{q(\alpha + P^*)} - \frac{d}{q} \\
P^{*2} &+ (\alpha - K)P^* - K\alpha + \frac{K\beta Z^*}{r} = 0
\end{aligned}$$

记方程 (3.61) 左端的系数矩阵为 $A = \begin{bmatrix} 1 & 0 & 0 \\ 0 & 1 & 0 \\ 0 & 0 & 0 \end{bmatrix}$, 右端记为

$$G(P, Z, E) = \begin{pmatrix} rP(1 - P/K) - \beta PZ/(\alpha + P) \\ \beta(\beta_1 - \rho)PZ/(\alpha + P) - (d + qE)Z \\ (pqZ - c)E - m \end{pmatrix}$$

根据微分–代数方程的一般理论, 可知 S^* 的稳定性由方程

$$\det(\lambda A - \mathrm{D}G_{S^*}) = 0 \tag{3.62}$$

的根决定, 其中 $\mathrm{D}G_{S^*}$ 为 $G(P, Z, E)$ 在 S^* 处的雅可比矩阵, 有如下结论.

定理 3.1　如果方程 (3.62) 的所有根都具有负实部, 则 S^* 是渐近稳定的; 如果 (3.62) 有一正实部的根, 则 S^* 不稳定.

关于此定理的证明理论上较为复杂, 本节只给出一些计算机模拟结果.

取定参数 $r = 8, K = 4, \beta = 1, \alpha = 1, \beta_1 = 0.4, \rho = 0.1, d = 0.1, q = 0.2, c = 2, p = 2.5$. 经过计算可知, 当 m 在 0 附近变化时, 若 $m < 0$, 方程 (3.62) 的所有根具有严格负实部; 若 $m > 0$, 方程 (3.62) 有一正实部的根. 所以方程 (3.61) 的平衡点 S^* 的稳定性在 m 穿过 0 时发生变化.

模型解释 上述结果表明, 如果追求正的净效益, 则势必会导致方程出现不稳定的平衡点. 在生物学上, 平衡点不稳定会导致赤潮等诸多问题的出现.

模型修正 为了得到稳定的正收益, 通过引入反馈控制项 $(E - E^*)u$ 对方程 (3.61) 进行修正, 得

$$
\begin{aligned}
&\frac{\mathrm{d}P}{\mathrm{d}t} = rP\left(1 - \frac{P}{K}\right) - \frac{\beta PZ}{\alpha + P} \\
&\frac{\mathrm{d}Z}{\mathrm{d}t} = \frac{\beta_1 \beta PZ}{\alpha + P} - dZ - \frac{\rho\beta PZ}{\alpha + P} - qZE \\
&0 = (pqZ - c)E - m + (E - E^*)u
\end{aligned}
\tag{3.63}
$$

这仍然是一个与方程 (3.61) 类似的微分-代数方程, 而且与 (3.61) 有相同的平衡点. 采用相同的方法, 可以应用定理 3.1 对结果进行分析. 数值模拟表明, 当 $m = 0.01, u = 11$ 时, 模型 (3.63) 出现稳定的平衡点, 如图 3.15 所示.

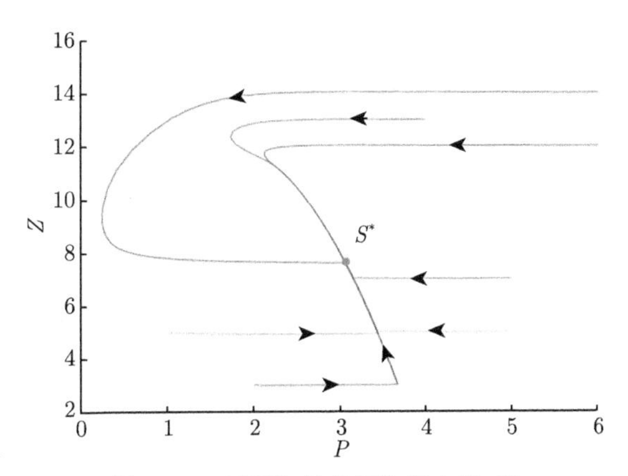

图 3.15 不同初值的解均稳定到 S^*

因此, 对捕捞项引入反馈增益, 可以使模型出现带有正值净经济收益的稳定平衡点.

3.6　微分方程的平衡点和稳定性判断

微分方程模型是十分重要且丰富的模型, 特别是基于稳定性理论的模型在解决实际问题中具有重要作用.

对于一阶微分方程

$$\frac{\mathrm{d}x(t)}{\mathrm{d}t}=f(x) \tag{3.64}$$

则代数方程

$$f(x)=0$$

的实根 $x=x_{\mathrm{e}}$ 称为方程 (3.64) 的平衡点, 它也是方程 (3.64) 的解.

如果存在平衡点的某个邻域, 使方程 (3.64) 从该邻域内的任意点 x_0 出发的解 $x(t)$ 满足

$$\lim_{t\to\infty}x(t)=x_{\mathrm{e}} \tag{3.65}$$

则称平衡点 x_{e} 是方程 (3.64) 的稳定平衡点 (稳定性理论中称为渐近稳定); 否则, 称 x_{e} 是不稳定平衡点.

关于平衡点 x_{e} 的稳定性有如下的结论.

若 $f'(x_{\mathrm{e}})<0$, 则 x_{e} 是方程 (3.64) 的稳定平衡点; 若 $f'(x_{\mathrm{e}})>0$, 则 x_{e} 是方程 (3.64) 的不稳定平衡点; 若 $f'(x_{\mathrm{e}})=0$, 则 x_{e} 的稳定性不能判断.

对于二阶微分方程, 可将其化为一阶微分方程组

$$\begin{aligned}\frac{\mathrm{d}x_1(t)}{\mathrm{d}t}&=f(x_1,x_2)\\\frac{\mathrm{d}x_2(t)}{\mathrm{d}t}&=g(x_1,x_2)\end{aligned} \tag{3.66}$$

则代数方程组

$$\begin{aligned}f(x_1,x_2)&=0\\g(x_1,x_2)&=0\end{aligned} \tag{3.67}$$

的实根 $x_1=x_1^0$ 和 $x_2=x_2^0$ 对应的点称为方程 (3.66) 的平衡点, 记作 $P_0(x_1^0,x_2^0)$.

如果存在平衡点 (x_1^0,x_2^0) 点的某个邻域, 使方程 (3.66) 从该邻域内的任意点出发的解 $x_1(t)$ 和 $x_2(t)$ 均满足

$$\lim_{t\to+\infty}x_1(t)=x_1^0,\quad \lim_{t\to+\infty}x_2(t)=x_2^0 \tag{3.68}$$

则称平衡点 P_0 是稳定的 (渐近稳定的); 否则, 称 P_0 是不稳定的.

1. 线性常系数微分方程组平衡点的稳定性判别条件

设方程

$$\begin{aligned}\frac{\mathrm{d}x_1(t)}{\mathrm{d}t}&=a_1x_1(t)+a_2x_2(t)\\\frac{\mathrm{d}x_2(t)}{\mathrm{d}t}&=b_1x_1(t)+b_2x_2(t)\end{aligned}\tag{3.69}$$

系数矩阵记作

$$A=\begin{bmatrix}a_1&a_2\\b_1&b_2\end{bmatrix}$$

假定 $\det A\neq 0$, 方程 (3.69) 的唯一平衡点 $P_0(0,0)$ 的稳定性可由方程 (3.69) 的特征方程

$$\det(A-\lambda I)=\lambda^2-(a_1+b_2)\lambda+\det A=0$$

的特征值 λ_1,λ_2 决定. 令

$$p=\lambda_1+\lambda_2=(a_1+b_2),\quad q=\lambda_1\lambda_2=\det A$$

按照稳定性定义 (3.68) 可知, 当 λ_1,λ_2 均为负数或均有负实部时, $P_0(0,0)$ 是稳定平衡点; 而当 λ_1,λ_2 中有一个为正数或有正实部时, $P_0(0,0)$ 是不稳定平衡点. 于是根据特征方程的系数 p 和 q 的正负很容易判断平衡点的稳定性: 若 $p<0,q>0$, 则平衡点 $P_0(0,0)$ 是方程 (3.67) 的稳定点; 若 $p>0$ 或 $q<0$, 则平衡点 $P_0(0,0)$ 是方程 (3.69) 的不稳定点.

2. 非线性微分方程组平衡点的稳定性判别条件

对于一般的非线性方程 (3.66), 可以用近似线性化方法判断其平衡点 $P_0(x_1^0,x_2^0)$ 的稳定性.

记矩阵

$$A=\left.\begin{bmatrix}f_{x_1}&f_{x_2}\\g_{x_1}&g_{x_2}\end{bmatrix}\right|_{P_0(x_1^0,x_2^0)}$$

则特征方程系数为

$$p=(f_{x_1}+g_{x_2})\,|_{P_0}\,,\quad q=\det A$$

因此, P_0 点的稳定性仍然可用线性常系数微分方程组稳定性的判别方法来判定, 这里不再赘述, 具体判定方法可参考相关文献.

思考题 3

3.1　生活在阿拉斯加海域的鲑鱼服从指数增长模型

$$\mathrm{d}p(t)/\mathrm{d}t = 0.003p(t)$$

其中, t 以分钟计. 在 $t=0$ 时一群鲨鱼来到此水域定居, 开始捕食鲑鱼. 鲨鱼捕杀鲑鱼的速率是 $0.001p^2(t)$, 其中 $p(t)$ 是 t 时刻鲑鱼总数. 此外, 由于在它们周围出现意外情况, 平均每分钟有 0.002 条鲑鱼离开此水域.

(1) 考虑到两种因素, 试修正指数增长模型.

(2) 假设在 $t=0$ 时存在 100 万条鲑鱼, 试求鲑鱼总数 $p(t)$, 并问当 $t\to\infty$ 时会发生什么情况?

3.2　根据经验当一种新产品投入市场后, 随着人们对它拥有量的增加, 其销售量 $s(t)$ 的下降速度与 $s(t)$ 成正比. 广告宣传可给销售量添加一个增长速度, 它与广告费 $a(t)$ 成正比, 但广告只能影响这种商品在市场上尚未饱和的部分 (设饱和量为 M). 建立销量 $s(t)$ 的模型. 若广告宣传只进行有限时间 τ, 且广告费为常数 a, 问 $s(t)$ 如何变化?

3.3　假设某生物种群的增长率不是常数, 它以某种方式依赖于环境的温度. 如果已知温度是时间的函数, 试给出初始数量为 N_0 的生物种群的增长模型. 证明种群以指数增长系数 $R_E(t)$ 增长或衰减, 即 $N(t)\propto \mathrm{e}^{R_E(t)t}$, 这个增长系数等于时间依赖增长的平均值.

3.4　某地有一池塘, 其水面面积约为 $100\times100(\mathrm{m}^2)$, 用来养殖某种鱼类. 在如下的假设下, 设计能获取较大利润的三年的养鱼方案.

(1) 鱼的存活空间为 1 $\mathrm{kg/m^2}$;

(2) 每 1 千克鱼每天需要的饲料为 0.05 kg, 市场上鱼饲料的价格为 0.2 元/kg;

(3) 鱼苗的价格忽略不计, 每千克鱼苗大约有 500 条鱼;

(4) 鱼可四季生长, 每天的生长重量与鱼的重量成正比, 365 天长为成鱼, 成鱼的重量为 2 kg;

(5) 池内鱼的繁殖与死亡均忽略;

(6) 若 q 为鱼重, 则此种鱼的售价为 $Q=\begin{cases}0, & q<0.2,\\ 6, & 0.2\leqslant q<0.75,\\ 8, & 0.75\leqslant q<1.5,\\ 10, & 1.5\leqslant q\leqslant 2\end{cases}$ (单位: 元/kg);

(7) 该池内只能投放鱼苗.

3.5　建立肿瘤生长模型. 通过大量医疗实验发现肿瘤细胞的生长有以下现象:

① 当肿瘤细胞数目超过 10^{11} 时才是临床可观察的; ② 在肿瘤生长初几乎每经过一定时间肿瘤细胞就增加一倍; ③ 由于各种生理条件限制, 在肿瘤生长后期肿瘤细胞数目趋向某个稳定值.

(1) 比较逻辑斯谛增长模型与冈珀茨 (Gompertz) 模型 $\frac{\mathrm{d}n}{\mathrm{d}t} = -\lambda n \ln \frac{n}{N}$, 其中 $n(t)$ 是细胞数, N 是极限值, λ 是参数.

(2) 说明上述两个模型是亚瑟 (Usher) 模型 $\frac{\mathrm{d}n}{\mathrm{d}t} = \frac{\lambda n}{\alpha}\left(1 - \left(\frac{n}{N}\right)^{\alpha}\right)$ 的特例.

3.6 药物动力学中的米氏模型为

$$\frac{\mathrm{d}x}{\mathrm{d}t} = -\frac{kx}{a+x} \quad (k, a > 0)$$

$x(t)$ 表示人体内药物在时刻 t 的浓度. 研究这个方程的解的性质.

(1) 对于很多药物 (如可卡因), a 比 $x(t)$ 大得多, 米氏方程及其解如何简化.

(2) 对于另一些药物 (如酒精), $x(t)$ 比 a 大得多, 米氏方程及其解如何简化.

3.7 生态学家指出在沃尔泰拉模型中应加入逻辑斯谛增长项, 更能反映实际情况. 建立模型并分析此时系统解的结构有什么不同?

3.8 对食饵和捕食者两个种群结构的细化研究有助于分析此系统的结构. 这是因为, 不同年龄结构的捕食者捕杀食饵的能力是不同的, 反过来, 不同年龄段的食饵供给捕食者的能力也并不相同, 同时生存能力也不一样. 考察这些因素会对食饵捕食者模型带来怎样的影响?

3.9 在华盛顿的苹果树上捕食螨虫 (以下简称为: M 螨虫) 与被捕食螨虫 (以下简称为: T 螨虫) 这两种螨虫很常见. T 螨虫以苹果树叶为食, 当其密度达到一定数量 (大约每片树叶上 50 只) 时, 将会对苹果产量产生显著影响, 如果密度更高, 则会对苹果树产生危害. 这种螨虫对杀虫剂能够很快产生抗药性, 所以人们考虑利用生物捕食之类的生物控制方法来控制它们的数量, 使其维持在较低的水平上. M 螨虫可以担当这样一个捕食者的角色, 所以有必要研究这两类螨虫之间的相互作用是如何发生的. 用 $h(t)$ 表示存在一个捕食种群时被捕食种群的密度, 用 $p(t)$ 表示捕食种群的密度, 于是可建立一个食饵–捕食者系统:

$$\frac{\mathrm{d}h(t)}{\mathrm{d}t} = r_1 h(t)\left(1 - \frac{h(t)}{K}\right) - p(t)\frac{ah(t)}{h(t)+b}$$

$$\frac{\mathrm{d}p(t)}{\mathrm{d}t} = r_2 p(t)\left(1 - \frac{p(t)}{\gamma h(t)}\right)$$

注意到, 温度被认为是影响两者间相互作用最重要的环境变量, 所以温度因子 T

需纳入参数 r_1, r_2 及 a 中, 当 $T \in [10, T_M)$ 时,

$$r_1(T) = 0.048[\exp(0.103(T-10)) - \exp(0.369(T-10) - 7.457)]$$

$$r_2(T) = 0.089[\exp(0.055(T-10)) - \exp(0.483(T-10) - 11.648)]$$

$$a(T) = \frac{16r_2^2(T)}{r_1(T)}$$

其中, $T_M = 37.2$ 是 M 螨虫能够繁衍的最高环境温度, 其他参数值为 $\gamma = 0.15$, $K = 300$(个/片树叶), $b = 0.04$(个/片树叶)(实地观察发现, 螨虫密度通常远远小于 1 个/片树叶). 试根据以上所给参数, 取 $T \in (30.89, 35.56)$, 画出 $h(t)$ 和 $p(t)$ 的解曲线, 观察解是否具有周期性.

3.10 SARS 的传播. SARS (Severe Acute Respiratory Syndrome, 严重急性呼吸综合征, 俗称非典型病原体肺炎) 是 21 世纪第一个在世界范围内传播的传染病. SARS 的暴发和蔓延给我国的经济发展和人民生活带来了很大影响, 我们从中得到了许多重要的经验和教训, 认识到定量地研究传染病的传播规律、为预测和控制传染病蔓延创造条件的重要性. 请你们对 SARS 的传播建立数学模型, 具体要求如下:

(1) 建立你们自己的模型; 特别要说明怎样才能建立一个真正能够预测以及能为预防和控制提供可靠、足够的信息的模型, 这样做的困难在哪里? 对于卫生部门所采取的措施做出评论, 如提前或延后 5 天采取严格的隔离措施, 对疫情传播所造成的影响做出估计. 附件 1 提供的数据供参考.

(2) 收集 SARS 对经济某个方面影响的数据, 建立相应的数学模型并进行预测. 附件 2 提供的数据可供参考.

附件 1 北京市疫情的数据

日期	已确诊病例累计	现有疑似病例	死亡累计	治愈出院累计
4 月 20 日	339	402	18	33
4 月 21 日	482	610	25	43
4 月 22 日	588	666	28	46
4 月 23 日	693	782	35	55
4 月 24 日	774	863	39	64
4 月 25 日	877	954	42	73
4 月 26 日	988	1093	48	76
4 月 27 日	1114	1255	56	78
4 月 28 日	1199	1275	59	78
4 月 29 日	1347	1358	66	83
4 月 30 日	1440	1408	75	90
5 月 01 日	1553	1415	82	100
5 月 02 日	1636	1468	91	109

续表

日期	已确诊病例累计	现有疑似病例	死亡累计	治愈出院累计
5 月 03 日	1741	1493	96	115
5 月 04 日	1803	1537	100	118
5 月 05 日	1897	1510	103	121
5 月 06 日	1960	1523	107	134
5 月 07 日	2049	1514	110	141
5 月 08 日	2136	1486	112	152
5 月 09 日	2177	1425	114	168
5 月 10 日	2227	1397	116	175
5 月 11 日	2265	1411	120	186
5 月 12 日	2304	1378	129	208
5 月 13 日	2347	1338	134	244
5 月 14 日	2370	1308	139	252
5 月 15 日	2388	1317	140	257
5 月 16 日	2405	1265	141	273
5 月 17 日	2420	1250	145	307
5 月 18 日	2434	1250	147	332
5 月 19 日	2437	1249	150	349
5 月 20 日	2444	1225	154	395
5 月 21 日	2444	1221	156	447
5 月 22 日	2456	1205	158	528
5 月 23 日	2465	1179	160	582
5 月 24 日	2490	1134	163	667
5 月 25 日	2499	1105	167	704
5 月 26 日	2504	1069	168	747
5 月 27 日	2512	1005	172	828
5 月 28 日	2514	941	175	866
5 月 29 日	2517	803	176	928
5 月 30 日	2520	760	177	1006
5 月 31 日	2521	747	181	1087
6 月 01 日	2522	739	181	1124
6 月 02 日	2522	734	181	1157
6 月 03 日	2522	724	181	1189
6 月 04 日	2522	718	181	1263
6 月 05 日	2522	716	181	1321
6 月 06 日	2522	713	183	1403
6 月 07 日	2523	668	183	1446
6 月 08 日	2522	550	184	1543
6 月 09 日	2522	451	184	1653
6 月 10 日	2522	351	186	1747
6 月 11 日	2523	257	186	1821
6 月 12 日	2523	155	187	1876
6 月 13 日	2522	71	187	1944
6 月 14 日	2522	4	189	1994
6 月 15 日	2522	3	189	2015
6 月 16 日	2521	3	190	2053
6 月 17 日	2521	5	190	2120
6 月 18 日	2521	4	191	2154

续表

日期	已确诊病例累计	现有疑似病例	死亡累计	治愈出院累计
6 月 19 日	2521	3	191	2171
6 月 20 日	2521	3	191	2189
6 月 21 日	2521	2	191	2231
6 月 22 日	2521	2	191	2257
6 月 23 日	2521	2	191	2277

附件 2 北京市接待海外旅游人数 (单位: 万人)

年份	1 月	2 月	3 月	4 月	5 月	6 月	7 月	8 月	9 月	10 月	11 月	12 月
1997	9.4	11.3	16.8	19.8	20.3	18.8	20.9	24.9	24.7	24.3	19.4	18.6
1998	9.6	11.7	15.8	19.9	19.5	17.8	17.8	23.3	21.4	24.5	20.1	15.9
1999	10.1	12.9	17.7	21.0	21.0	20.4	21.9	25.8	29.3	29.8	23.6	16.5
2000	11.4	26.0	19.6	25.9	27.6	24.3	23.0	27.8	27.3	28.5	32.8	18.5
2001	11.5	26.4	20.4	26.1	28.9	28.0	25.2	30.8	28.7	28.1	22.2	20.7
2002	13.7	29.7	23.1	28.9	29.0	27.4	26.0	32.2	31.4	32.6	29.2	22.9
2003	15.4	17.1	23.5	11.6	1.78	2.61	8.8	16.2				

第 4 章　差分方程模型

在实际中, 许多问题所研究的变量都是离散的形式, 所建立的数学模型也是离散的. 例如, 对经济进行动态分析时, 一般总是根据一些计划周期期末的指标值来判断某经济计划执行的如何. 有些实际问题既可建立连续模型, 又可建立离散模型, 但在研究中, 并不能时时刻刻统计它, 而是在某些特定时刻获得统计数据. 例如, 人口普查统计的是一个时段的人口增长量, 通过这个时段人口数量变化规律建立离散模型来预测未来人口量. 另一方面, 对常见的微分方程、积分方程为了求解, 往往需要将连续模型转化为离散模型. 总之, 离散模型涉及的范围很广, 可以用到不同的数学工具.

4.1　斐波那契兔子问题

斐波那契是 13 世纪意大利著名数学家, 在他的名著《算法之书》中提出一个著名的斐波那契兔子问题.

问题　在一个围墙里, 有一对兔子, 两个月后开始繁衍小兔子, 如果每对兔子每月生一对小兔子, 小兔子两个月后长大开始生小兔子, 问一年后有多少对兔子?

下面我们建立差分方程模型回答上述问题, 并分析兔子数量增加的规律.

模型假设　(1) 生出来的兔子两个月后开始生小兔子, 并且每月每对兔子都生一对小兔子, 从不间断;

(2) 假设一对兔子在一定时间内不会死亡;

(3) 用 a_n 表示第 n 个月新增加的兔子对数, b_n 表示第 n 个月末兔子总对数.

模型建立　首先考虑每个月新增加的兔子对数. 由于长大的兔子每月生一对小兔子, 所以第 n 个月增加的兔子对数 a_n 等于第 n 个月的老兔子对数. 第 $n-1$ 个月新增加的兔子会在第 $n+1$ 个月首次生下小兔子, 所以第 $n+1$ 个月新增加的兔子对数包括第 $n-1$ 个月新增加的兔子对数和第 n 个月能生的老兔子对数, 即

$$a_{n+1} = a_n + a_{n-1} \tag{4.1}$$

其次考虑每个月末兔子的总对数. 第 $n+1$ 个月末兔子对数 b_{n+1} 等于这月新增加的兔子对数 a_{n+1}、生出新兔子的老兔子对数 a_{n+1} 以及这个月还不能生的兔

子对数 a_n 之和, 即

$$b_{n+1} = a_n + 2a_{n+1} \tag{4.2}$$

将式 (4.1) 和式 (4.2) 联立, 构成一个二阶差分方程组, 由此可以得出兔子对数的数列 $\{b_n\}$ 所满足的方程:

$$\begin{aligned} b_{n+1} &= a_n + 2a_{n+1} \\ &= 2(a_n + a_{n-1}) + a_{n-2} + a_{n-1} \\ &= (2a_n + a_{n-1}) + (2a_{n-1} + a_{n-2}) \\ &= b_{n-1} + b_n \end{aligned} \tag{4.3}$$

由题意可知, $b_1 = 1, b_2 = 1$. 人们将满足这个递推公式 (4.3) 的数列 $\{b_n\}$ 称为斐波那契数列, 也称作兔子数列. 它在现代物理、准晶体结构、化学等领域都有着直接的应用.

下面利用待定系数法改写等式 $b_{n+1} = b_{n-1} + b_n$, 将其化为

$$b_{n+1} - \alpha b_n = \beta(b_n - \alpha b_{n-1})$$

从而

$$b_{n+1} = (\alpha + \beta)b_n - \alpha\beta b_{n-1}$$

所以

$$\begin{cases} \alpha + \beta = 1 \\ \alpha\beta = -1 \end{cases}$$

得

$$\begin{cases} \alpha = \dfrac{1+\sqrt{5}}{2} \\ \beta = \dfrac{1-\sqrt{5}}{2} \end{cases} \quad \text{或} \quad \begin{cases} \alpha = \dfrac{1-\sqrt{5}}{2} \\ \beta = \dfrac{1+\sqrt{5}}{2} \end{cases}$$

整理得

$$\begin{cases} b_{n+1} - \dfrac{1+\sqrt{5}}{2}b_n = \left(\dfrac{1-\sqrt{5}}{2}\right)^{n-1}\left(b_2 - \dfrac{1+\sqrt{5}}{2}b_1\right) \\ b_{n+1} - \dfrac{1-\sqrt{5}}{2}b_n = \left(\dfrac{1+\sqrt{5}}{2}\right)^{n-1}\left(b_2 - \dfrac{1-\sqrt{5}}{2}b_1\right) \end{cases}$$

$$\begin{cases} b_{n+1} - \dfrac{1+\sqrt{5}}{2}b_n = \left(\dfrac{1-\sqrt{5}}{2}\right)^n \\ b_{n+1} - \dfrac{1-\sqrt{5}}{2}b_n = \left(\dfrac{1+\sqrt{5}}{2}\right)^n \end{cases}$$

解得 (4.3) 的解为

$$b_n = \frac{\sqrt{5}}{5}\left[\left(\frac{1+\sqrt{5}}{2}\right)^n - \left(\frac{1-\sqrt{5}}{2}\right)^n\right] \tag{4.4}$$

下面研究兔子数 $\{b_n\}$ 增加的快慢程度, 记 $c_n = \dfrac{b_n}{b_{n+1}}$, 得新数列 $\{c_n\}$. 由式 (4.4), 有

$$b_n^2 = \frac{1}{5}\left[\left(\frac{1+\sqrt{5}}{2}\right)^{2n} + \left(\frac{1-\sqrt{5}}{2}\right)^{2n} - 2(-1)^n\right]$$

$$b_{n-1}b_{n+1} = \frac{1}{5}\left[\left(\frac{1+\sqrt{5}}{2}\right)^{2n} + \left(\frac{1-\sqrt{5}}{2}\right)^{2n} + 3(-1)^n\right]$$

所以

$$b_n^2 - b_{n-1}b_{n+1} = (-1)^{n+1}$$

进而

$$c_n - c_{n-1} = \frac{b_n}{b_{n+1}} - \frac{b_{n-1}}{b_n} = \frac{(-1)^{n+1}}{b_n b_{n+1}} \tag{4.5}$$

可见, 数列 $\{c_n\}$ 不是单调数列, 那么下面判断它是否有极限?

首先考虑子列 $\{c_{2n-1}\}$ 的情况:

$$c_n = \frac{b_n}{b_{n+1}} = \frac{b_n}{b_n + b_{n-1}} = \frac{1}{1 + \dfrac{b_{n-1}}{b_n}} = \frac{1}{1 + c_{n-1}} \tag{4.6}$$

$$\begin{aligned} c_{2n+1} - c_{2n-1} &= \frac{1}{1+c_{2n}} - \frac{1}{1+c_{2n-2}} \\ &= \frac{1}{1+\dfrac{1}{1+c_{2n-1}}} - \frac{1}{1+\dfrac{1}{1+c_{2n-3}}} \end{aligned}$$

$$= \frac{c_{2n-1} - c_{2n-3}}{(2 + c_{2n-1})(2 + c_{2n-3})}$$

因为 $c_3 - c_1 = -\frac{1}{3} < 0$, $c_n > 0$, 可见 $\{c_{2n-1}\}$ 是单调递减有界数列, 即 $\lim\limits_{n\to\infty} c_{2n-1}$ 存在.

下面考虑子列 $\{c_{2n}\}$ 的情况, 和上面类似可得

$$c_{2n} - c_{2n-2} = \frac{c_{2n-2} - c_{2n-4}}{(2 + c_{2n-2})(2 + c_{2n-4})}$$

由 (4.5) 可知,

$$c_{2n} = c_{2n-1} - \frac{1}{b_{2n}b_{2n+1}} < c_1$$

又 $c_4 - c_2 = \frac{1}{10} > 0$, 所以子列 $\{c_{2n}\}$ 是单调递增有界数列, $\lim\limits_{n\to\infty} c_{2n}$ 存在.

对式 (4.5) 两边同时取极限, 可知 $\lim\limits_{n\to\infty} c_{2n} = \lim\limits_{n\to\infty} c_{2n+1}$, 即数列 $\{c_n\}$ 极限存在. 对式 (4.6) 两边取极限, 得 $\lim\limits_{n\to\infty} c_n = \frac{\sqrt{5}-1}{2}$.

模型解释　上面的分析说明, 兔子的数量不断增加的过程中, 增长的速度忽快忽慢, 但是增长率的极限是存在的.

思考　如果新生出来的小兔子第 k 个月后开始生小兔子, 兔子的数量如何变化? 兔子增加的规律是什么?

4.2　市场经济稳定模型

问题　在市场经济环境下, 消费者的实际需求量和生产者的实际供应量都受商品价格的影响. 一般来说, 如果某一时段市场上商品价格上升, 则消费者的需求量就会减少, 出现 “供过于求” 现象; “供过于求” 会使生产者减少商品生产量, 致使下一时段的商品供应量减少, 出现 “供不应求” 现象, 又会导致商品价格再次上升. 因此, 商品的价格和需求总是波动的. 在现实生活中, 这种波动有的振幅逐渐减小并趋向平稳, 有的振幅越来越大导致经济崩溃. 分析市场经济中的商品价格和需求的变化规律, 可为政府稳定市场秩序提供有效的干预方法.

模型建立

1) 需求函数与供应函数

将时间离散化为时段, 一个时段相当于商品的一个生产周期, 记第 k 时段商品的需求量为 x_k、价格为 $y_k(k = 1, 2, \cdots)$. 在 k 时段, 商品需求量 x_k 取决于商

品价格 y_k, 由于商品价格越低需求量越大, 所以 x_k 与 y_k 具有单调减函数关系, 设其反函数为

$$y_k = f(x_k) \tag{4.7}$$

称为需求函数. 需求函数 f 也是单调减函数 (图 4.1).

在 $k+1$ 时段, 商品供应量 x_{k+1} 由上一时段商品价格 y_k 决定, 因为价格越高生产量越大, 所以 x_{k+1} 与 y_k 具有单调增函数关系, 设其反函数为

$$y_k = g(x_{k+1}) \tag{4.8}$$

称为供应函数. 供应函数 g 也是单调增函数 (图 4.1).

2) 商品价格的变化

在图 4.1 中, 两条函数曲线相交于点 $P_0(x_0, y_0)$, 称为平衡点. 因为若在某一时段 k 有 $y_k = y_0$, 则对任意正整数 m, 有 $y_{k+m} = y_0$ 及 $x_{k+m} = x_0$, 即在 k 时段以后商品的价格和需求永远保持不变, 市场绝对稳定. 如果 $y_k > y_0$, 则供应大于需求, 会导致商品价格下降; 如果 $y_k < y_0$, 则供应小于需求, 会导致商品价格上升. 市场出现波动, 商品价格在波动过程中会趋于平稳吗?

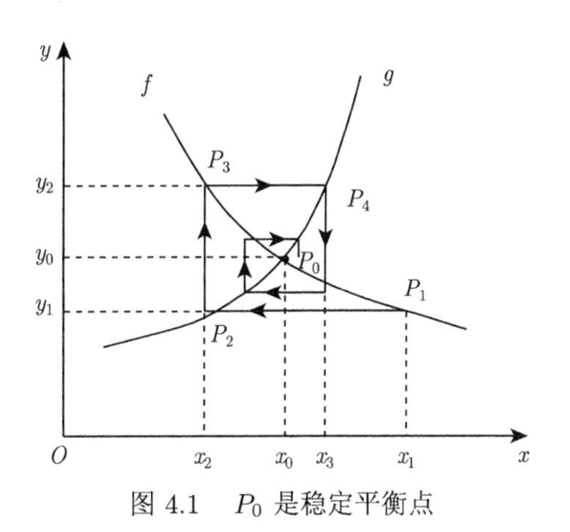

图 4.1 P_0 是稳定平衡点

假设需求函数和供应函数均为简单的线性函数:

$$f(x_k) = -\frac{1}{\alpha}(x_k - x_0) + y_0 \tag{4.9}$$

$$g(x_{k+1}) = \frac{1}{\beta}(x_{k+1} - x_0) + y_0 \tag{4.10}$$

其中 $\alpha > 0, \beta > 0$ 分别表示需求量和供应量对价格的敏感程度.

考虑到市场的供需平衡关系, 有

$$f^{-1}(y_k) = g^{-1}(y_{k-1})$$

从而得

$$y_k = -\frac{\beta}{\alpha}(y_{k-1} - y_0) + y_0$$

因此, $y_k \to y_0(k \to \infty)$ 当且仅当 $\beta < \alpha$, 即市场价格趋于稳定的充分必要条件是生产者供应量对商品价格的敏感程度要小于消费者需求量对商品价格的敏感程度.

进一步分析知, $\beta < \alpha$ 恰好是供应函数曲线斜率绝对值小于需求函数曲线斜率绝对值. 如图 4.1 所示的市场趋于稳定, 而图 4.2 所示的市场则恰好相反.

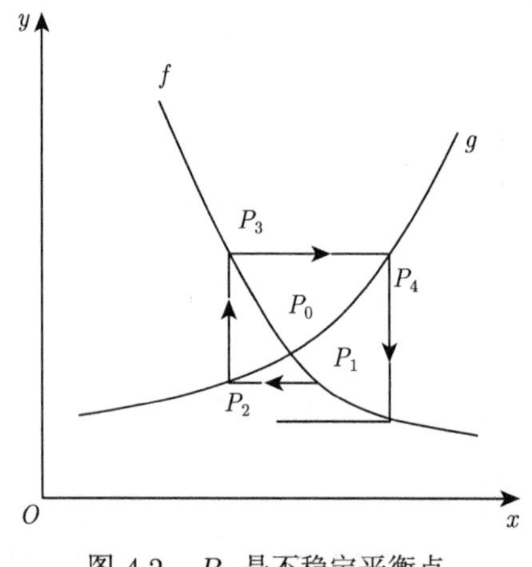

图 4.2 P_0 是不稳定平衡点

若要使得市场经济稳定, 当 β 固定时, α 越大需求函数越平, 表明消费者对商品需求的敏感程度越小, 有利于经济稳定. 当 α 固定时, β 越小供应函数越陡, 表明生产者对价格的敏感程度越小, 有利于经济稳定. 反之, 经济将不稳定.

经济不稳定时的干预办法 当市场经济趋向不稳定时, 政府应采取下面两种干预办法. 一种办法是政府控制物价, 即使得 α 尽量大, 不妨考虑极端情况, 令 $\frac{1}{\alpha} = 0$. 无论商品数量多少, 命令价格不得改变. 此时, 需求函数图形是水平的, 不论供应函数如何经济总是稳定的, 见图 4.3.

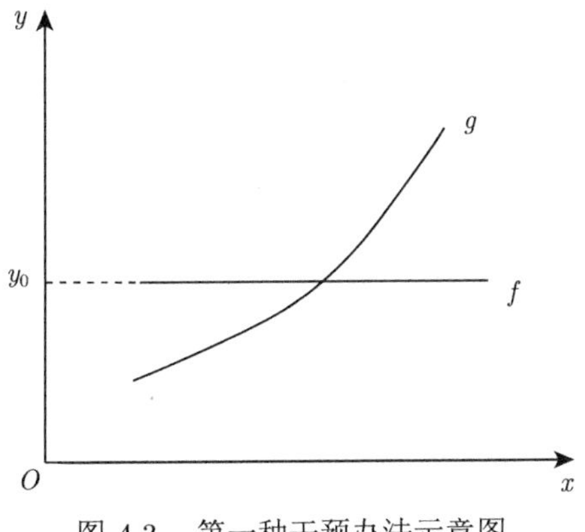

图 4.3 第一种干预办法示意图

另一种办法是当供应量少于需求时, 政府从外地收购或调拨商品投入市场; 当供大于求时, 政府收购过剩部分, 控制市场上的商品数量, 即使得 β 尽量小, 不妨认为 $\beta = 0$, 使供应函数图形是竖直的, 不论需求函数如何总是稳定的, 见图 4.4.

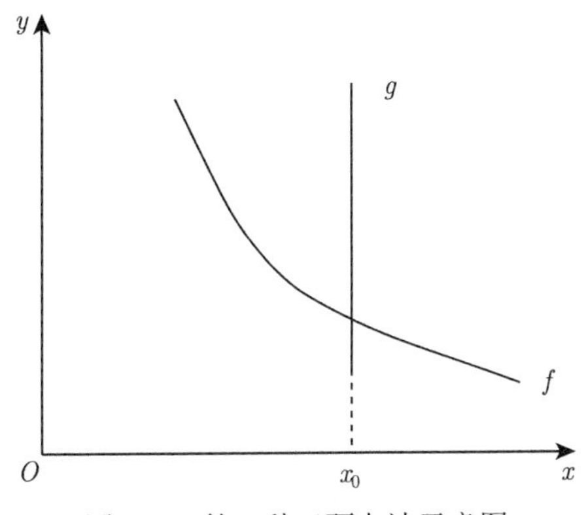

图 4.4 第二种干预办法示意图

模型的推广 如果生产者提高了管理水平, 不只根据上一时段的价格来决定现阶段的生产量, 而是考虑前两个时段的价格. 例如, 在决定现在商品生产数量 x_{k+1} 时, 根据前两时段的价格 y_k 和 y_{k-1} 来确定, 不妨根据二者的平均值 $(y_k + y_{k-1})/2$ 来决定供应函数, 还是假设供应函数为简单的线性函数:

$$x_{k+1} - x_0 = \frac{\beta}{2}(y_k + y_{k-1} - 2y_0) \tag{4.11}$$

联立式 (4.9) 和式 (4.11) 整理, 得

$$2x_{k+2} + \frac{\beta}{\alpha}x_k + \frac{\beta}{\alpha}x_{k-1} = 2\left(1 + \frac{\beta}{\alpha}\right)x_0, \quad k = 1, 2, \cdots \tag{4.12}$$

式 (4.12) 是二阶线性常系数差分方程. 为求解平衡点 P_0 稳定的条件, 不必解方程 (4.12), 只需利用判断稳定的条件. 由差分方程 (4.12) 的特征方程

$$2\lambda^2 + \frac{\beta}{\alpha}\lambda + \frac{\beta}{\alpha} = 0$$

其特征值为

$$\lambda_{1,2} = \frac{-\frac{\beta}{\alpha} \pm \sqrt{\left(\frac{\beta}{\alpha}\right)^2 - 8\frac{\beta}{\alpha}}}{4} \tag{4.13}$$

平衡点稳定的条件是特征值均在单位圆内, 即 $|\lambda_{1,2}| < 1$, 需要

$$\frac{\beta}{\alpha} < 2 \tag{4.14}$$

则式 (4.14) 是 P_0 点稳定的条件. 原有模型中 P_0 点稳定条件中的参数 α, β 的范围放大了. 因为生产经营者的生产管理水平提高了, 不仅使自己减少了因价格波动而带来的损失, 而且大大消除了市场的不稳定性, 生产者在采用上述生产方式来确定各时段的生产量时, 如发现市场仍不稳定, 可按类似的方法再改变确定生产量的方式, 此时可得到高阶的差分方程. 这些稳定性条件的研究对市场经济稳定起着有利影响.

4.3 离散的逻辑斯谛模型

在研究受到环境约束 (约束随着对象本身数量的增加而增加) 变化规律问题时, 如生物种群 (人口) 在有限资源环境下的增长、传染病在封闭地区的传播、耐用消费品在有限市场上的销售等现象, 都可以用逻辑斯谛增长模型描述, 即

$$\frac{\mathrm{d}y(t)}{\mathrm{d}t} = ry\left(1 - \frac{y}{N}\right) \tag{4.15}$$

但是, 在现实问题中, 逻辑斯谛增长模型有时用离散化的时间研究起来比较方便, 例如, 有些生物每年在固定的时间繁殖, 世代之间没有重叠, 其增长分步进行, 用繁殖周期作为时段来研究其增长规律就比较方便. 此时就需要用差分方程描述阻滞增长的规律.

设 y_k 是第 k 时段生物种群的数量, 现将方程 (4.15) 中的微分用差分形式表示, 则有

$$y_{k+1} - y_k = ry_k\left(1 - \frac{y_k}{N}\right), \quad k = 0, 1, 2, \cdots$$

整理得

$$y_{k+1} = (r+1)y_k\left[1 - \frac{r}{(r+1)N}y_k\right] \tag{4.16}$$

其中, r 和 N 的含义同式 (4.15) 一致, 仍分别是固有增长率和最大容量.

令

$$b = r+1, \quad x_k = \frac{r}{(r+1)N}y_k \tag{4.17}$$

则式 (4.16) 简写为

$$x_{k+1} = bx_k(1-x_k) \triangleq f(x_k), \quad k = 0,1,2,\cdots \tag{4.18}$$

式 (4.16) 是一个一阶非线性差分方程. 在给定初值 x_0 后, 利用计算机可以递推地算出各时段 x_k 的值.

对于连续微分方程 (4.15), $y^* = 0$ 是不稳定平衡点, 而 $y^* = N$ 是稳定平衡点, 即不论 $r(>0)$ 和 $N(>0)$ 为何值, 都有当 $t \to \infty$ 时 $y(t) \to N$. 差分形式 (4.16) 是否也有同样的性质, 即当 $k \to \infty$ 时 $y_k \to N$ 呢? 为此可以直接讨论方程 (4.18) 的平衡点并分析其稳定性.

平衡点及稳定性 由平衡点的定义, 式 (4.18) 的平衡点是代数方程 $x = f(x) = bx(1-x)$ 的解, 则式 (4.18) 的非零平衡点为

$$x^* = 1 - 1/b \tag{4.19}$$

因为平衡点 x^* 稳定的条件是 $|f'(x^*)| < 1$, $f'(x^*) = b(1-2x^*) = 2-b$, 可求得

$$1 < b < 3 \quad (0 < r < 2) \tag{4.20}$$

由式 (4.17) 可知, 仅当 $r < 2$ 时 $y^* = N$ 才是方程 (4.16) 的稳定平衡点. 这与不论 r 多大, $y^* = N$ 都是微分方程 (4.15) 的稳定平衡点是不同的.

以 x 为横坐标作曲线 $y = f(x) = bx(1-x)$ 和 $y = x$ 的图形 (图 4.5). 曲线 $y = f(x)$ 和直线 $y = x$ 交点的横坐标为平衡点 x^*. 对于初值 x_0 代入式 (4.18) 中反复迭代得到下列序列 $x_0, x_1, \cdots, x_n, x_{n+1}, \cdots$(其中 $x_{k+1} = f(x_k) = \cdots = f^k(x_0)$) 的过程表示为图 4.5 上带箭头的折线. 在条件 (4.20) 下 x_k 收敛于 x^* 的状况可以通过方程 (4.18) 的图解法清楚地表示出来.

当 $1 < b < 2$ $(0 < r < 1)$ 时, $x^* < 1/2, x_k \to x^*$ 的过程基本上是单调的, 如图 4.5 (a) 所示;

当 $2 < b < 3$ $(1 < r < 2)$ 时, $x^* > 1/2, x_k \to x^*$ 的过程会出现衰减振荡, 如图 4.5 (b) 所示;

当 $b > 3$ $(r > 2)$ 时, x^* 是不稳定的, 其图解法如图 4.5 (c) 所示, 会出现发散振荡 $(x_k \nrightarrow x^*)$.

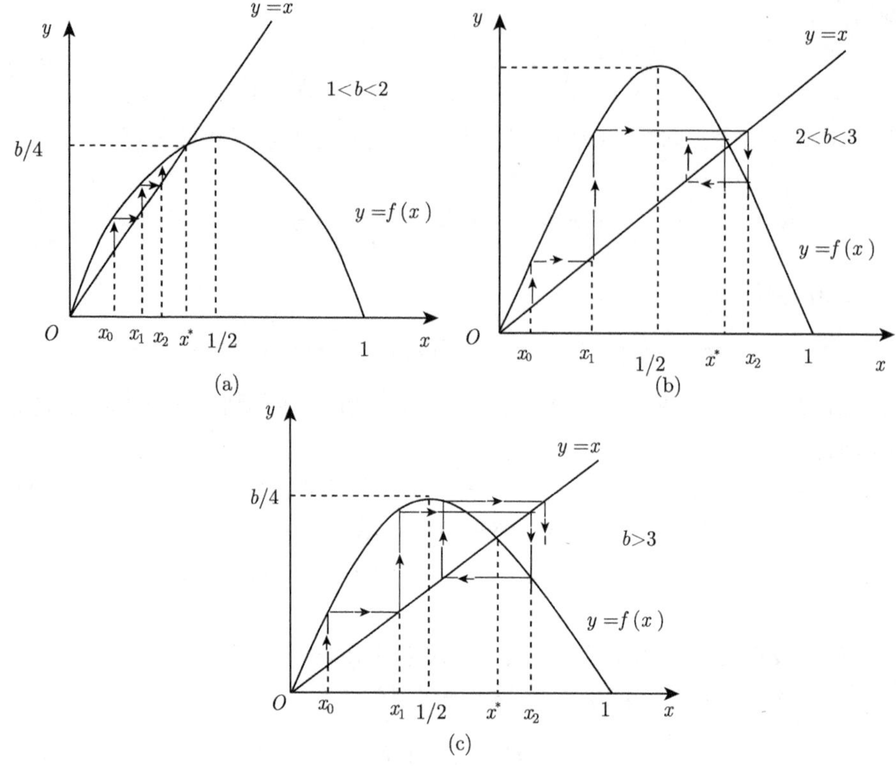

图 4.5　方程 (4.18) 的图解法 ($x_k \to x^*$)

数值计算　b 由小到大取不同的数值, 采用数值计算方法计算方程 (4.18) 的解 (初值均取 $x_0 = 0.2$), 结果 x_k ($k = 1, 2, \cdots, 100$) 见表 4.1. 观察 x_k 的变化趋势.

可以看出, 对于 $b = 1.7$ 和 $b = 2.6$, x_k 单调和振荡地趋向极限 0.4118 和 0.6154, 与图 4.3 分析的现象一致, 这两个极限值也与式 (4.17) 得到的平衡点 x^* 相同. 对于 $b = 3.3$, x_k 好像有两个收敛的子序列, 分别趋向极限值 0.4794 和 0.8236. 对于 $b = 3.45$ 和 $b = 3.55$, x_k 似乎分别有 4 个和 8 个收敛的子序列, 这种子序列的收敛称为分岔. 而对于 $b = 3.75$, x_k 的变化就没有什么规律了, 这种现象叫做混沌.

模型推广　考虑一个封闭的、总人数一定的环境中谣言的传播规律, 如一所学校、一个单位. 假设封闭的环境中人群的总人数 N 不变, 信息通过已获知的人向未获知的人传播. 令 p_k 表示第 k 天已获知谣言的人数. 假设每天获知谣言的人数与已知谣言的人数和未获知谣言的人数的乘积成正比, 即

$$p_{k+1} - p_k = cp_k(N - p_k) \tag{4.21}$$

其中 c 是比例系数, 反映了谣言的传播速度, 它越大传播速度越快. 令 $b = cN+1$, $x_k = \dfrac{c}{1+cN}p_k$, 则式 (4.21) 化简为标准形式 (4.18).

表 4.1　不同 b 值下方程 (4.18) 计算结果 x_k

k	$b=1.7$	$b=2.6$	$b=3.3$	$b=3.45$	$b=3.55$	$b=3.57$
0	0.2000	0.2000	0.2000	0.2000	0.2000	0.2000
1	0.2720	0.4160	0.5280	0.5520	0.5680	0.5712
2	0.3366	0.6317	0.8224	0.8532	0.8711	0.8744
3	0.3796	0.6049	0.4820	0.4322	0.3987	0.3921
4	0.4004	0.6214	0.8239	0.8466	0.8510	0.8509
5	0.4081	0.6117	0.4787	0.4480	0.4500	0.4529
6	0.4107	0.6176	0.8235	0.8523	0.8786	0.8846
7	0.4114	0.6141	0.4796	0.4322	0.3785	0.3645
8	0.4117	0.6162	0.8236	0.8466	0.8351	0.8270
9	0.4117	0.6149	0.4794	0.4479	0.4888	0.5109
10	0.4118	0.6157	0.8236	0.8531	0.8871	0.8921
⋮	⋮	⋮	⋮	⋮	⋮	⋮
81	0.4118	0.6154	0.4794	0.4475	0.5060	0.4754
82	0.4118	0.6154	0.8236	0.8530	0.8874	0.8903
83	0.4118	0.6154	0.4794	0.4326	0.3548	0.3486
84	0.4118	0.6154	0.8236	0.8468	0.8127	0.8106
85	0.4118	0.6154	0.4794	0.4475	0.5405	0.5480
86	0.4118	0.6154	0.8236	0.8530	0.8817	0.8843
87	0.4118	0.6154	0.4794	0.4327	0.3703	0.3654
88	0.4118	0.6154	0.8236	0.8469	0.8278	0.8278
89	0.4118	0.6154	0.4794	0.4474	0.5060	0.5089
90	0.4118	0.6154	0.8236	0.8530	0.8874	0.8922
91	0.4118	0.6154	0.4794	0.4327	0.3548	0.3433
92	0.4118	0.6154	0.8236	0.8469	0.8127	0.8049
93	0.4118	0.6154	0.4794	0.4474	0.5405	0.5607
94	0.4118	0.6154	0.8236	0.8530	0.8817	0.8793
95	0.4118	0.6154	0.4794	0.4327	0.3703	0.3788
96	0.4118	0.6154	0.8236	0.8469	0.8278	0.8400
97	0.4118	0.6154	0.4794	0.4474	0.5060	0.4797
98	0.4118	0.6154	0.8236	0.8530	0.8874	0.8910
99	0.4118	0.6154	0.4794	0.4327	0.3548	0.3466
100	0.4118	0.6154	0.8236	0.8469	0.8127	0.8085

由之前的分析可知, 式 (4.21) 的非零平衡点 p^* 稳定的条件是 $cN < 2$ $(1 < b < 3)$. p_k 单调收敛于 p^* 的条件是 $cN < 1$ $(1 < b < 2)$, p_k 振荡收敛于 p^* 的条件是 $1 < cN < 2$ $(2 < b < 3)$, $cN > 2$ 会出现分岔、混沌现象. 但是, 根据问题的

背景和式 (4.21), 可以看出

$$p_{k+1} - p_k < N - p_k$$

即 $cp_k < 1$, 故不会出现 $cN > 1$ 的情况. 这说明获知谣言的人数会随之时间的推移越来越多, 这完全符合人们的常识.

在实际的传播过程中, c 不大可能保持不变, 如果能够确定随 k 而变的 c_k, 用来代替式 (4.19) 中的 c, 模型的结果会更好.

思考 如果对谣言的传播进行人为干预, 又会如何?

4.4 按年龄分组的种群增长模型

4.4.1 Leslie 模型

逻辑斯谛增长模型描述的种群数量变化没有考虑种群的年龄结构, 种群的数量主要由总量的固有增长率决定. 但是不同年龄动物的繁殖率和死亡率有着明显的不同, 为了更精细地预测种群的增长, 就需要考虑不同年龄动物的繁殖率和死亡率. 1945 年 Leslie(莱斯利) 提出按年龄分组的人口增长预测离散模型, 模型主要考虑女性人口数变化规律, 将女性按年龄顺序划分为若干组, 假设每个年龄组中的妇女有相同的生育率和死亡率, 无人迁入或迁出. 通过建立向量形式的差分方程, 讨论稳定状况 (即时间充分长) 下种群的增长规律, 最后说明它在人口问题中的应用.

模型建立 种群是通过雌性个体的繁殖而增长的, 所以用雌性个体数量的变化作为研究对象比较方便, 下面提到的种群数量均指其中的雌性. 将种群按年龄大小等间隔地分成 n 个年龄组, 比如每 10 岁或每 5 岁为 1 个年龄组. 与年龄的离散化相对应, 时间也离散为时段, 并且时段的间隔与年龄区间大小相等, 即以 10 年或 5 年为 1 个时段.

令 k 时段第 i 个年龄组的种群数量为 $x_i(k), k = 0, 1, 2, \cdots, i = 1, 2, \cdots, n$, $x_i(0)$ 为初始时刻第 i 个年龄组的种群数量, b_i 为第 i 个年龄组每个 (雌性) 个体在 1 个时段内平均繁殖的数量 (即繁殖率), d_i 为第 i 个年龄组 1 个时段内死亡数与总数之比 (即死亡率), $s_i = 1 - d_i$ 称为存活率. 这里假设在稳定的环境下 b_i, d_i 和 s_i 不随时段 k 变化, 只与年龄组 i 有关. $b_i \geqslant 0, i = 1, 2, \cdots, n$, 至少有一个 b_i 为正, 否则没有出生过程; $0 < s_i \leqslant 1, i = 1, 2, \cdots, n-1$, 其中 s_i 不全为零, 否则没有一个雌性能活过第 i 类. b_i 和 s_i 可由统计资料获得. 下面给出 $x_i(k)$ 的变化规律.

$k+1$ 时段第 1 个年龄组种群数量是 k 时段第 i 个年龄组繁殖数量之和, 即

$$x_1(k+1) = \sum_{i=1}^{n} b_i x_i(k) \tag{4.22}$$

$k+1$ 时段第 $i+1$ 个年龄组的种群数量是 k 时段第 i 个年龄组存活下来的数量, 即

$$x_{i+1}(k+1)=s_i x_i(k), \quad i=1,2,\cdots,n-1 \tag{4.23}$$

若记 k 时段种群按年龄组的分布向量为

$$x(k)=[x_1(k),x_2(k),\cdots,x_n(k)]^{\mathrm{T}} \tag{4.24}$$

由繁殖率 b_i 和存活率 s_i 构成矩阵

$$L=\begin{bmatrix} b_1 & b_2 & \cdots & b_{n-1} & b_n \\ s_1 & 0 & \cdots & 0 & 0 \\ 0 & s_2 & \cdots & 0 & 0 \\ \vdots & \vdots & \ddots & \vdots & \vdots \\ 0 & 0 & \cdots & s_{n-1} & 0 \end{bmatrix} \tag{4.25}$$

则式 (4.22) 和式 (4.23) 可简写成矩阵形式

$$x(k+1)=Lx(k), \quad k=0,1,2,\cdots \tag{4.26}$$

矩阵 L 称为 Leslie 矩阵 (简称 L 矩阵). 当矩阵 L 和按年龄组的初始分布向量 $x(0)$ 已知时, 可以预测任意 k 时段种群按年龄组的分布为

$$x(k)=L^k x(0), \quad k=1,2,\cdots \tag{4.27}$$

容易看出, 有了 $x(k)$ 当然不难算出 k 时段种群的总数.

记任意时段种群各年龄组的数量在总量中的比例为

$$x^*(k)=[x_1^*(k),x_2^*(k),\cdots,x_n^*(k)]^{\mathrm{T}}, \quad x_i^*(k)=\frac{x_i(k)}{\sum\limits_{i=1}^{n} x_i(k)}$$

称其为种群按年龄组的分布向量.

模型求解　设一个种群分为 5 个年龄组, 各年龄组的繁殖率为 $b_1=0$, $b_2=0.2$, $b_3=1.8$, $b_4=0.8$, $b_5=0.2$, 存活率为 $s_1=0.5$, $s_2=0.8$, $s_3=0.8$, $s_4=0.1$, 各年龄组现有数量均为 50 只, 任意时段种群各年龄组的数量 $x(k)$ 及分布向量 $x^*(k)$ 见表 4.2.

结果分析　由表 4.2 可知, 时间充分长之后, 虽然各年龄组种群数量都在增加, 但是分布向量却趋于稳定. 下面不加证明地给出 k 充分大以后的变化规律.

矩阵 L 的最大特征值 λ (正单根), 对应的特征向量为

$$x_\lambda = \left[1, \frac{s_1}{\lambda}, \frac{s_1 s_2}{\lambda^2}, \cdots, \frac{s_1 s_2 \cdots s_{n-1}}{\lambda^{n-1}}\right]^{\mathrm{T}}$$

且满足

$$\lim_{k\to\infty} \frac{x(k)}{\lambda^k} = c x_\lambda$$

将 x_λ 归一化后记为 x^*, 当 $k \to \infty$ 时, 满足以下几条性质:

(1) $x^*(k) \approx x^*$, 这表明当时间充分长时, 各年龄组的数量占总量的比例趋向稳定, 即 x^* 就表示了种群按年龄组的分布状况. 故 x^* 可称为稳定分布, 它与初始分布 $x(0)$ 无关. 表 4.2 中的数据满足这一性质.

(2) $x(k+1) \approx \lambda x(k)$, 这表明当 k 充分大时, 种群的增长也趋向稳定, 其各年龄组的数量都是上一时段同一年龄组数量的 λ 倍, 即种群的增长完全由矩阵 L 的唯一正特征根决定. 显然, 种群按年龄分布有三种可能情况: ① 若 $\lambda > 1$, 种群最终为增加; ② 若 $\lambda < 1$, 种群数量最终为减少; ③ 若 $\lambda = 1$, 种群为稳定的. λ 称为固有增长率.

表 4.2　$x(k)$ 和 $x^*(k)$ 的计算结果

k	1	2	···	37	38	39	40
$x_1(k)$	150	110	···	258	265	272	279
$x_2(k)$	25	75	···	126	129	133	136
$x_3(k)$	40	20	···	98	101	103	106
$x_4(k)$	40	32	···	77	79	81	83
$x_5(k)$	5	4	···	7	8	8	8
$x_1^*(k)$	0.5769	0.4562	···	0.4558	0.4553	0.4556	0.4559
$x_2^*(k)$	0.0962	0.3112	···	0.2226	0.2216	0.2228	0.2222
$x_3^*(k)$	0.1538	0.0830	···	0.1731	0.1732	0.1725	0.1732
$x_4^*(k)$	0.1538	0.1328	···	0.1360	0.1357	0.1357	0.1356
$x_5^*(k)$	0.0192	0.0166	···	0.0124	0.0137	0.0134	0.0131

在上面的模型求解的例子中, 矩阵 L 的最大特征值为 $\lambda = 1.0254 > 1$, 所以种群数量在增加; 表 4.2 中, 当 k 充分大以后, $x_i(k+1)$ 与 $x_i(k)$ 的比值都在最大特征值附近.

4.4.2　人口发展模型

引入生育率、生育模式等概念后利用 Leslie 模型 (4.26), 可得到离散形式的人口模型.

模型建立　这里只涉及女性人口 (只要考虑性别比函数即可得到总人口), 以 1 岁为 1 组划分年龄组, 令最长寿命为 n, 1 年为 1 个时段, 第 k 年 i 岁的女性人

数为 $x_i(k)$. 记 k 年 i 岁女性生育率 (每位女性平均生育的女儿数) 为 $b_i(k)$, 育龄区间为 $[i_1, i_2]$. 记 i 岁女性死亡率为 d_i, 存活率为 s_i.

将 $b_i(k)$ 分解为

$$b_i(k) = \beta(k)h_i, \quad \sum_{i=i_1}^{i_2} h_i = 1 \tag{4.28}$$

其中, h_i 为生育模式, 且 $\beta(k)$ 满足

$$\beta(k) = \sum_{i=i_1}^{i_2} b_i(k) \tag{4.29}$$

表示 k 年所有育龄女性平均生育的女儿数. 若女性在育龄期内保持生育率不变, $\beta(k)$ 就是 k 年 i_1 岁到 i_2 岁的每位女性一生平均生育的女儿数, 即总和生育率, 是控制人口数量的主要参数.

仍用 $x(k)$ 表示女性人口的 (按年龄) 分布向量, 为了清楚地表明 $\beta(k)$ 的作用, 将式 (4.26) 中的矩阵 L 分解. 记

$$A = \begin{bmatrix} 0 & 0 & \cdots & 0 & 0 \\ s_1 & 0 & \cdots & 0 & 0 \\ 0 & s_2 & \cdots & 0 & 0 \\ \vdots & \vdots & \ddots & \vdots & \vdots \\ 0 & 0 & \cdots & s_{n-1} & 0 \end{bmatrix}, \quad B = \begin{bmatrix} 0 & \cdots & 0 & h_{i_1} & \cdots & h_{i_2} & 0 & \cdots & 0 \\ 0 & \cdots & 0 & 0 & \cdots & 0 & 0 & \cdots & 0 \\ \vdots & & \vdots & \vdots & & \vdots & \vdots & & \vdots \\ 0 & \cdots & 0 & 0 & \cdots & 0 & 0 & \cdots & 0 \end{bmatrix}$$

则模型 (4.26) 应表示为

$$x(k+1) = Ax(k) + \beta(k)Bx(k) \tag{4.30}$$

当根据统计资料知道了人口的初始分布 $x(0)$ 和存活率矩阵 A, 给定生育模式矩阵 B, 就可用不同的总和生育率 $\beta(k)$ 来预测或控制未来的人口数量.

在控制理论中 $x(k)$ 为状态变量, $\beta(k)$ 为控制变量, 常采取一些评价函数来评价控制模型的效果, 引入如下人口指数

$$\text{人口总数}: N(k) = \sum_{i=0}^{n} x_i(k)$$

$$\text{平均年龄}: R(k) = \frac{1}{N(k)} \sum_{i=0}^{n} i x_i(k)$$

$$\text{平均寿命}: S(k) = \sum_{j=0}^{n} \mathrm{e}^{\sum\limits_{i=0}^{j} d_i(k)}$$

$$\text{老龄化指数}: w(k) = \frac{R(k)}{S(k)}$$

模型扩展　如果将男性人口也考虑进来, 那么不同性别人口的参数也应该有差别; 更实际的情况是, 存活率和生育率也会随着时间的推移发生变化.

和前面的情形类似, 以 1 岁为 1 组划分年龄组, 令最长寿命为 n, 记 $x_i^l(k)$ 表示第 k 年 i 岁性别为 l 的人口数量, 其中 $l=m$ 代表男性, $l=w$ 代表女性; $s_i^l(k)$ 代表第 k 年 i 岁性别为 l 的存活率, $b_i^w(k), h_i^w(k)$ 分别表示第 k 年 i 岁的女性生育率和生育模式, $\beta^w(k)$ 代表女性总和生育率, $a(k)$ 表示男婴占新生儿总数的比例. 那么类似于 Leslie 模型 (4.26), 可以列出

$$\begin{aligned}
x_1^m(k+1) &= a(k)\sum_{i=i_1}^{i_2} b_i^w(k)x_i^w(k) \\
x_1^w(k+1) &= (1-a(k))\sum_{i=i_1}^{i_2} b_i^w(k)x_i^w(k) \\
x_{i+1}^l(k+1) &= s_i^l(k)x_i^l(k), \quad i=2,3,\cdots,n
\end{aligned} \tag{4.31}$$

用 $x^l(k)$ 表示性别为 l 人口的 (按年龄) 分布向量, 那么 (4.31) 可以写成向量–矩阵形式

$$\begin{aligned}
x^m(k+1) &= A^m(k)x^m(k) + a(k)\beta^w(k)B^w(k)x^w(k) \\
x^w(k+1) &= A^w(k)x^w(k) + (1-a(k))\,\beta^w(k)B^w(k)x^w(k)
\end{aligned} \tag{4.32}$$

模型 (4.32) 是按性别划分、以年龄为离散变量、随时间演化的人口发展模型. 此模型因生育过程使女性人口出现在男性人口的方程中, 形成耦合作用.

在利用模型 (4.32) 预测人口演变过程时, 需要确定存活率、生育率等参数在未来时段的数值. 如果作中短期预测, 可以将过去若干年的历史数据简单地加以平均; 如果作长期预测, 可以利用统计方法对历史数据加以处理, 并参考一些文献中发达国家的演变过程给出估计值.

思考　如果考虑人口迁移, 例如农村人口向城市迁移, 那么模型将如何改进?

思 考 题 4

4.1　设某种动物种群最高年龄为 30 岁, 按 10 岁为一段将此种群分为 3 组. 设初始时三组中的动物为 $[1000, 1000, 1000]^{\mathrm{T}}$, 相应的 Leslie 矩阵为

$$L = \begin{bmatrix} 0 & 3 & 0 \\ 1/6 & 0 & 0 \\ 0 & 1/2 & 0 \end{bmatrix}$$

试求 10, 20, 30 年后各年龄组的动物数, 并求该种群的稳定年龄分布, 指出该种群的发展趋势.

4.2 对市场经济模型讨论下列问题:

1) 因为一个时段上市的商品不能立即售完, 其数量也会影响到下一时段的价格, 所以第 $k+1$ 时段的价格 y_{k+1} 由第 $k+1$ 时段和第 k 时段的数量 x_{k+1} 和 x_k 决定. 如果仍设 x_{k+1} 只取决于 y_k, 给出稳定平衡的条件.

2) 若除 y_{k+1} 由 x_{k+1} 和 x_k 决定之外, x_{k+1} 也由前两个时段的价格 y_k 和 y_{k-1} 确定. 试分析稳定平衡点的条件是否还会放宽.

4.3 在按年龄分组的种群增长模型中, 设一群动物最高年龄为 15 岁, 每 5 岁一组, 分成 3 个年龄组, 各组的繁殖率为 $b_1 = 0$, $b_2 = 4$, $b_3 = 3$, 存活率为 $s_1 = 1/2$, $s_2 = 1/4$, 开始时 3 组各有 1000 只. 求 15 年后各组分别有多少只以及时间充分长以后种群的增长率 (即固有增长率) 和按年龄组的分布.

4.4 在按年龄分组的种群增长模型基础上, 建立种群的稳定收获模型.

1) 设年龄组区间、时段长度都正好等于种群的繁殖周期, 种群的按年龄组分布、Leslie 矩阵及增长规律用 $x(k+1) = Lx(k)$ 表示. 假设 k 时段第 i 个年龄组种群的增加量就是这个时段的收获量, 表示为

$$x_i(k) - x_i(k-1) = h_i(k)x_i(k), \quad i = 1, 2, \cdots, n,\ k = 1, 2, \cdots$$

其中 $h_i(k)$ 为收获系数.

所谓稳定收获是指, 各个时段同一年龄组的收获量不变, 即 $h_i(k)$ 和 $x_i(k)$(在收获之后) 与 k 无关. 用 H 表示以 h_i 为对角元素的对角阵, 证明稳定收获模型可表为 $Lx - x = HLx$, 其中 x 是种群的按年龄组的稳定分布.

2) 证明获得稳定收获的充要条件是: h_i 满足

$$(1-h_1)[b_1 + b_2 s_1(1-h_2) + \cdots + b_n s_1 \cdots s_{n-1}(1-h_2)\cdots(1-h_n)] = 1$$

且 $x = cx^*$(c 是大于零的常数), 其中

$$x^* = [1, s_1(1-h_2), \cdots, s_1 \cdots s_{n-1}(1-h_2)\cdots(1-h_n)]^{\mathrm{T}}$$

4.5 讨论稳定收获模型 (第 4.4 题) 的两个特例:

1) 有些种群最年幼的级别具有较大的经济价值, 所以饲养者只收获这个年龄组的种群, 于是 $h_1 = h, h_2 = \cdots = h_n = 0$. 给出在这种情况下稳定收获的充要条件.

2) 对于随机捕获的种群, 区分年龄是困难的, 不妨假定 $h_1 = \cdots = h_n = h$, 讨论与 1) 同样的问题.

4.6 按第 3 章传染病模型的假设条件, 分别建立相应的差分方程模型, 并说明与本章哪些方程相对应.

第 5 章　概率与随机模型

现实世界的变化受着众多因素的影响，这些因素根据其本身的特性及人们对它们的了解程度，可分为确定的和随机的．虽然我们研究的对象通常都包含随机因素，但是从建模的背景、目的和手段看，如果主要因素是确定的，而随机因素可以忽略，或者随机因素的影响可以简单地以平均值的作用出现，那么就能够建立确定性的数学模型．如果随机因素对研究对象的影响必须考虑，就应该建立随机性的数学模型．本章通过几个实例，讨论如何用随机变量和概率分布描述随机因素的影响，建立比较简单的随机模型．

5.1　报童模型

问题　报童每天清晨从报社购进报纸零售，晚上将没有卖掉的报纸退回．设报纸每份的购进价为 b，零售价为 a，退回价为 $c(a>b>c)$．这就是说，报童售出一份报纸赚 $a-b$，退回一份赔 $b-c$．报童每天如果购进的报纸太少，不够卖的，会少赚钱；如果购进太多，卖不完，将要赔钱．那么如何确定每天购进报纸的数量，以获得最大的收入？

问题分析　首先，报纸的需求量是随机的，假定报童已经掌握了需求量的随机规律，即在他的销售范围内每天报纸的需求量为 r 份的概率是 $f(r)(r=0,1,2,\cdots)$．有了 $f(r)$ 和 a,b,c 就可以建立关于购进量的优化模型了．其次，因为需求量 r 是随机的，致使报童每天的收入也是随机的，所以作为优化模型的目标函数，应该是他长期卖报的日平均收入，即每天卖报收入的期望值．

模型建立　假设报童每天购进量为 n 份，则每天的收入为

$$g(n)=\begin{cases}(a-b)r-(b-c)(n-r), & r\leqslant n\\(a-b)n, & r>n\end{cases}$$

于是每天购进 n 份报纸时的收入的数学期望为

$$E(n)=\sum_{r=0}^{n}\left[(a-b)r-(b-c)(n-r)\right]f(r)+\sum_{r=n+1}^{\infty}(a-b)nf(r) \tag{5.1}$$

于是，问题归结为在 $f(r)$ 和 a,b,c 已知时，求 n 使 $E(n)$ 最大．

模型求解 注意到 $E(n)$ 是离散变量 n 的函数, 使 $E(n)$ 达到最大的 n 应满足差分为零, 即

$$\Delta E(n)=E(n+1)-E(n)=0$$

由于

$$\begin{aligned}\Delta E(n)=&\sum_{r=0}^{n+1}[(a-b)r-(b-c)(n+1-r)]f(r)+\sum_{r=n+2}^{\infty}(a-b)(n+1)f(r)\\&-\sum_{r=0}^{n}[(a-b)r-(b-c)(n-r)]f(r)-\sum_{r=n+1}^{\infty}(a-b)nf(r)\\=&-(b-c)\sum_{r=0}^{n}f(r)+(a-b)\sum_{r=n+1}^{\infty}f(r)\end{aligned}\tag{5.2}$$

令 $\Delta E(n)=E(n+1)-E(n)=0$, 得

$$\frac{\sum\limits_{r=0}^{n}f(r)}{\sum\limits_{r=n+1}^{\infty}f(r)}=\frac{a-b}{b-c}\tag{5.3}$$

故使报童日平均收入达到最大的购进量 n 应满足式 (5.3).

因为 $\sum\limits_{r=0}^{\infty}f(r)=1$, 所以式 (5.3) 又可表示为

$$\sum_{r=0}^{n}f(r)=\frac{a-b}{a-c}\tag{5.4}$$

根据需求量的概率分布 $f(r)$, 可以从式 (5.3) 或式 (5.4) 确定购进量 n 的近似值.

此外, 通常报纸需求量 r 的取值和购进量 n 都相当大, 因此将 r 和 n 近似地看成连续变量更便于分析和计算, 这时概率 $f(r)$ 转化为概率密度函数 $p(r)$, 式 (5.1) 变成

$$E(n)=\int_{0}^{n}[(a-b)r-(b-c)(n-r)]p(r)\mathrm{d}r+\int_{n}^{\infty}(a-b)np(r)\mathrm{d}r\tag{5.5}$$

且 $E(n)$ 关于连续变量 n 是可微的. 计算

$$\frac{\mathrm{d}E(n)}{\mathrm{d}n}=(a-b)np(n)-\int_{0}^{n}(b-c)p(r)\mathrm{d}r-(a-b)np(n)+\int_{n}^{\infty}(a-b)p(r)\mathrm{d}r$$

$$= -(b-c)\int_0^n p(r)\mathrm{d}r + (a-b)\int_n^{\infty} p(r)\mathrm{d}r$$

令 $\dfrac{\mathrm{d}E(n)}{\mathrm{d}n} = 0$, 得到

$$\frac{\displaystyle\int_0^n p(r)\mathrm{d}r}{\displaystyle\int_n^{\infty} p(r)\mathrm{d}r} = \frac{a-b}{b-c} \tag{5.6}$$

故使报童日平均收入达到最大的购进量 n 应满足式 (5.6).

因为 $\displaystyle\int_0^{\infty} p(r)\mathrm{d}r = 1$, 所以式 (5.6) 又可表示为

$$\int_0^n p(r)\mathrm{d}r = \frac{a-b}{a-c} \tag{5.7}$$

根据需求量的概率密度 $p(r)$ 的图形很容易从式 (5.6) 或 (5.7) 确定购进量 n 的近似值.

模型解释 在图 5.1 中用 P_1 和 P_2 分别表示曲线 $p(r)$ 下的两块面积, 则式 (5.6) 可记作

$$\frac{P_1}{P_2} = \frac{a-b}{b-c} \tag{5.8}$$

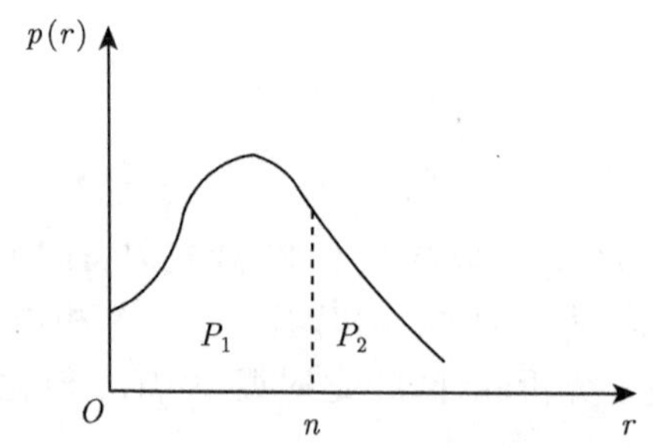

图 5.1　由 $p(r)$ 确定订购量 n 的图解法

因为当购进 n 份报纸时, $P_1 = \displaystyle\int_0^n p(r)\mathrm{d}r$ 是需求量 r 不超过 n 的概率, 即卖不完的概率, $P_2 = \displaystyle\int_n^{\infty} p(r)\mathrm{d}r$ 是需求量 r 超过 n 的概率, 即卖完的概率, 所以式 (5.6) 表明, 购进的份数 n 应该使卖不完与卖完的概率之比, 恰好等于卖出一份

赚的钱 $a-b$ 与退回一份赔的钱 $b-c$ 之比. 显然, 当报童与报社签订的合同使报童每份赚钱与赔钱之比越大时, 报童购进的份数就应该越多.

思考 为什么由式 (5.3) 或式 (5.6) 求得的 n 均是近似值? 当需求量 r 的概率分布或概率密度已知时, 如何求得 n 的值?

5.2 轧钢中的浪费模型

问题 把粗大的钢坯变成合格的钢材 (如钢筋、钢板), 通常要经过两道工序, 第一道是粗轧 (热轧), 形成钢材的雏形; 第二道是精轧 (冷轧), 得到指定规格 (长度或长度 × 宽度) 的成品材. 粗轧时由于设备、环境等方面因素的影响, 得到的钢材的规格是随机的, 大体上呈正态分布, 其均值可以在轧制过程中由轧机调整, 而均方差则是由设备的精度决定的, 不能随意改变. 如果粗轧后的钢材规格大于指定规格, 精轧时把多出的部分切掉, 造成一定的浪费; 如果粗轧后的钢材规格比指定规格小, 则轧出的钢材报废, 造成更大的浪费. 确定轧钢方案时应该综合考虑上述两种情况, 以使得总的浪费最小.

以钢筋类的一维钢材为例, 问题可叙述为: 已知成品钢材的指定长度 l 和轧机粗轧后钢材长度的均方差 σ, 需确定粗轧后钢材长度的均值 m, 以使得当将轧机调整到均值 m 进行粗轧、再通过精轧后得到成品材时总的浪费最少.

问题分析 设粗轧后钢材长度记作 x, 则 x 是均值为 m、均方差为 σ 的正态分布随机变量, 其概率密度记作 $p(x)$. 当成品钢材的规定长度 l 给定后, 记 $x \geqslant l$ 的概率为 P, 即 $P = P(x \geqslant l)$. 钢材轧制过程中的浪费由两部分构成, 一是当 $x \geqslant l$ 时, 精轧时要切掉长 $x-l$ 的钢材; 二是当 $x < l$ 时, 长 x 的整根钢材报废. 这是一个优化问题, 确定轧钢方案以使 "总的浪费最少", 决策变量应为可调整的粗轧均值 m.

建模建立 建模的关键是选择合适的目标函数, 并用 l, σ, m 等把目标函数表示出来. 根据问题分析, 粗轧一根长度为 x 的钢材其平均浪费长度为

$$W = \int_l^{\infty} (x-l)p(x)\mathrm{d}x + \int_{-\infty}^{l} xp(x)\mathrm{d}x \tag{5.9}$$

利用 $\int_{-\infty}^{\infty} p(x)\mathrm{d}x = 1$, $\int_{-\infty}^{\infty} xp(x)\mathrm{d}x = m$ 和 $\int_l^{\infty} p(x)\mathrm{d}x = P$, 式 (5.9) 可化简为

$$W = m - lP \tag{5.10}$$

以 W 为目标函数是否合适呢?

由于轧钢的最终产品是成品材, 浪费的多少不应以每粗轧一根钢材的平均浪

费量为标准 (这样会使得粗轧根数越多浪费越多), 而应该用每得到一根成品材浪费的平均长度来衡量. 因此目标函数为

$$J=\frac{W}{P}=\frac{m}{P}-l \tag{5.11}$$

因为 l 是已知常数, 所以目标函数可等价地取为

$$J(m)=\frac{m}{P(m)} \tag{5.12}$$

其中

$$P(m)=\int_{l}^{\infty}p(x)\mathrm{d}x,\quad p(x)=\frac{1}{\sqrt{2\pi}\sigma}\mathrm{e}^{-\frac{(x-m)^2}{2\sigma^2}}$$

易见, $J(m)$ 恰是平均每得到一根成品材所需钢材的长度. 因此, 问题转化为求 m 使 $J(m)$ 达到最小, 即

$$\min_{m}J(m) \tag{5.13}$$

模型求解　对式 (5.12) 作变量代换 $y=\dfrac{x-m}{\sigma}$, 并令 $\mu=\dfrac{m}{\sigma}$, $\lambda=\dfrac{l}{\sigma}$, 则式 (5.12) 可表示为

$$J(m)=\frac{\sigma\mu}{\varPhi(\lambda-\mu)}=\frac{\sigma(\lambda-z)}{\varPhi(z)}\equiv\overline{J}(z)$$

其中, $z=\lambda-\mu$, $\varPhi(z)=\displaystyle\int_{z}^{\infty}\varphi(y)\mathrm{d}y$, $\varphi(y)=\dfrac{1}{\sqrt{2\pi}}\mathrm{e}^{-y^2/2}$.

模型 (5.13) 转化为

$$\min_{z}\overline{J}(z) \tag{5.14}$$

可用微分法解函数 $\overline{J}(z)$ 的极值. 注意到 $\varPhi'(z)=-\varphi(z)$, 不难推出最优值 z^* 应满足方程

$$\varPhi(z)/\varphi(z)=\lambda-z \tag{5.15}$$

记 $F(z)=\varPhi(z)/\varphi(z)$, $F(z)$ 可根据标准正态分布的函数值 $\varPhi$ 和 φ 制成表格, 见表 5.1. 由表 5.1 可以得到方程 (5.15) 的根 z^*.

表 5.1　$F(z)=\varPhi(z)/\varphi(z)$ 简表

z	−3.0	−2.5	−2.0	−1.5	−1.0	−0.5
$F(z)$	227.0	56.79	18.10	7.206	3.477	1.680
z	0	0.5	1.0	1.5	2.0	2.5
$F(z)$	1.253	0.876	0.656	0.516	0.420	0.355

注意: 当给定的 $\lambda>F(0)$=1.253 时, 方程 (5.15) 不止一个根, 但是可以证明, 只有唯一负根 $z^*<0$, 才使 $J(z)$ 取得极小值.

数值验证 设要轧制长 $l = 2.0$ m 的成品钢材, 由粗轧设备等因素决定的粗轧冷却后钢材长度的均方差 $\sigma = 0.2$ m, 问钢材长度的均值 m 应调整到多少才使材料浪费最少.

以式 (5.12) 给出的 $J(m)$ 为目标函数, 算出 $\lambda = l/\sigma = 10$, 解出方程 (5.15) 的负根为 $z^* = -1.78$. 进一步算得 μ^* =11.78, $m^* = 2.36$, 即最佳的均值应调整为 2.36 m. 同时 $P(m^*) = 0.9625$, 按照式 (5.11), 每得到一根成品材浪费钢材的平均长度为 $m^*/P(m^*) - l = 0.45$ m. 为了减小这个相当可观的数字, 应该设法提高粗轧设备的精度, 即减小 σ.

说明 在上述模型中, 我们假定当粗轧后钢材长度 x 小于规定长度 l 时就整根报废, 实际上这种钢材还常常能轧成较小规格 (如长度 $l_1 < l$) 的成品材. 只有当 $x < l_1$ 时才报废. 或者, 当 $x < l$ 时可以降级使用. 但是, 考虑这些情况下的模型及求解就比较复杂了.

思考 在日常生产活动中类似轧钢的问题很多, 如用包装机将某种物品包装成 500g 一袋出售, 在众多因素的影响下包装封口后一袋的重量是随机的, 不妨仍认为其服从正态分布, 且均方差是已知的, 而均值则可以在包装时调整. 出厂检验时精确地称量每袋的重量, 多于 500g 的仍按 500g 一袋出售, 厂方吃亏; 不足 500g 的降价处理, 或打开封口返工, 这将给厂方造成更大的损失. 问如何调整包装时每袋重量的包装均值以使厂方的损失最小.

5.3 航空公司的预订票策略模型

问题背景 在激烈的市场竞争中, 航空公司为争取更多的客源而开展的一个优质服务项目是预订票业务. 公司承诺, 预先订购机票的乘客如果未能按时前来登机, 可以乘坐下一班机或退票, 无须附加任何费用. 当然也可以订票时只订座, 登机时才付款, 这两种办法对下面的讨论是等价的.

问题 开展预订票业务时, 对于一次航班, 若公司限制预订票的数量恰好等于飞机的容量, 那么由于总会有一些订了机票的乘客不按时前来登机, 致使飞机因不满员飞行而利润降低, 甚至亏本. 而如果不限制预订票数量, 那么当持票按时前来登机的乘客超过飞机容量时, 必然会引起那些不能飞走乘客的抱怨, 公司不管以什么方式补救, 都会导致声誉受损和一定的经济损失, 如客源减少、挤掉以后班机的乘客、公司无偿供应食宿、付给一定的赔偿金等. 所以, 航空公司需要综合考虑经济利益和社会声誉, 确定预订票数量的最佳限额.

问题分析 公司的经济利益可以用机票收入扣除飞行费用和赔偿金后的利润来衡量, 社会声誉可以用持票按时前来登机, 但因满员不能飞走的乘客 (以下称被挤掉者) 限制在一定数量为标准, 注意到这个问题的关键因素 (预订票的乘客是否按时前来登机) 是随机的, 所以经济利益和社会声誉两个指标都应该在平均意义下衡量, 这是个两目标的优化问题, 决策变量是预订票数量的限额.

模型假设 (1) 飞机容量为常数 n, 机票价格为常数 g, 飞行费用为常数 r, r 与乘客数量无关 (实际上有关系, 但关系很小), 机票价格按照 $g=\dfrac{r}{\lambda n}$ 来制订, 其中 $\lambda(<1)$ 是利润调节因子, 如 $\lambda=0.6$ 表示飞机 60%满员率就不亏本.

(2) 预订票数量的限额为常数 $m(>n)$, 每位乘客不按时前来登机的概率为 p, 各位乘客是否按时前来登机是相互独立的, 这适合于单独行动的乘客.

(3) 每位被挤掉者获得的赔偿金为常数 b.

模型建立 从公司的经济利益和社会声誉两个方面进行建模, 一方面公司利润尽可能大, 另一方面社会声誉尽可能好.

(1) 公司利润方面, 公司的经济利益可以用平均利润 S 来衡量, 每次航班的利润 s 为从机票收入中减去飞行费用和可能发生的赔偿金. 当 m 位乘客中有 k 位不按时前来登机时

$$s=\begin{cases}(m-k)g-r, & m-k\leqslant n\\ ng-r-(m-k-n)b, & m-k>n\end{cases}\tag{5.16}$$

由假设 (2), 不按时前来登机的乘客数 k 服从二项分布, 于是概率

$$p_k=P(K=k)=\mathrm{C}_m^k p^k q^{m-k},\quad q=1-p\tag{5.17}$$

平均利润 S (即 s 的期望) 为

$$S(m)=\sum_{k=0}^{m-n-1}[ng-r-(m-k-n)b]p_k+\sum_{k=m-n}^{m}[(m-k)g-r]p_k\tag{5.18}$$

化简式 (5.18), 并注意到 $\sum\limits_{k=0}^{m}kp_k=mp$, 可得

$$S(m)=qmg-r-(g+b)\sum_{k=0}^{m-n-1}(m-k-n)p_k\tag{5.19}$$

当 n,g,r,p 给定后, 可以求 m 使 $S(m)$ 最大.

(2) 社会声誉方面, 公司从社会声誉和经济利益两方面考虑, 应该要求被挤掉的乘客不要太多. 而由于被挤掉者的数量是随机的, 可以用被挤掉的乘客数超过若干人的概率作为度量指标. 记被挤掉的乘客数超过 j 人的概率为 $P_j(m)$, 因为

被挤掉的乘客数超过 j 人等价于 m 位预订票的乘客中不按时前来登机的不超过 $m-n-j$ 人, 所以

$$P_j(m)=\sum_{k=0}^{m-n-j} p_k \tag{5.20}$$

对于给定的 n, j, 显然当 $m=n+j$ 时被挤掉的乘客不会超过 j 人, $P_j(m)=0$, 而当 m 变大时 $P_j(m)$ 单调增加.

综上, $S(m)$ 和 $P_j(m)$ 是这个优化问题的两个目标. 考虑问题的实际情况及求解方便, 可以将 $P_j(m)$ 不超过某给定值 (即公司对社会声誉的容忍度) 作为约束条件, 以 $S(m)$ 为单目标函数来求解.

模型求解 为了减少 $S(m)$ 中的参数, 取 $S(m)$ 除以飞行费用 r 为新的目标函数 $J(m)$, 其含义是单位费用获得的平均利润, 注意到假设 (1) 中有 $g=\dfrac{r}{\lambda n}$, 由式 (5.19) 可得

$$J(m)=\frac{S(m)}{r}=\frac{1}{\lambda n}\left[qm-\left(1+\frac{b}{g}\right)\sum_{k=0}^{m-n-1}(m-k-n)p_k\right]-1 \tag{5.21}$$

其中, b/g 是赔偿金占机票价格的比例. 于是, 问题化为给定 $\lambda, n, p, b/g$, 求 m 使 $J(m)$ 最大, 而约束条件为

$$P_j(m)=\sum_{k=0}^{m-n-j} p_k \leqslant \alpha \tag{5.22}$$

其中, α 是预先给定的小于 1 的正数.

模型 (5.21)~(5.22) 无法解析求解, 可以设定几组数据, 利用 MATLAB 软件作数值计算.

(1) 假设 $n=300$, $\lambda=0.6$, $p=0.05$ 和 0.1, $b/g=0.2$ 和 0.4, 分别计算 $J(m)$, $P_5(m)$ 和 $P_{10}(m)$, 得表 5.2.

(2) 假设 $n=150$, 其他参数不变, 得表 5.3.

结果分析 (1) 对于所取的各个 n, p, b/g, 平均利润 $J(m)$ 随着 m 增大都是先增加再减少, 但是在最大值附近变化很小, 而被挤掉的乘客数超过 5 人和 10 人的概率 $P_5(m)$ 和 $P_{10}(m)$ 增加得相当快, 所以应该参考 $J(m)$ 的最大值, 给定约束条件 (5.22) 中可以接受的 α 值, 进而确定合适的 m.

(2) 对于一定的 n, p, 当 b/g 由 0.2 增加到 0.4 时, $J(m)$ 的减少不超过 2%, 所以不妨付给被挤掉的乘客以较多的赔偿金以赢得社会声誉.

表 5.2　$n = 300$ 时的计算结果

m	$p = 0.05$				$p = 0.1$			
	J		$P_5(\mathrm{m})$	$P_{10}(\mathrm{m})$	J		$P_5(\mathrm{m})$	$P_{10}(\mathrm{m})$
	$b/g = 0.2$	$b/g = 0.4$			$b/g = 0.2$	$b/g = 0.4$		
300	0.5833	0.5833	0	0	0.5000	0.5000	0	0
302	0.5939	0.5939	0	0	0.5100	0.5100	0	0
304	0.6044	0.6044	0	0	0.5200	0.5200	0	0
306	0.6150	0.6150	0.0000	0	0.5300	0.5300	0.0000	0
308	0.6254	0.6254	0.0000	0	0.5400	0.5400	0.0000	0
310	0.6353	0.6351	0.0007	0	0.5500	0.5500	0.0000	0
312	0.6439	0.6434	0.0066	0.0000	0.5600	0.5600	0.0000	0.0000
314	0.6503	0.6492	0.0341	0.0002	0.5700	0.5700	0.0000	0.0000
316	**0.6540**	**0.6517**	**0.1123**	**0.0023**	0.5800	0.5800	0.0000	0.0000
318	0.6551	0.6512	0.2612	0.0160	0.5899	0.5899	0.0001	0.0000
320	0.6543	0.6485	0.4630	0.0650	0.5998	0.5997	0.0006	0.0000
322	0.6523	0.6445	0.6666	0.1780	0.6093	0.6091	0.0027	0.0000
324	0.6499	0.6398	0.8250	0.3583	0.6181	0.6178	0.0097	0.0002
326	0.6472	0.6350	0.9224	0.5681	0.6258	0.6252	0.0287	0.0013
328	0.6444	0.6300	0.9708	0.7533	0.6320	0.6307	0.0699	0.0052
330	0.6417	0.6250	0.9907	0.8810	**0.6362**	**0.6337**	**0.1439**	**0.0171**
332					0.6384	0.6348	0.2548	0.0458
334					0.6388	0.6336	0.3956	0.1024
336					0.6377	0.6306	0.5484	0.1949
338					0.6356	0.6265	0.6917	0.3224
340					0.6329	0.6217	0.8086	0.479
342					0.6298	0.6165	0.8923	0.6225
344					0.6266	0.6110	0.9451	0.7542

表 5.3　$n = 150$ 时的计算结果

m	$p = 0.05$				$p = 0.1$			
	J		$P_5(\mathrm{m})$	$P_{10}(\mathrm{m})$	J		$P_5(\mathrm{m})$	$P_{10}(\mathrm{m})$
	$b/g = 0.2$	$b/g = 0.4$			$b/g = 0.2$	$b/g = 0.4$		
150	0.5833	0.5833	0	0	0.5000	0.5000	0	0
152	0.6044	0.6044	0	0	0.5200	0.5200	0	0
154	0.6245	0.6244	0	0	0.5400	0.5400	0	0
156	0.6408	0.6399	0.0005	0	0.5600	0.5600	0.0000	0
158	0.6500	0.6470	0.0182	0	0.5799	0.5797	0.0000	0
160	**0.6519**	**0.6457**	**0.1256**	**0**	0.5985	0.5982	0.0005	0
162	0.6490	0.6389	0.3729	0.0041	0.6148	0.6139	0.0056	0.0000
164	0.6443	0.6298	0.6338	0.0548	0.6267	0.6245	0.0307	0.0001
166	0.6389	0.6200	0.8678	0.2344	**0.6330**	**0.6285**	**0.1060**	**0.0019**
168	0.6333	0.6100	0.9615	0.5228	0.6340	0.6263	0.2545	0.1400
170	0.6278	0.6000	0.9915	0.7809	0.6311	0.6196	0.4602	0.0600
172					0.6259	0.6103	0.6694	0.1709
174					0.6198	0.5998	0.8308	0.3530
176					0.6133	0.5888	0.9279	0.5682

(3) 综合考虑经济效益和社会声誉, 可给定 $P_5(m) < 0.2$ 和 $P_{10}(m) < 0.05$, 由表 5.2 和表 5.3 知, 对于 $n = 300$, 若估计 $p = 0.05$, 则取 $m = 316$; 若估计 $p = 0.1$, 则取 $m = 330$. 对于 $n = 150$, 若估计 $p = 0.05$, 则取 $m = 160$; 若估计 $p = 0.1$, 则取 $m = 166$ (见表 5.2 和表 5.3 中黑体数字).

预订票策略的改进 考虑不同客源的实际需要, 如商业界、文艺界人士喜欢上述这种无约束的预订票业务, 他们宁愿接受较高的票价, 随心按时前来登机的可能性较大; 游客及准时上下班的雇员, 会愿意以不能按时前来登机则机票失效为代价, 换取较低额的票价. 航空公司为降低风险, 可以把上述第 2 类乘客作为基本客源, 对他们降低票价, 但购票时即付款, 不按时前来登机则机票作废.

设预订票数量 m 中有 t 张是专门预售给第 2 类乘客的, 其折扣票价为 $\beta g(\beta < 1)$, 当 $m-t$ 位第 1 类乘客中有 k 位不按时前来登机时每次航班的利润 s 为

$$s = \begin{cases} t\beta g + (m-t-k)g - r, & m-k \leqslant n \\ t\beta g + (n-t)g - r - (m-k-n)b, & m-k > n \end{cases} \tag{5.23}$$

其中 k 位乘客不按时前来登机的概率为

$$p_k = \mathrm{C}_{m-t}^k p^k q^{m-t-k}, \quad q = 1-p \tag{5.24}$$

平均利润 S 为

$$\begin{aligned} S(m) &= \sum_{k=0}^{m-n-1} [t\beta g + (n-t)g - r - (m-k-n)b]p_k \\ &\quad + \sum_{k=m-n}^{m-t} [t\beta g + (m-t-k)g - r]\, p_k \\ &= qmg - r - (g+b)\sum_{k=1}^{m-n-1}(m-k-n)p_k - (q-\beta)tg \end{aligned} \tag{5.25}$$

同时, 正常票价 g、折扣票价 βg、利润调节因子 λ 与飞行费用 r 间的关系为

$$\lambda[t\beta g + (n-t)g] = r$$

于是, 单位费用获得的平均利润为

$$J(m) = \frac{1}{\lambda[n-(1-\beta)t]}\left[qm - (q-\beta)t - \left(1+\frac{b}{g}\right)\sum_{k=0}^{m-n-1}(m-k-n)p_k\right] - 1 \tag{5.26}$$

而约束条件 “被挤掉的乘客数超过 j 人的概率 $P_j(m)$” 不变 (式 (5.22)).

取 $\beta = 0.75$, $t = 50, 100$ 和 150, 其他参数同上, 计算结果表明, 当 t 增加时 $J(m)$ 和 $P_j(m)$ 均有所减少.

评注 本模型在基本合理的假设下对一个两目标的优化问题作了简化处理, 即使这样所建立的模型也无法解析求解, 幸而数值计算结果已满足我们对问题进行分析的需要. 与航空公司预订票策略相似的事情在日常商务活动中并不少见, 旅馆、汽车出租公司 (将汽车租给顾客使用) 等为争夺顾客也可以如此处理.

5.4 人的健康状况估计模型

问题 人寿保险公司对受保人的健康状况特别关注, 他们欢迎年轻力壮的人投保, 患病者和高龄人则需付较高的保险金, 甚至被拒之门外. 人的健康状态随着时间的推移会发生转变, 且转变是随机的, 保险公司要通过大量数据对状态转变的概率做出估计, 才可能制定出不同年龄、不同健康状况的人的保险金和理赔金数额. 试建立数学模型讨论人的健康状况的转变规律.

问题分析 这是一个随机状态转移问题, 状态之间的转移以概率来刻画, 我们将要建立状态转移方程, 以获得状态转移的规律.

5.4.1 正则马尔可夫链模型

模型假设 (1) 人的健康状况是随机变化的, 且只有健康和疾病两种情况;

(2) 某一年人的健康状况只和前一年的健康状况以及健康状态转移概率有关, 而与再往前的情况无关;

(3) 状态转移概率是常值.

模型建立 设用随机变量 X_n 表示人在第 n 年的健康状况, $X_n = 1$ 表示 “健康”, $X_n = 2$ 表示 “疾病”, $n = 0, 1, 2, \cdots$.

令 $a_i(n) = P(X_n = i)$, $p_{ij} = P(X_{n+1} = j | X_n = i)$, $i, j = 1, 2$, 其中 $a_i(n)$ 为第 n 年状态为 i 的概率, 称为状态概率; p_{ij} 表示在第 n 年状态为 i 条件下第 n+1 年状态转为 j 的条件概率, 称为状态转移概率. 这种状态之间的转移情况可以用图直观表示, 如图 5.2 所示.

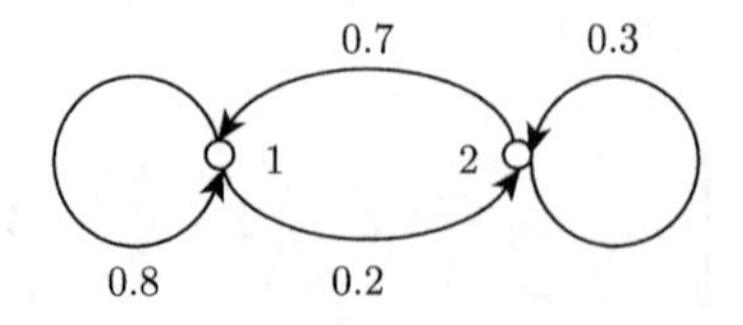

图 5.2 两种状态及其转移概率

第 $n+1$ 年的状态 X_{n+1} 只取决于第 n 年的状态 X_n 和转移概率 p_{ij}, 而与以前的状态 $X_{n-1}, X_{n-2}, \cdots$ 无关, 于是利用全概率公式, 第 $n+1$ 年的状态概率为

$$\begin{cases} a_1(n+1) = a_1(n)p_{11} + a_2(n)p_{21} \\ a_2(n+1) = a_1(n)p_{12} + a_2(n)p_{22} \end{cases} \tag{5.27}$$

式 (5.27) 即为描述人的健康状况的随机状态转移方程, 亦称马尔可夫链模型. 若给定状态转移概率和初始状态概率, 则可递推计算出人在以后任何时刻的健康状态的概率.

模型求解 设一年为一个时段研究状态的转变, 对某一年龄段的人来说, 今年健康、明年保持健康状态的概率为 0.8, 即明年转为疾病状态的概率为 0.2; 而今年患病、明年转为健康状态的概率为 0.7, 即明年保持疾病状态的概率为 0.3. 如果已知某人投保时的健康状态, 研究其以后若干年分别处于这两种状态的概率.

易知 $p_{11} = 0.8, p_{12} = 0.2, p_{21} = 0.7, p_{22} = 0.3$. 若某人投保时处于健康状态, 即 $a_1(0) = 1, a_2(0) = 0$, 利用式 (5.27) 可以算出其以后各年处于两种状态的概率, 如表 5.4.

表 5.4 投保人处于健康状态时两种状态概率变化

n	0	1	2	3	4	$\cdots$	∞
$a_1(n)$	1	0.8	0.78	0.778	0.7778	$\cdots$	7/9
$a_2(n)$	0	0.2	0.22	0.222	0.2222	$\cdots$	2/9

若某人投保时处于疾病状态, 即 $a_1(0) = 0, a_2(0) = 1$, 类似地可得表 5.5.

表 5.5 投保人处于疾病状态时两种状态概率变化

n	0	1	2	3	4	$\cdots$	∞
$a_1(n)$	0	0.7	0.77	0.777	0.7777	$\cdots$	7/9
$a_2(n)$	1	0.3	0.23	0.223	0.2223	$\cdots$	2/9

显然表 5.5 中最后一列和表 5.4 相同.

可以将众多投保人处于两种状态的比例视为典型的投保人处于两种状态的概率, 比如若健康人占 3/4, 病人占 1/4, 则可设初始状态概率为 $a_1(0) = 0.75$, $a_2(0) = 0.25$, 计算后发现当 $n \to \infty$ 时 $a_1(n), a_2(n)$ 的趋向和表 5.4 及表 5.5 相同.

在模型中, 对于给定的状态转移概率, 当 $n \to \infty$ 时状态概率 $a_1(n)$ 和 $a_2(n)$ 趋向于稳定值, 且该值与初始状态无关, 它被称为正则马尔可夫链.

将模型 (5.27) 写成矩阵形式:

$$a(n+1) = a(n)P \tag{5.28}$$

其中, $a(n) = (a_1(n), a_2(n))$ 为状态概率向量, $P = (p_{ij})_{2\times 2}$ 为状态转移概率矩阵.

式 (5.28) 的解可表示为 $a(n) = a(0)P^n$, 可利用矩阵运算求解.

如记当 $n \to \infty$ 时 $a(n) \to w$, 则有 $wP = w$, $\sum_{i=1}^{2} w_i = 1$. 据此可计算出向量 w. 对于 $P = \begin{bmatrix} 0.8 & 0.2 \\ 0.7 & 0.3 \end{bmatrix}$, 算得 $w = (7/9, 2/9)$, 恰为表 5.4 及表 5.5 中的极限结果, 称 w 为**稳态概率**.

5.4.2 吸收马尔可夫链模型

基于前面问题分析和模型假设 (2) 和 (3), 将模型假设 (1) 改为

模型假设 (1)′ 假设人的健康状况分三种情况, 即健康、疾病和死亡, 且用 $X_n = 3$ 表示 “死亡”.

模型建立 沿用前面模型中的所有符号, 令 $i, j = 1, 2, 3$.

由于某人今年健康, 明年可能因突发疾病或偶然事故而死亡, 今年患病, 明年也可能转为死亡, 而一旦死亡就不能再转为健康或疾病状态, 因此, 人的状态及其转移情况可以用图直观表示, 如图 5.3 所示.

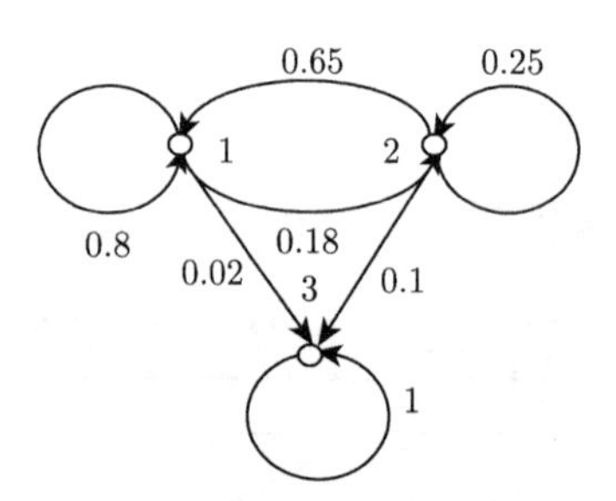

图 5.3 三种状态及其转移概率

于是第 $n+1$ 年的状态概率为

$$\begin{cases} a_1(n+1) = a_1(n)p_{11} + a_2(n)p_{21} + a_3(n)p_{31} \\ a_2(n+1) = a_1(n)p_{12} + a_2(n)p_{22} + a_3(n)p_{32} \\ a_3(n+1) = a_1(n)p_{13} + a_2(n)p_{23} + a_3(n)p_{33} \end{cases} \tag{5.29}$$

模型求解 仍利用前面的数据, 并特别注意 $p_{31} = p_{32} = 0$, $p_{33} = 1$. 给定初始状态 $a_1(0) = 1$, $a_2(0) = 0$, $a_3(0) = 0$, 则可计算得表 5.6.

表 5.6 投保人处于健康状态时三种状态概率变化

n	0	1	2	3	$\cdots$	30	$\cdots$	50	$\cdots$	∞
$a_1(n)$	1	0.8	0.757	0.7285	$\cdots$	0.2698	$\cdots$	0.1293	$\cdots$	0
$a_2(n)$	0	0.18	0.189	0.1835	$\cdots$	0.0680	$\cdots$	0.0326	$\cdots$	0
$a_3(n)$	0	0.02	0.054	0.0880	$\cdots$	0.6621	$\cdots$	0.8381	$\cdots$	1

再取初始状态概率为 $a_1(0) = 0.75$, $a_2(0) = 0.25$, $a_3(0) = 0$, 计算后发现当 $n \to \infty$ 时 $a_1(n)$, $a_2(n)$, $a_3(n)$ 的趋向和表 5.6 相同. 事实上, 不论初始状态如何, 最终都要转到状态 3, 这代表了另一种主要的马氏链类型, 称为吸收马氏链模型.

将模型 (5.29) 写成矩阵形式

$$a(n+1) = a(n)P \tag{5.30}$$

其中, $a(n) = (a_1(n), a_2(n), a_3(n))$ 为状态概率向量, $P = (p_{ij})_{3\times3}$ 为状态转移概率矩阵.

式 (5.30) 的解也可表示为 $a(n) = a(0)P^n$, 仍可利用矩阵运算求解.

对于 $P = \begin{bmatrix} 0.8 & 0.18 & 0.02 \\ 0.65 & 0.25 & 0.1 \\ 0 & 0 & 1 \end{bmatrix}$, 算得稳态概率 $w = (0, 0, 1)$, 恰为表 5.6 中的极限结果.

模型解释 称转移概率 $p_{ii} = 1$ 的状态 i 为吸收状态. 含有吸收状态的马尔可夫链称为吸收马尔可夫链, 简称吸收链. 对于一般有 k 个状态的情况, 若吸收链有 r 个吸收状态、$k-r$ 个非吸收状态, 则状态转移概率矩阵 P 可表示为简单的标准形式:

$$P = \begin{bmatrix} I_{r\times r} & O \\ R & Q \end{bmatrix} \tag{5.31}$$

其中, $k-r$ 阶子方阵 Q 的特征值 λ 满足 $|\lambda| < 1$, 而子阵 $R_{(k-r)\times r}$ 中必含有非零元素, 以满足从任一非吸收状态出发经有限次转移可达到某吸收状态的条件. 这样 Q 就不是随机矩阵, 因为它至少存在一个小于 1 的行和.

定理 5.1 对吸收链的状态转移概率矩阵 P 的标准形式 (5.31), 矩阵 $I-Q$ 可逆, 且

$$M = (I-Q)^{-1} = \sum_{s=0}^{\infty} Q^s$$

记元素全为 1 的列向量为 $e = (1, 1, \cdots, 1)^{\mathrm{T}}$, 则 $y = Me$ 的第 i 个分量是从第 i 个非吸收状态出发, 被某个吸收状态吸收的平均转移次数.

设状态 i 是非吸收状态、j 是吸收状态, 那么首达概率 $f_{ij}(n)$ 实际上是状态 i 经 n 次转移首次达到状态 j 吸收的概率, $f_{ij}=\sum\limits_{n=1}^{\infty}f_{ij}(n)$ 则是从非吸收状态 i 出发终将被吸收状态 j 吸收的概率, 记 $F=\{f_{ij}\}_{(k-r)\times r}$, 设吸收链的转移矩阵 P 表示为标准形式 (5.31), 则 $F=MR$.

例如, 前述 P 可化为标准形式

$$\begin{bmatrix} 1 & 0 & 0 \\ 0.1 & 0.25 & 0.65 \\ 0.02 & 0.18 & 0.8 \end{bmatrix}$$

则可计算得

$$Q=\begin{bmatrix} 0.25 & 0.65 \\ 0.18 & 0.8 \end{bmatrix},\quad R=\begin{bmatrix} 0.1 \\ 0.02 \end{bmatrix}$$

$$M=(I-Q)^{-1}=\frac{1}{0.033}\begin{bmatrix} 0.2 & 0.65 \\ 0.18 & 0.75 \end{bmatrix}$$

及

$$F=MR=(1,1)^{\mathrm{T}}$$

即从两个非吸收状态“健康”和“疾病”出发, 终将被吸收状态“死亡”吸收的概率均为 1. 而由

$$y=Me\approx\begin{bmatrix} 25.7576 \\ 28.1818 \end{bmatrix}$$

知, 从两个非吸收状态“健康”和“疾病”出发, 被吸收状态“死亡”吸收的平均转移次数分别约为 26 次和 28 次.

5.5　钢琴库存策略模型

问题　像钢琴这样的商品销售量很小, 商店里一般不会有多大的库存量让它积压资金. 一家商店根据以往经验, 平均每周只能售出 1 架钢琴. 现在经理制订的存贮策略是, 每周末检查库存量, 仅当库存量为零时, 才订购 3 架钢琴供下周销售; 否则, 不订购. 试估计在这种策略下失去销售机会的可能性有多大, 以及每周的平均销售量是多少.

问题分析　对于钢琴这种商品的销售, 顾客的到来是相互独立的, 在服务系统中通常认为需求量近似服从泊松分布, 其参数可由均值为每周销售 1 架得到, 由

此可以算出不同需求量的概率. 周末的库存可能是 0, 1, 2 或 3 (架), 而周初的库存量则只有 1, 2, 3 这三种状态, 每周不同的需求将导致周初库存状态的变化, 于是可用马尔可夫链来描述这个过程. 当需求超过库存时就会失去销售机会, 可以计算这种情况发生的概率. 在动态过程中这个概率每周是不同的, 每周的销售量也不同, 通常采用的办法是在时间充分长以后, 按稳态情况进行分析和计算.

模型假设 (1) 钢琴每周需求量服从泊松分布, 均值为每周 1 架.

(2) 存贮策略是: 当周末库存量为零时订购 3 架, 周初到货; 否则不订购.

(3) 以每周初的库存量作为状态变量, 状态转移具有无后效性.

(4) 在稳态情况下计算该存贮策略失去销售机会的概率和平均每周销售量.

模型建立与求解 记第 n 周的需求量为 D_n, 则由假设 (1), D_n 服从均值为 1 的泊松分布, 即

$$P(D_n = k) = \frac{\mathrm{e}^{-1}}{k!}, \quad k = 0, 1, 2, \cdots \tag{5.32}$$

由式 (5.32) 不难算出 $P(D_n = 0) = 0.368$, $P(D_n = 1) = 0.368$, $P(D_n = 2) = 0.184$, $P(D_n = 3) = 0.061$, $P(D_n > 3) = 0.019$.

记第 n 周初的库存量为 S_n, 则 $S_n \in \{1, 2, 3\}$ 是这个系统的状态变量, 由假设 (2), 状态转移规律为

$$S_{n+1} = \begin{cases} S_n - D_n, & D_n < S_n \\ 3, & D_n \geqslant S_n \end{cases} \tag{5.33}$$

于是状态转移概率为

$$p_{11} = P(S_{n+1} = 1 | S_n = 1) = P(D_n = 0) = 0.368$$

$$p_{12} = P(S_{n+1} = 2 | S_n = 1) = 0$$

$$p_{13} = P(S_{n+1} = 3 | S_n = 1) = P(D_n \geqslant 1) = 0.632$$

$$p_{21} = P(S_{n+1} = 1 | S_n = 2) = P(D_n = 1) = 0.368$$

$$p_{22} = P(S_{n+1} = 2 | S_n = 2) = P(D_n = 0) = 0.368$$

$$p_{23} = P(S_{n+1} = 3 | S_n = 2) = P(D_n \geqslant 2) = 0.264$$

$$p_{31} = P(S_{n+1} = 1 | S_n = 3) = P(D_n = 2) = 0.184$$

$$p_{32} = P(S_{n+1} = 2 | S_n = 3) = P(D_n = 1) = 0.368$$

$$p_{33} = P(S_{n+1} = 3 | S_n = 3) = P(D_n = 0) + P(D_n \geqslant 3) = 0.448$$

得到状态转移概率矩阵:

$$P = \begin{bmatrix} 0.368 & 0 & 0.632 \\ 0.368 & 0.368 & 0.264 \\ 0.184 & 0.368 & 0.448 \end{bmatrix} \tag{5.34}$$

记状态概率 $a_i(n) = P(S_n = i)$, $a(n) = (a_1(n), a_2(n), a_3(n))$, 有

$$a(n+1) = a(n)P$$

由定理 5.1, 可知这是一个正则链, 具有稳态概率分布 w, 且

$$w = (w_1, w_2, w_3) = (0.285, 0.263, 0.452) \tag{5.35}$$

按照全概率公式, 该存贮策略 (第 n 周) 失去销售机会的概率为

$$P(D_n > S_n) = \sum_{i=1}^{3} P(D_n > i \mid S_n = i)P(S_n = i) \tag{5.36}$$

其中的条件概率 $P(D_n > i \mid S_n = i)$ 容易由式 (5.32) 计算. 当 n 充分大时, $P(S_n = i) \approx \omega_i, i = 1, 2, 3$. 最终得到

$$P(D_n > S_n) \approx 0.264 \times 0.285 + 0.080 \times 0.263 + 0.019 \times 0.452 \approx 0.105$$

即从长期看, 失去销售机会的可能性大约 10%.

在计算该存贮策略 (第 n 周) 的平均销售量 R_n 时, 应注意到, 当需求超过存量时只能销售掉存量, 于是

$$R_n = \sum_{i=1}^{3} \sum_{j=1}^{i-1} [jP(D_n = j|S_n = i) + iP(D_n \geqslant i|S_n = i)]P(S_n = i) \tag{5.37}$$

同样地, 当 n 充分大时 $P(S_n = i)$ 近似等于 w_i, 得到

$$R_n \approx 0.632 \times 0.285 + 0.896 \times 0.263 + 0.977 \times 0.452 \approx 0.857$$

即从长期看, 每周的平均销售量为 0.857 架. (你能解释为什么这个数值略小于模型假设中给出的每周平均需求量为 1 架吗？)

敏感性分析　这个模型用到的唯一原始数据是平均每周售出 1 架钢琴, 这个数值会有波动. 为了计算当平均需求在 1 附近波动时, 最终结果有多大变化, 设 D_n 服从均值为 λ 的泊松分布, 即有

$$P(D_n = k) = \lambda^k \mathrm{e}^{-\lambda}/k! \quad (k = 0, 1, 2, \cdots)$$

由此可计算得状态转移概率矩阵为

$$P = \begin{bmatrix} e^{-\lambda} & 0 & 1-e^{-\lambda} \\ \lambda e^{-\lambda} & e^{-\lambda} & 1-(1+\lambda)e^{-\lambda} \\ \lambda^2 e^{-\lambda}/2 & \lambda e^{-\lambda} & 1-(\lambda+\lambda^2/2)e^{-\lambda} \end{bmatrix} \tag{5.38}$$

对于不同的平均需求 λ(在 1 附近), 类似于上面的计算过程, 记 $p = P(D_n > S_n)$, 可得到表 5.7 中的结果.

表 5.7　不同需求时失去销售机会的概率

λ	0.8	0.9	1.0	1.1	1.2
p	0.073	0.089	0.105	0.122	0.139

即当平均需求增长 (或减少)10%时, 失去销售机会的概率将增长 (或减少) 约 15%.

类似地可以做每周平均销售量的敏感性分析.

思 考 题 5

5.1　在报童问题中, 若每份报纸的购进价为 0.75 元, 售出价为 1 元, 退回价为 0.6 元, 需求量服从均值 500 份、方差 50 的正态分布, 报童每天应购进多少份报纸才能使平均收入最高, 最高收入为多少?

5.2　一商店拟出售甲商品, 已知每单位甲商品成本为 50 元, 售价为 70 元, 如果售不出去, 每单位商品将损失 10 元. 已知甲商品销售量 k 服从参数 $\lambda = 6$ (即平均销售量为 6 单位) 的泊松分布 $p(k) = \lambda^k e^{-\lambda}/k!$, $k = 0, 1, 2, \cdots$. 问该商店订购量应为多少单位时, 才能使平均收益最大?

5.3　设某货物的需求量呈正态分布, 已知其均值 $\mu = 150$, 方差 $\sigma = 25$. 该商品每件进价为 8 元, 售价为 15 元, 处理价为 5 元, 缺货供应没有损失. 问最佳订货批量应是多少?

5.4　在 5.2 节给出的例子中, 若 $l = 2.0$ m 不变, 而均方差减为 $\sigma = 10$ cm, 问均值 m 应为多大, 每得到一根成品材的浪费量多大 (与原来的数值相比较).

5.5　在 5.2 节中若钢材粗轧后, 长度在 l_1 与 l 之间的可以降级使用, 长度小于 l_1 的才整根报废. 试选用合适的目标函数建立优化模型, 使某种意义下的浪费量最小.

5.6　在钢琴销售模型中, 将存贮策略修改为

(1) 当周末库存量为 0 或 1 时, 订购, 使下周初的库存量达到 3 架; 否则, 不订购. 建立马氏链模型, 计算稳态下失去销售机会的概率和每周的平均销量.

(2) 当周末库存量为 0 时, 订购量为本周销售量加 2 架; 否则, 不订购. 建立马氏链模型, 计算稳态下失去销售机会的概率和每周的平均销售量.

5.7 用马氏链模型讨论空气污染问题. 有 k 个城市 $v_1, v_2, \cdots, v_k$, 每一时刻 $t=0,1,2,\cdots$, v_i 的空气中污染物浓度 $c_i(t)$, 从 t 到 $t+1$, v_i 空气中污染物扩散到 v_j 的比例是 p_{ij}, 有 $\sum\limits_{j=1}^{k} p_{ij} \leqslant 1\ (i=1,2,\cdots,k)$, 而扩散到 k 个城市之外的那部分污染物永远不再回来. 在每个时刻各城市的污染源都排出一定的污染物, 记 v_i 排出的为 d_i. 按照环境管理条例要求, 对充分大 t 必须有 $c_i(t) \leqslant c_i^*$. 试建立马氏链模型, 在已知 p_{ij} 和 c_i^* 的条件下确定 d_i 的限制范围, 满足管理条例的要求. 设 $k=3$, p_{ij} 由矩阵

$$Q=\begin{bmatrix} 1/3 & 0 & 1/3 \\ 1/3 & 1/3 & 1/3 \\ 0 & 2/3 & 1/3 \end{bmatrix}$$

给出, 假设 $c_i^*=25\ (i=1,2,3)$, 求 d_i 的范围.

5.8 零件的参数设计. 一件产品由若干零件组装而成, 标志产品性能的某个参数取决于这些零件的参数. 零件参数包括标定值和容差两部分. 进行成批生产时, 标定值表示一批零件该参数的平均值, 容差则给出了参数偏离其标定值的容许范围. 若将零件参数视为随机变量, 则标定值代表期望值, 在生产部门无特殊要求时, 容差通常规定为均方差的 3 倍.

进行零件参数设计, 就是要确定其标定值和容差. 这时要考虑两方面因素: 一是当各零件组装成产品时, 如果产品参数偏离预先设定的目标值, 就会造成质量损失, 偏离越大, 损失越大; 二是零件容差的大小决定了其制造成本, 容差设计得越小, 成本越高.

试通过如下的具体问题给出一般的零件参数设计方法.

粒子分离器某参数 (记作 y) 由 7 个零件的参数 (记作 $x_1, x_2, \cdots, x_7$) 决定, 经验公式为

$$y=174.42\left(\frac{x_1}{x_3}\right)\left(\frac{x_3}{x_2-x_1}\right)^{0.85} \times \sqrt{\frac{1-2.62\left[1-0.36\left(\dfrac{x_4}{x_2}\right)^{-0.56}\right]^{3/2}\left(\dfrac{x_4}{x_2}\right)^{1.16}}{x_6 x_7}}$$

y 的目标值 (记作 y_0) 为 1.50. 当 y 偏离 $y_0 \pm 0.1$ 时, 产品为次品, 质量损失为 1000 元; 当 y 偏离 $y_0 \pm 0.3$ 时, 产品为废品, 质量损失为 9000 元.

零件参数的标定值有一定的容许变化范围; 容差分为 A、B、C 三个等级, 用于标定值的相对值表示; A 等为 ± 1 %, B 等为 ± 5 %, C 等为 ± 10 %, 7 个零件

参数标定值的容许范围及不同容差等级零件的成本 (元) 如表 5.8 (符号 "/" 表示无此等级零件).

表 5.8 零件参数标定值的容许范围及不同容差等级零件的成本

	标定值的容许范围	C 等	B 等	A 等
x_1	[0.075, 0.125]	/	25	/
x_2	[0.225, 0.375]	20	50	/
x_3	[0.075, 0.125]	20	50	200
x_4	[0.075, 0.125]	50	100	500
x_5	[1.125, 1.875]	50	/	/
x_6	[12, 20]	10	25	100
x_7	[0.5625, 0.935]	/	25	100

现进行成批生产, 每批产量 1000 个. 在原设计中, 7 个零件参数的标定值为 $x_1 = 0.1, x_2 = 0.3, x_3 = 0.1, x_4 = 0.1, x_5 = 1.5, x_6 = 16, x_7 = 0.75$, 容差等级取最便宜的等级. 请你综合考虑 y 偏离 y_0 造成的损失和零件成本, 重新设计零件参数 (包括标定值和容差), 并与原设计比较, 总费用降低了多少.

第 6 章　数学规划模型

数学规划模型是在实际问题中应用最广、最重要的数学模型，是运筹学的一个重要分支. 在生产实践中，存在大量的实际问题需要用定量方式通过建立有效的数学模型来进行处理，以便为管理与决策提供科学依据. 本章介绍的线性规划模型、非线性规划模型、整数规划模型、多目标规划模型等是数学规划模型的主要内容.

6.1　线性规划模型

线性规划是数学规划的一个重要组成部分，起源于工业生产组织管理的决策问题，在数学上它用来确定多变量 (决策变量) 线性函数在变量满足线性约束 (约束条件) 下某指标 (目标函数) 的最优值. 计算机技术的发展及数学软件包的使用使得线性规划的求解变得相当简便，因此，线性规划在工农业、军事、交通运输、科学实验等领域的应用更加广泛.

建立线性规划模型的关键在于：确定决策变量、构建目标函数和表述约束条件三个方面. 决策变量根据问题决策的内容来确定，目标函数根据问题决策的目标而构建，约束条件根据决策变量的受限情况进行表述，其中目标函数均是决策变量的线性函数，而约束条件均是决策变量的线性不等式 (或等式).

线性规划模型的一般形式为 (以最小目标为例)

$$\begin{aligned} \min \quad & z=\sum_{j=1}^{n} c_j x_j \\ \text{s.t.} \quad & \sum_{j=1}^{n} a_{ij} x_j \leqslant (\geqslant \text{或} =)\ b_i \ (i=1,2,\cdots,m) \\ & x_j \geqslant 0 \ (j=1,2,\cdots,n) \end{aligned} \tag{6.1}$$

其中，$x_j \geqslant 0$ 为决策变量，c_j 为目标函数系数，a_{ij}, b_i 为线性约束相关系数，$i=1,2,\cdots,m, j=1,2,\cdots,n$. 写成矩阵 (向量) 的形式为

$$\begin{aligned} \min \quad & z=c^{\mathrm{T}} x \\ \text{s.t.} \quad & Ax \leqslant (\geqslant \text{或} =)\ b \\ & x \geqslant 0 \end{aligned} \tag{6.2}$$

其中, $x=(x_1,x_2,\cdots,x_n)^{\mathrm{T}}$ 为决策变量 (向量); $c=(c_1,c_2,\cdots,c_n)^{\mathrm{T}}$ 为目标函数的系数向量; $A=(a_{ij})_{m\times n}$ 为约束不等式组 (或方程组) 的系数矩阵.

线性规划模型的标准形为

$$\begin{aligned} \min \quad & z=c^{\mathrm{T}}x \\ \text{s.t.} \quad & Ax=b \\ & x\geqslant 0 \end{aligned} \tag{6.3}$$

而任何非标准形的线性规划模型都可以转化为标准形.

对线性规划模型的求解方法有图解法 (两个决策变量时常用)、单纯形法、对偶单纯形法等, 目前一些数学软件 (如 MABLAB, LINDO, LINGO 等) 也提供了很多求解算法 (程序), 可以直接利用软件求解.

下面介绍生产管理中的几类问题及线性规划模型的建立过程.

6.1.1 运输规划模型

例 6.1 (运输规划模型 (1)) 设某种物资有 m 个产地 $\mathrm{A}_1,\mathrm{A}_2,\cdots,\mathrm{A}_m$ 和 n 个销地 $\mathrm{B}_1,\mathrm{B}_2,\cdots,\mathrm{B}_n$, 已知产地 A_i 的产量为 a_i、销地 B_j 的销量为 b_j、由产地 A_i 到销地 B_j 的单位物质运价为 c_{ij} $(i=1,2,\cdots,m;j=1,2,\cdots,n)$. 产品运输要求实现 "产销平衡", 即 $\sum\limits_{i=1}^{m}a_i=\sum\limits_{j=1}^{n}b_j$. 问应如何调运该种物资, 才能使总运费最小?

模型建立 (1) 决策变量 设由产地 A_i 运到销地 B_j 的物资量为 x_{ij} $(i=1,2,\cdots,m;j=1,2,\cdots,n)$;

(2) 目标函数 决策目标是使总运费最小, 即目标函数为

$$z=\sum_{i=1}^{m}\sum_{j=1}^{n}c_{ij}x_{ij}$$

(3) 约束条件 要求决策满足 "产销平衡" 及非负性, 即

$$\sum_{j=1}^{n}x_{ij}=a_i,\quad \sum_{i=1}^{m}x_{ij}=b_j,\quad x_{ij}\geqslant 0\ (i=1,2,\cdots,m;j=1,2,\cdots,n)$$

(4) 线性规划模型

$$\begin{aligned} \min \quad & z=\sum_{i=1}^{m}\sum_{j=1}^{n}c_{ij}x_{ij} \\ \text{s.t.} \quad & \sum_{j=1}^{n}x_{ij}=a_i \quad (i=1,2,\cdots,m) \\ & \sum_{i=1}^{m}x_{ij}=b_j \quad (j=1,2,\cdots,n) \\ & x_{ij}\geqslant 0 \quad (i=1,2,\cdots,m;j=1,2,\cdots,n) \end{aligned}$$

例 6.2 (运输规划模型 (2))　某架货机有三个货舱: 前舱、中舱和后舱, 三个货舱所能装载的货物的最大重量和体积都有限制, 如表 6.1 所示. 为了保持飞机的平衡, 三个货舱中实际装载货物的重量必须与其最大容许重量成比例.

表 6.1　三个货舱装载货物的最大容许重量和体积

	前舱	中舱	后舱
重量限制/吨	10	16	8
体积限制/米^3	6800	8700	5300

现有四类货物供该货机本次飞行装运, 其有关信息如表 6.2, 最后一列指装运后所获得的利润.

表 6.2　四类装运货物的信息

	重量/吨	空间/(米^3/吨)	利润/(元/吨)
货物 1	18	480	3100
货物 2	15	650	3800
货物 3	23	580	3500
货物 4	12	390	2850

应如何安排装运, 使该货机本次飞行获利最大?

模型假设　问题中虽然没有对货物装运提出其他要求, 但我们可作如下假设:

(1) 每种货物可以分割到任意小;

(2) 每种货物可以在一个或多个货舱中任意分布;

(3) 多种货物可以混装, 并保证不留空隙.

模型建立与求解　(1) 决策变量　用 x_{ij} 表示第 i 种货物装入第 j 个货舱的重量吨, 货舱 $j=1,2,3$ 分别表示前舱、中舱、后舱;

(2) 目标函数　决策目标是最大化总利润, 即目标函数为

$$
\begin{aligned}
z = {} & 3100(x_{11}+x_{12}+x_{13}) + 3800(x_{21}+x_{22}+x_{23}) \\
& + 3500(x_{31}+x_{32}+x_{33}) + 2850(x_{41}+x_{42}+x_{43})
\end{aligned}
$$

(3) 约束条件　要求决策需满足非负性及四个方面的限制.

① 供装载的四种货物的总重量限制

$$
x_{11}+x_{12}+x_{13} \leqslant 18, \quad x_{21}+x_{22}+x_{23} \leqslant 15
$$

$$
x_{31}+x_{32}+x_{33} \leqslant 23, \quad x_{41}+x_{42}+x_{43} \leqslant 12
$$

② 三个货舱的重量限制

$$
x_{11}+x_{21}+x_{31}+x_{41} \leqslant 10, \quad x_{12}+x_{22}+x_{32}+x_{42} \leqslant 16, \quad x_{13}+x_{23}+x_{33}+x_{43} \leqslant 8
$$

③ 三个货舱的空间限制

$$480x_{11}+650x_{21}+580x_{31}+390x_{41}\leqslant 6800$$

$$480x_{12}+650x_{22}+580x_{32}+390x_{42}\leqslant 8700$$

$$480x_{13}+650x_{23}+580x_{33}+390x_{43}\leqslant 5300$$

④ 三个货舱装入货物重量的平衡限制

$$\frac{x_{11}+x_{21}+x_{31}+x_{41}}{10}=\frac{x_{12}+x_{22}+x_{32}+x_{42}}{16}=\frac{x_{13}+x_{23}+x_{33}+x_{43}}{8}$$

(4) 线性规划模型

$$\begin{aligned}
\max\quad & z=3100(x_{11}+x_{12}+x_{13})+3800(x_{21}+x_{22}+x_{23})\\
& \qquad +3500(x_{31}+x_{32}+x_{33})+2850(x_{41}+x_{42}+x_{43})\\
\text{s.t.}\quad & x_{11}+x_{12}+x_{13}\leqslant 18\\
& x_{21}+x_{22}+x_{23}\leqslant 15\\
& x_{31}+x_{32}+x_{33}\leqslant 23\\
& x_{41}+x_{42}+x_{43}\leqslant 12\\
& 480x_{11}+650x_{21}+580x_{31}+390x_{41}\leqslant 6800\\
& 480x_{12}+650x_{22}+580x_{32}+390x_{42}\leqslant 8700\\
& 480x_{13}+650x_{23}+580x_{33}+390x_{43}\leqslant 5300\\
& \frac{1}{10}(x_{11}+x_{21}+x_{31}+x_{41})=\frac{1}{16}(x_{12}+x_{22}+x_{32}+x_{42})\\
& \qquad\qquad\qquad\qquad\qquad\quad =\frac{1}{8}(x_{13}+x_{23}+x_{33}+x_{43})\\
& x_{ij}\geqslant 0,\quad i=1,2,3,4;\quad j=1,2,3
\end{aligned}$$

(5) 模型求解

应用 LINDO 软件求解该模型, 得最优解为 $x_{21}=10$, $x_{32}=12.947$, $x_{42}=3.053$, $x_{23}=5$, $x_{33}=3$, 其余变量均为零; 最优目标值 $z=121515.8$, 即前舱装货物 1 重量为 10 吨; 中舱装货物 2 重量为 12.947 吨、货物 4 重量为 3.053 吨; 后舱装货物 2 重量为 5 吨、货物 3 重量为 3 吨, 此时获得最大总利润 121515.8 元.

6.1.2 产品生产计划

例 6.3 (生产计划模型 (1)) 某工厂制造甲、乙两种产品, 每种产品单位消耗和获得的利润如表 6.3.

表 6.3 生产计划相关数据

单位消耗 产品 / 原材料	甲产品	乙产品	现有资源总量
钢材/吨	9	5	360
电力/(千瓦 · 时)	4	5	200
工作日/天	3	10	300
单位产品的利润/(万元/吨)	7	12	

试拟订生产计划, 使该厂获得总利润最大.

模型建立 (1) 决策变量 设甲、乙两种产品计划生产量分别为 x_1 和 x_2 吨.

(2) 目标函数 决策目标是最大化总利润, 即目标函数为

$$z = 7x_1 + 12x_2$$

(3) 约束条件 决策需满足非负性及三个方面的限制.

① 钢材限制 $9x_1 + 5x_2 \leqslant 360$;

② 电力限制 $4x_1 + 5x_2 \leqslant 200$;

③ 工作日限制 $3x_1 + 10x_2 \leqslant 300$.

(4) 线性规划模型

$$\begin{aligned} \max \quad & z = 7x_1 + 12x_2 \\ \text{s.t.} \quad & 9x_1 + 5x_2 \leqslant 360 \\ & 4x_1 + 5x_2 \leqslant 200 \\ & 3x_1 + 10x_2 \leqslant 300 \\ & x_1 \geqslant 0, \quad x_2 \geqslant 0 \end{aligned}$$

例 6.4 (生产计划模型 (2)) 某厂用甲、乙、丙三种原料生产 A、B、C 三种产品, 每种产品消耗原料定额如表 6.4 所示.

表 6.4 三种产品的定额消耗与利润

定额/(千克/万件) 产品 / 原料	A	B	C	现有原料总量/千克
甲	3	2	12	30
乙	1	1	2	7
丙	2	1	1	14
单位产品的利润/(万元/万件)	12	8	35	

问如何组织生产, 才能使该厂利润最大? 并进一步回答下列问题:

(1) 若产品 A 的价格降低了 2 万元/万件, 是否改变生产计划?

(2) 若产品 C 的价格上涨了 3 万元/万件, 是否改变生产计划?

(3) 若市场上还可以买到原料甲, 其价格为 1 万元/千克, 是否购买, 最多可以买多少千克?

模型建立与求解 (1) 决策变量 设 A, B, C 三种产品计划生产量分别为 x_1, x_2, x_3 万件.

(2) 目标函数 决策目标是使该厂利润最大, 即目标函数为

$$z = 12x_1 + 8x_2 + 35x_3$$

(3) 约束条件 决策变量受非负性约束及原材料约束.

① 原料甲的限制 $3x_1 + 2x_2 + 12x_3 \leqslant 30$,

② 原料乙的限制 $x_1 + x_2 + 2x_3 \leqslant 7$,

③ 原料丙的限制 $2x_1 + x_2 + x_3 \leqslant 14$.

(4) 线性规划模型

$$\begin{aligned} \max \quad & z = 12x_1 + 8x_2 + 35x_3 \\ \text{s.t.} \quad & 3x_1 + 2x_2 + 12x_3 \leqslant 30 \\ & x_1 + x_2 + 2x_3 \leqslant 7 \\ & 2x_1 + x_2 + x_3 \leqslant 14 \\ & x_1, x_2, x_3 \geqslant 0 \end{aligned}$$

(5) 模型求解 应用 LINDO 软件求解模型.

打开 LINDO 执行文件, 编程如下:

```
max 12x1+8x2+35x3
st
2)  3x1+2x2+12x3<30
3)  x1+x2+2x3<7
4)  2x1+x2+x3<14
end
```

选择菜单 "Solve" 进行求解, 给出最优解为 $x_1 = 4, x_2 = 0, x_3 = 1.5$, 最优值为 $z = 100.5$, 即 A, B, C 三种产品的最优生产量分别为 4, 0 和 1.5 万件, 此时最优利润为 100.5 万元.

(6) 灵敏度分析 如果在求解时进行灵敏度分析, 则同时给出的结果还有

(a) SLACK OR SURPLUS——对应值为 0, 0, 4.5. 表示原料甲、乙的剩余均为零、原料丙的剩余为 4.5 千克. 称剩余为零的约束为紧约束, 只有紧约束资源增加才可能增加利润.

(b) DUAL PRICES——对应值为 1.833333, 6.5, 0. 表示三种原料在最优解下每增加 1 个单位时目标值的增量, 即原料甲、乙、丙每增加 1 千克时利润增长分别为 1.833333, 6.5 和 0 万元. 在经济学上, 把在最优解下某种 "资源" 增加 1 个单位时的 "效益" 增量称为该资源的 "影子价格", 即原料甲、乙、丙的影子价格分别为 1.833333, 6.5 和 0 万元.

(c) CURRENT COEF 中的 ALLOWABLE INCREASE——1.625, ∞, 11 与 ALLOWABLE DECREASE——5.5, 2.166667, 13. 表示在约束条件不变的前提下, 目标函数的系数变化的最大范围, 即相应系数在此范围内变化时, 最优解不会改变 (体现了最优解对目标函数系数的灵敏性). x_1, x_2, x_3 的系数范围分别是 $(12-1.625,\ 12+5.5)=(10.375,\ 17.5)$, $(8-\infty,\ 8+2.166667)=(-\infty,\ 10.166667)$ 和 $(35-11,\ 35+13)=(24,\ 48)$. 注意: x_1 的系数的允许变化范围是指在 x_2 和 x_3 的系数不变的条件下的, 其余相同.

(d) CURRENT RHS 中的 ALLOWABLE INCREASE——9, 2, 4.5 与 ALLOWABLE DECREASE——12, 1.285714, ∞. 表示对资源的影子价格的作用是有限制的, 超出了相应的范围, 所给影子价格就不起作用了. 原料甲、乙、丙的影子价格作用的限制范围分布是 $(30-9,30+12),(7-2,7+1.285714)=(5,8.285714)$ 和 $(14-4.5,14+\infty)=(9.5,+\infty)$.

依据上述灵敏度分析的输出结果, 可以进一步回答问题. ① 若产品 A 的价格降低了 2 (万元/万件), 则产品 A 利润变成了 10 万元/万件, 已经在允许范围 (10.375, 17.5) 之外, 原最优解不再是最优解, 所以应该制定新的生产计划; ② 若产品 C 的价格上涨了 3 (万元/万件), 则产品 C 单位利润变成 38 万元/万件, 仍在允许范围 (24, 48) 之内, 所以原最优解仍是最优解, 不应改变原最优生产计划; ③ 原料甲的影子价格为 1.833333 万元, 大于市场价格 1 (万元/千克)(有利润可赚), 因此应该在市场上以 1 (万元/千克) 的价格购买原料甲, 但最多只可以买 12 千克, 再多购买的话影子价格将不再是 1.833333 万元.

6.2 非线性规划模型

非线性规划是数学规划的最一般形式, 目标函数或约束条件中包含有非线性函数的数学规划均称为非线性规划. 较之线性规划模型而言, 非线性规划模型更能真实地反映问题的实质.

非线性规划主要分为无约束非线性规划与约束非线性规划.

无约束非线性规划的一般模型 (以最小目标为例)

$$\begin{aligned} &\min \quad f(x_1,x_2,\cdots,x_n) \\ &\text{s.t.} \quad (x_1,x_2,\cdots,x_n)\in \Omega \end{aligned} \tag{6.4}$$

其中, f 是 $x_1,x_2,\cdots,x_n$ 的非线性函数, $\Omega\subset\mathbf{R}^n$ 为开集.

若记 $x=(x_1,x_2,\cdots,x_n)^{\mathrm{T}}$, 则上述模型的向量形式为

$$\begin{array}{ll}\min & f(x)\\ \text{s.t.} & x\in\Omega\end{array}\quad \text{或}\quad \min_{x\in\Omega} f(x) \tag{6.5}$$

约束非线性规划的一般模型 (以最小目标为例)

$$\begin{array}{ll}\min & f(x_1,x_2,\cdots,x_n)\\ \text{s.t.} & g_i(x_1,x_2,\cdots,x_n)\geqslant 0,\quad i=1,2,\cdots,m\end{array} \tag{6.6}$$

其中, f 和 $g_i(i=1,2,\cdots,m)$ 中至少有一个是 $x_1,x_2,\cdots,x_n$ 的非线性函数.

模型 (6.6) 的向量形式为

$$\begin{array}{ll}\min & f(x)\\ \text{s.t.} & g(x)\geqslant 0\end{array} \tag{6.7}$$

其中, $g(x)=(g_1(x),g_2(x),\cdots,g_m(x))^{\mathrm{T}}$ 为向量函数.

如果 x 满足 $g_i(x)\geqslant 0\ (i=1,2,\cdots,m)$ (或 $g(x)\geqslant 0$), 则称 x 为模型 (6.6) (或 (6.7)) 的可行解; 而称 $\Omega=\{x\,|g_i(x)\geqslant 0,i=1,2,\cdots,m\}$ (或 $\Omega=\{x\,|g(x)\geqslant 0\}$) 为模型 (6.6)(或 (6.7)) 的可行域.

例 6.5 (生产计划模型 (3)) 假设用甲、乙、丙三种有限资源生产 A, B, C, D 四种产品, 产品的资源消耗定额及资源的有限供应量如表 6.5 所示.

假定 A, B, C, D 四种产品价格随产量的扩大而递减, 其需求函数分别为

$$p_1=11-0.01x_1,\quad p_2=12-0.02x_2,\quad p_3=13-0.03x_3,\quad p_4=14-0.04x_4$$

试确定四种产品的产量, 以使总收益最大.

表 6.5 产品的消耗定额与资源供应量

消耗定额 产品 / 资源	A	B	C	D	资源可供应量
甲	1	2	3	2	200
乙	7	9	8	1	300
丙	3	0	1	7	400

模型建立与求解 (1) 决策变量 设 A, B, C, D 四种产品的产量分别为 x_1,x_2, x_3 和 x_4;

(2) 目标函数 决策的目标是使总收益最大, 目标函数

$$
\begin{aligned}
& z(x_1, x_2, x_3, x_4) \\
= & p_1x_1 + p_2x_2 + p_3x_3 + p_4x_4 \\
= & x_1(11 - 0.01x_1) + x_2(12 - 0.02x_2) + x_3(13 - 0.03x_3) + x_4(14 - 0.04x_4) \\
= & (11x_1 + 12x_2 + 13x_3 + 14x_4) - (0.01x_1^2 + 0.02x_2^2 + 0.03x_3^2 + 0.04x_4^2)
\end{aligned}
$$

式中, 第一项表示不变价格下的总收益、第二项表示需要扣除的因价格变动造成的收益值, 目标函数为决策变量的非线性函数.

(3) 约束条件 决策变量需满足非负性及甲、乙、丙三种资源的限制, 即

$$x_1 + 2x_2 + 3x_3 + 2x_4 \leqslant 200$$

$$7x_1 + 9x_2 + 8x_3 + x_4 \leqslant 300$$

$$3x_1 + x_3 + 7x_4 \leqslant 400$$

(4) 非线性规划模型

$$
\begin{aligned}
\max \quad & z = (11x_1 + 12x_2 + 13x_3 + 14x_4) \\
& \quad -(0.01x_1^2 + 0.02x_2^2 + 0.03x_3^2 + 0.04x_4^2) \\
\text{s.t.} \quad & x_1 + 2x_2 + 3x_3 + 2x_4 \leqslant 200 \\
& 7x_1 + 9x_2 + 8x_3 + x_4 \leqslant 300 \\
& 3x_1 + x_3 + 7x_4 \leqslant 400 \\
& x_j \geqslant 0, \quad j = 1, 2, 3, 4
\end{aligned}
$$

上述模型适当地考虑了价格的可变部分对总收益的影响, 较之线性规划模型更能真实地反映问题的实质, 即在实际经济活动中产量规模对价格的影响常常是一个不可忽略的重要因素.

(5) 模型求解 利用 LINGO 软件来求解此非线性规划模型.

打开 LINGO 执行文件, 编程如下:

```
Model:
max=11*x1+12*x2+13*x3+14*x4-x5;
x5=0.01*(x1*x1+2*x2*x2+3*x3*x3+4*x4*x4);
x1+2*x2+3*x3+2*x4≤200;
7*x1+9*x2+8*x3+x4≤300;
3*x1+x3+7*x4≤400;
end
```

选择菜单 “Solve” 进行求解, 得到最优解 $x_1=0$, $x_2=6.9$, $x_3=23$, $x_4=53.86$ (x_5 是中间变量) 及最优值 $z=1003.01$.

例 6.6 工程造价问题 假定要建造容积为 1500 m^3 的长方形仓库, 已知每平方米墙壁、屋顶和地面的造价分别为 4 元、6 元和 12 元, 基于美学考虑要求宽度应为高度的 2 倍. 试建立使造价最省的数学模型.

模型建立与求解 (1) 决策变量 设仓库的宽、高、长分别为 x_1,x_2,x_3 (单位: m)(图 6.1).

(2) 目标函数 决策的目标是使总造价最小, 目标函数为

$$\begin{aligned} z &= 4\times 2(x_1x_2+x_2x_3)+6x_1x_3+12x_1x_3 \\ &= 8x_2(x_1+x_3)+18x_1x_3 \end{aligned}$$

(3) 约束条件 决策变量要满足非负性及建造容积与美学的要求, 即

$$x_1x_2x_3-1500=0, \quad x_1-2x_2=0$$

(4) 非线性规划模型

$$\begin{aligned} \min \quad & z=8x_2(x_1+x_3)+18x_1x_3 \\ \text{s.t.} \quad & x_1x_2x_3-1500=0 \\ & x_1-2x_2=0 \\ & x_1,x_2,x_3\geqslant 0 \end{aligned}$$

(5) 模型求解 用 LINGO 软件求解, 得到设计方案为: 仓库的宽 $x_1=7.73$(m)、高 $x_2=3.86$(m)、长 $x_3=50.23$(m), 最小造价 $z=1003.01$(元).

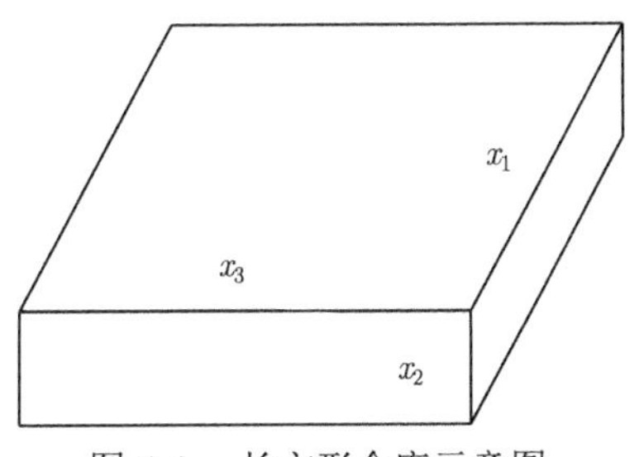

图 6.1 长方形仓库示意图

例 6.7 (经营计划问题) 某公司经营两种设备, 假设每种设备的单位售价以及售出单位设备所需的营业时间及该公司在某段时间内的总营业时间均见表 6.6 (表中 x 为第二种设备的售出数量), 建立营业额最大的营业计划模型.

表 6.6　经营计划的数据

设备	I	II	公司可使用营业时间/小时
单位售价/元	30	450	800
售出单位设备所需的营业时间/小时	0.5	$2+0.25x$	

模型建立与求解　(1) 决策变量　设两种设备的售出量分别为 x_1,x_2.

(2) 目标函数　决策的目标是使公司营业额最大, 则目标函数为

$$z=30x_1+450x_2$$

(3) 约束条件　决策变量应受非负性及公司营业时间的限制, 即

$$0.5x_1+(2+0.25x_2)x_2\leqslant 800$$

(4) 非线性规划模型

$$\begin{aligned}\max\quad & z=30x_1+450x_2\\ \text{s.t.}\quad & 0.5x_1+(2+0.25x_2)x_2\leqslant 800\\ & x_1\geqslant 0,\quad x_2\geqslant 0\end{aligned}$$

(5) 模型求解　用 LINGO 软件求解, 得到两种设备的售出数量分别为 $x_1=1495.5, x_2=11$, 最大营业额 $z=49815$(元).

例 6.8　两杆平面桁架设计问题　设两杆平面桁架如图 6.2 所示, 杆件是在 A 点铰支的钢管. 设钢管壁厚度为 h, 跨度为 $2b$. 试选择钢管的平均直径 D 和桁架高度 H, 使杆件在 A 点受到垂直负荷载 $2P$ 时既不屈服又不失平稳, 而且桁架的总重量最轻.

模型建立　(1) 决策变量　钢管的平均直径 D 与桁架高度 H;

(2) 目标函数　决策目标桁架的总重量最轻, 即目标函数为桁架的总重量

$$W=2\pi\rho Dh(b^2+H^2)^{\frac{1}{2}}$$

其中, ρ 为钢的容重;

(3) 约束条件　选择适当的钢管, 要保证桁架不屈服和保持平衡.

首先, 由于制造上的原因, D 与 H 应有最大值及最小值的限制, 即

$$D_{\min}\leqslant D\leqslant D_{\max},\quad H_{\min}\leqslant H\leqslant H_{\max}$$

其次, 还应有一些物理上的限制, 包括

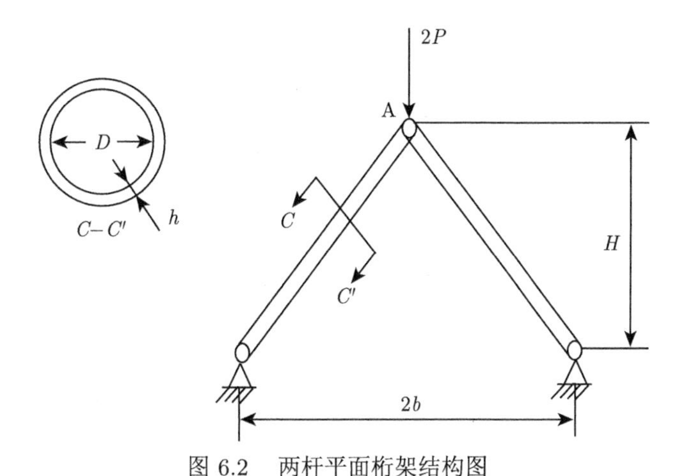

图 6.2 两杆平面桁架结构图

① 圆管杆件中的压应力不超过压杆稳定的临界应力, 即

$$\frac{P(b^2+H^2)^{\frac{1}{2}}}{\pi DhH} \leqslant \frac{\pi^2 E(D^2+h^2)}{8(b^2+H^2)}$$

其中, E 为材料的弹性模量.

② 圆管杆件中的压应力不超过材料的屈服应力 σ_y, 即

$$\frac{P(b^2+H^2)^{\frac{1}{2}}}{\pi DhH} \leqslant \sigma_y$$

(4) 非线性规划模型

$$\begin{aligned}
\min \quad & W = 2\pi\rho Dh(b^2+H^2)^{\frac{1}{2}} \\
\text{s.t.} \quad & \frac{P(b^2+H^2)^{\frac{1}{2}}}{\pi DhH} \leqslant \frac{\pi^2 E(D^2+h^2)}{8(b^2+H^2)} \\
& \frac{P(b^2+H^2)^{\frac{1}{2}}}{\pi DhH} \leqslant \sigma_y \\
& D_{\min} \leqslant D \leqslant D_{\max}, \quad H_{\min} \leqslant H \leqslant H_{\max}
\end{aligned}$$

如果给定相关参数, 则可对问题进行求解.

6.3 整数规划模型

在数学规划模型中, 如果其部分决策变量或全部决策变量要求取整数时, 就称该数学规划模型为整数规划模型. 整数规划模型可分为整数线性规划模型与整数非线性规划模型, 又可分为整数规划模型 (全部决策变量均取整数)、混合整数规划模型 (部分决策变量取整数) 及 0-1 整数规划模型 (决策变量取 0 或 1).

整数规划模型的一般形式

$$\begin{aligned} \min \quad & f(x_1, x_2, \cdots, x_n) \\ \text{s.t.} \quad & g_i(x_1, x_2, \cdots, x_n) \geqslant 0, \quad i = 1, 2, \cdots, m \\ & x_j \geqslant 0, \quad j = 1, 2, \cdots, n \\ & x_j \text{为整数}, \quad j = 1, 2, \cdots, n \end{aligned} \tag{6.8}$$

当 f 和 g_i $(i = 1, 2, \cdots, m)$ 均是线性函数时, 我们称模型 (6.8) 为整数线性规划模型; 当 f 和 g_i $(i = 1, 2, \cdots, m)$ 中至少有一个是非线性函数时, 称模型 (6.8) 为整数非线性规划模型. 若模型 (6.8) 中的决策变量 x_j $(j = 1, 2, \cdots, n)$ 只能取 0 或 1, 则称其为 0-1 整数规划模型.

对整数规划模型的求解有分支定界法、割平面法、分解法、动态规划法等, 目前一些数学软件 (如 MABLAB, LINGO, LINDO 等) 中也提供了很多求解算法 (程序), 也可直接利用软件求解.

例 6.9 (运输规划模型 (3)) 某航空公司为满足客运量日益增长的需要, 欲购置一批新的远程、中程及短程客机. 客机价格为远程客机 6700 万元/架、中程客机 5000 万元/架、短程客机 3500 万元/架, 估计年净利润为远程客机 420 万元/架、中程客机 300 万元/架、短程客机 230 万元/架. 该公司现有资金 7.5 亿元可用于购买客机, 现有熟练驾驶员可用来配备 30 架新飞机. 此外, 公司维修设备足以维修新增加 40 架新的短程客机, 每架中程客机的维修量相当于 4/3 架短程客机, 而每架远程客机的维修量相当于 5/3 架短程客机. 为获取最大利润, 该公司应购买各类客机多少架?

模型建立与求解 (1) 决策变量 设购买远程、中程、短程客机的数量分别为 x_1, x_2 和 x_3 架.

(2) 目标函数 决策目标是使公司利润最大, 即目标函数为

$$z = 420x_1 + 300x_2 + 230x_3$$

(3) 约束条件 决策变量除为非负整数外, 还受现有资金、驾驶员、维修设备等约束.

① 现有资金约束 $6700x_1 + 5000x_2 + 3500x_3 \leqslant 75000$;

② 现有熟练驾驶员约束 $x_1 + x_2 + x_3 \leqslant 30$;

③ 维修设备约束 $\frac{5}{3}x_1 + \frac{4}{3}x_2 + x_3 \leqslant 40$.

(4) 整数线性规划模型

$$\begin{aligned}
\max \quad & z = 420x_1 + 300x_2 + 230x_3 \\
\text{s.t.} \quad & 6700x_1 + 5000x_2 + 3500x_3 \leqslant 75000 \\
& x_1 + x_2 + x_3 \leqslant 30 \\
& \frac{5}{3}x_1 + \frac{4}{3}x_2 + x_3 \leqslant 40 \\
& x_1, x_2, x_3 \geqslant 0 \\
& x_1, x_2, x_3 \text{ 均为整数}
\end{aligned}$$

(5) 模型求解　用 LINDO 软件求解, 得到最优解为 $x_1 = 0, x_2 = 1, x_3 = 20$, 最优值为 $z = 4900$, 即该公司应购买远程、中程、短程客机的数量分别为 10 架、1 架、20 架, 最大利润 4900 万元.

例 6.10 (生产计划模型 (4))　一汽车厂生产小、中、大三种类型的汽车, 已知各类型每辆车对钢材、劳动时间的需求、利润以及每月工厂钢材、劳动时间的现有量如表 6.7 所示. 试制订月生产计划, 使工厂的利润最大.

表 6.7　汽车厂的生产数据

	小型	中型	大型	现有量
钢材/吨	1.5	3	5	600
劳动时间/小时	280	250	400	60000
利润/万元	2	3	4	

进一步讨论: 由于各种条件限制, 如果生产某一类型汽车, 则至少要生产 80 辆, 那么最优的生产计划应做何改变.

模型建立与求解　(1) 决策变量　设每月生产小、中、大型汽车的数量分别为 x_1, x_2, x_3.

(2) 目标函数　决策目标是工厂的月利润最大, 即目标函数为

$$z = 2x_1 + 3x_2 + 4x_3$$

(3) 约束条件　决策变量受非负性约束及钢材、劳动时间的限制:

① 钢材的限制 $1.5x_1 + 3x_2 + 5x_3 \leqslant 600$;

② 劳动时间的限制 $280x_1 + 250x_2 + 400x_3 \leqslant 60000$.

(4) 整数规划模型

$$\begin{aligned}
\max \quad & z = 2x_1 + 3x_2 + 4x_3 \\
\text{s.t.} \quad & 1.5x_1 + 3x_2 + 5x_3 \leqslant 600 \\
& 280x_1 + 250x_2 + 400x_3 \leqslant 60000 \\
& x_1, x_2, x_3 \geqslant 0 \text{ 且为整数}
\end{aligned}$$

(5) 模型求解 用 LINDO 软件求解, 得最优解为 $x_1 = 64, x_2 = 168, x_3 = 0$, 最优值为 $z = 632$, 即月生产计划为生产小型车 64 辆、中型车 168 辆, 不生产大型车.

(6) 进一步讨论 对于问题中提出的 "如果生产某一类型汽车, 则至少要生产 80 辆" 限制, 显然上面得到的最优解不满足这个条件. 基于原问题的整数规划模型, 将非负约束条件改为 $x_1, x_2, x_3 = 0$ 或 $\geqslant 80$.

于是, 得到新的线性整数规划模型

$$\begin{aligned}
\max \quad & z = 2x_1 + 3x_2 + 4x_3 \\
\text{s.t.} \quad & 1.5x_1 + 3x_2 + 5x_3 \leqslant 600 \\
& 280x_1 + 250x_2 + 400x_3 \leqslant 60000 \\
& x_1, x_2, x_3 = 0 \text{ 或 } \geqslant 80 \\
& x_1, x_2, x_3 \text{ 均为整数}
\end{aligned}$$

但此模型不能直接用 LINDO 求解, 因为约束条件 "$x_1, x_2, x_3 = 0$ 或 $\geqslant 80$" 的存在. 必须将模型变成能求解的等价形式, 下面给出求解模型的三种方法.

方法 1: 将模型分解为多个子模型.

约束条件 "$x_1, x_2, x_3 = 0$ 或 $\geqslant 80$" 可分解为八种情况:

$$\begin{array}{llll}
x_1 = 0, & x_2 = 0, & x_3 \geqslant 80 & ① \\
x_1 = 0, & x_2 \geqslant 80, & x_3 = 0 & ② \\
x_1 = 0, & x_2 \geqslant 80, & x_3 \geqslant 80 & ③ \\
x_1 \geqslant 80, & x_2 = 0, & x_3 = 0 & ④ \\
x_1 \geqslant 80, & x_2 \geqslant 80, & x_3 = 0 & ⑤ \\
x_1 \geqslant 80, & x_2 = 0, & x_3 \geqslant 80 & ⑥ \\
x_1 \geqslant 80, & x_2 \geqslant 80, & x_3 \geqslant 80 & ⑦ \\
x_1 = 0, & x_2 = 0, & x_3 = 0 & ⑧
\end{array}$$

式 ⑧ 显然不可能是问题的解; 式③和⑦不满足原问题约束, 也不可能是问题的解. 对其他五个子模型逐一求解, 比较目标函数值, 可知最优解在情形⑤得到 $x_1 = 80, x_2 = 150, x_3 = 0$, 最优值 $z = 610$.

方法 2: 引入 0-1 变量, 将模型化为含 0-1 变量的整数规划模型.

设 y_1 为 0-1 变量, 则 "$x_1 = 0$ 或 $\geqslant 80$" 等价于

$$x_1 \leqslant My_1, \quad x_1 \geqslant 80y_1, \quad y_1 \in \{0, 1\}$$

其中, M 为相当大的正数, 本例可取 1000 (x_1 不可能超过 1000). 类似地, 有 "$x_2 = 0$ 或 $\geqslant 80$" 和 "$x_3 = 0$ 或 $\geqslant 80$" 等价于

$$x_2 \leqslant My_2, \quad x_2 \geqslant 80y_2, \quad y_2 \in \{0,1\}$$

$$x_3 \leqslant My_3, \quad x_3 \geqslant 80y_3, \quad y_3 \in \{0,1\}$$

于是, 将原问题中的约束条件 “$x_1, x_2, x_3 = 0$ 或 $\geqslant 80$” 用上述三式替代, 就得到了一个特殊的整数规划模型 (既有一般的整数变量, 又有 0-1 整数变量), 用 LINDO 求解, 得到与第一种方法得到同样的结果.

方法 3: 化为非线性规划条件 “$x_1, x_2, x_3 = 0$ 或 $\geqslant 80$” 可表示为

$$\begin{aligned} &x_1(x_1-80) \geqslant 0, \quad x_1 \geqslant 0 \\ &x_2(x_2-80) \geqslant 0, \quad x_2 \geqslant 0 \\ &x_3(x_3-80) \geqslant 0, \quad x_3 \geqslant 0 \end{aligned}$$

将原问题中的约束条件 “$x_1, x_2, x_3 = 0$ 或 $\geqslant 80$” 用上述三式 (加上整数约束) 代替, 构成整数非线性规划模型

$$\begin{aligned} \max \quad & z = 2x_1 + 3x_2 + 4x_3 \\ \text{s.t.} \quad & 1.5x_1 + 3x_2 + 5x_3 \leqslant 600 \\ & 280x_1 + 250x_2 + 400x_3 \leqslant 60000 \\ & x_1(x_1-80) \geqslant 0 \\ & x_2(x_2-80) \geqslant 0 \\ & x_3(x_3-80) \geqslant 0 \\ & x_1, x_2, x_3 \geqslant 0 \text{ 且为整数} \end{aligned}$$

此模型是一个整数非线性规划模型, 用 LINDO 软件求解, 得到的结果与前面解法的结果一致.

注 实际上, 用 LINDO 软件求解非线性规划问题往往得到是局部最优解, 其结果常依赖初值的选择, 一般地仅当初值非常接近全局最优解时, 才能得到正确的结果. 这一点要引起注意.

例 6.11 (合理下料问题) 某钢管零售商从钢管厂家进货, 再将钢管原料按照顾客的要求切割后售出, 从钢管厂进货时得到的原料钢管都是 19m.

(1) 假设某客户需要 50 根 4m、20 根 6m 和 15 根 8m 的钢管, 应如何下料最节省?

(2) 进一步, 如果零售商采用的不同切割模式太多, 将会导致生产过程的复杂化, 从而增加生产和管理成本, 所以该零售商规定采用的不同切割模式不能超过三种. 同时, 该客户除需要上述三种钢管外, 还需要 10 根 5m 的钢管. 此时应如何下料最节省?

问题 (1) 的求解

问题分析 首先, 应当确定哪些切割模式是可行的. 所谓一个切割模式, 是指按照客户需要在原料钢管上安排切割的一种组合. 例如, 我们可以将 19m 的钢管切割成 3 根 4m 的钢管、余料为 7m, 或者切割成 4m, 6m 和 8m 的钢管各 1 根、余料为 1m. 显然, 可行的切割模式是很多的.

其次, 应当确定哪些切割模式是合理的. 通常假设一个合理的切割模式的余料不应该大于或等于客户需要的钢管的最小尺寸. 例如: 将 19m 的钢管切割成 3 根 4m 的钢管是可行的, 但余料为 7m 显然不合理, 因为可以将 7m 的余料再切割成 4m 钢管 1 根 (余料为 3m) 或者 6m 钢管 1 根 (余料为 1m). 在这种合理性假设下, 切割模式一共有 7 种, 如表 6.8 所示.

表 6.8 钢管下料的合理切割模式

	4m 钢管根数	6m 钢管根数	8m 钢管根数	余料/m
模式 1	4	0	0	3
模式 2	3	1	0	1
模式 3	2	0	1	3
模式 4	1	2	0	3
模式 5	1	1	1	1
模式 6	0	3	0	1
模式 7	0	0	2	3

如此, 问题转化为在满足客户需要的条件下, 按照哪些合理的模式、切割多少根原料钢管最为节省? 而所谓节省, 可以有两种标准: 一是切割后剩余的总余料量最小; 二是切割原料钢管的总根数最少. 下面将对这两个目标分别讨论.

模型建立 (1) 决策变量 用 x_i 表示按第 i 种模式 $(i=1,2,\cdots,7)$ 切割的原料钢管根数.

(2) 目标函数 决策目标是使下料最节省.

① 若以切割后剩余的总余料量最少为目标, 则目标函数

$$z_1 = 3x_1 + x_2 + 3x_3 + 3x_4 + x_5 + x_6 + 3x_7$$

② 若以切割原料钢管的总根数最少为目标, 则目标函数

$$z_2 = x_1 + x_2 + x_3 + x_4 + x_5 + x_6 + x_7$$

(3) 约束条件 决策变量除应满足非负整数外还应满足客户需求, 即

$$4x_1 + 3x_2 + 2x_3 + x_4 + x_5 \geqslant 50$$

$$x_2 + 2x_4 + x_5 + 3x_6 \geqslant 20$$

$$x_3 + x_5 + 2x_7 \geqslant 15$$

(4) 线性整数规划模型.

模型 (I)

$$\begin{aligned}
\max \quad & z_1 = 3x_1 + x_2 + 3x_3 + 3x_4 + x_5 + x_6 + 3x_7 \\
\text{s.t.} \quad & 4x_1 + 3x_2 + 2x_3 + x_4 + x_5 \geqslant 50 \\
& x_2 + 2x_4 + x_5 + 3x_6 \geqslant 20 \\
& x_3 + x_5 + 2x_7 \geqslant 15 \\
& x_1, x_2, x_3 \geqslant 0 \text{ 且为整数}
\end{aligned}$$

模型 (II)

$$\begin{aligned}
\max \quad & z_2 = x_1 + x_2 + x_3 + x_4 + x_5 + x_6 + x_7 \\
\text{s.t.} \quad & 4x_1 + 3x_2 + 2x_3 + x_4 + x_5 \geqslant 50 \\
& x_2 + 2x_4 + x_5 + 3x_6 \geqslant 20 \\
& x_3 + x_5 + 2x_7 \geqslant 15 \\
& x_1, x_2, x_3 \geqslant 0 \text{ 且为整数}
\end{aligned}$$

(5) 模型求解　用 LINDO 软件求解.

模型 (I) 的最优解为: $x_2 = 12$, $x_5 = 15$, 其余变量均为零, 最优值为 $z_1 = 27$.

下料方式 (I): 按照模式 2 切割 12 根原料钢管、按照模式 5 切割 15 根原料钢管, 共 27 根, 总余料量 27m. 显然, 在总余料量最小的目标下, 最优解将是使用余料尽可能小的切割模式 (模式 2 和模式 5 的余料均为 1m), 这会导致切割原料钢管的总根数较多.

模型 (II) 的最优解为 $x_2 = 15, x_5 = 5, x_7 = 5$, 其余变量均为零, 最优值为 $z_2 = 25$.

下料方式 (II): 按照模式 2 切割 15 根原料钢管、按模式 5 切割 5 根、按模式 7 切割 5 根, 共 25 根, 总余料量为 35m. 与上面得到的结果相比, 总余料量增加了 8m, 但是所用的原料钢管的总根数减少了 2 根. 在余料没有什么用途的情况下, 通常会选择总根数最少的为目标.

问题 (2) 的求解

问题分析　按照问题 (1) 的思路, 可以通过枚举法首先确定哪些切割模式是可行的. 但由于需求的钢管规格增加到四种, 所以枚举法的工作量较大. 下面介绍的整数非线性规划模型, 可以同时确定切割模式和切割计划, 是带有普遍性的方法. 同问题 (1) 类似, 一个合理的切割模式的余料应该小于客户需要钢管的最小尺寸, 切割计划中只使用合理的切割模式. 由于本题中参数都是整数, 所以合理的切割模式的余量不能大于 3m. 我们仅选择总根数最少的为目标进行求解.

模型建立　(1) 决策变量　用 x_i 表示按照第 i 种模式 ($i=1,2,3$) 切割的原料钢管的根数 (因为不同切割模式不能超过三种), 均是非负整数; 第 i 种切割模式下每根原料钢管生产 4m, 5m, 6m 和 8m 的钢管数量分别为 r_{1i}, r_{2i}, r_{3i} 和 r_{4i} 均为非负整数.

(2) 目标函数　决策目标是使切割原料钢管的总根数最少, 即目标函数

$$z = x_1 + x_2 + x_3$$

(3) 约束条件　决策变量应满足客户需求并使切割可行合理.

满足客户需求:

$$\begin{aligned}
&r_{11}x_1 + r_{12}x_2 + r_{13}x_3 \geqslant 50, \quad r_{21}x_1 + r_{22}x_2 + r_{23}x_3 \geqslant 10 \\
&r_{31}x_1 + r_{32}x_2 + r_{33}x_3 \geqslant 20, \quad r_{41}x_1 + r_{42}x_2 + r_{43}x_3 \geqslant 15
\end{aligned}$$

切割模式可行、合理:

$$\begin{aligned}
16 \leqslant 4r_{11} + 5r_{21} + 6r_{31} + 8r_{41} \leqslant 19 \\
16 \leqslant 4r_{12} + 5r_{22} + 6r_{32} + 8r_{42} \leqslant 19 \\
16 \leqslant 4r_{13} + 5r_{23} + 6r_{33} + 8r_{43} \leqslant 19
\end{aligned}$$

(4) 整数非线性规划模型

$$\begin{aligned}
\max \quad & z = x_1 + x_2 + x_3 \\
\text{s.t.} \quad & r_{11}x_1 + r_{12}x_2 + r_{13}x_3 \geqslant 50 \\
& r_{21}x_1 + r_{22}x_2 + r_{23}x_3 \geqslant 10 \\
& r_{31}x_1 + r_{32}x_2 + r_{33}x_3 \geqslant 20 \\
& r_{41}x_1 + r_{42}x_2 + r_{43}x_3 \geqslant 15 \\
& 16 \leqslant 4r_{11} + 5r_{21} + 6r_{31} + 8r_{41} \leqslant 19 \\
& 16 \leqslant 4r_{12} + 5r_{22} + 6r_{32} + 8r_{42} \leqslant 19 \\
& 16 \leqslant 4r_{13} + 5r_{23} + 6r_{33} + 8r_{43} \leqslant 19 \\
& x_1, x_2, x_3 \geqslant 0 \text{ 且为非负整数}
\end{aligned}$$

(5) 模型求解　用 LINGO 软件求解. 为了减少运行时间, 可以增加一些显然的约束条件, 从而缩小可行解的搜索范围.

一方面, 由于三种切割模式的排列顺序是无关紧要的, 所以不妨增加约束:

$$x_1 \geqslant x_2 \geqslant x_3$$

另一方面, 所需原料钢管的总根数有着明显的上界和下界. 首先, 无论如何, 原料钢管的总根数不可能少于

$$\frac{4 \times 50 + 5 \times 10 + 6 \times 20 + 8 \times 15}{19} \approx 26$$

其中, $[x]$ 表示 “向上取整函数 ceil(x)”. 其次, 考虑一种特殊的下料方式: 第一种切割模式下只生产 4m 钢管, 一根原料钢管切割成 4 根 4m 钢管, 为满足 50 根 4m 钢管的需求, 需要 13 根原料钢管; 第二种切割模式下只生产 5m、6m 钢管, 一根原料钢管切割成 1 根 5m 钢管和 2 根 6m 钢管, 为满足 10 根 5m 和 20 根 6m 钢管的需求, 需要 10 根原料钢管; 第三种切割模式下只生产 8m 钢管, 一根原料钢管切割成 2 根 8m 钢管, 为满足 15 根 8m 钢管的需求, 需要 8 根原料钢管. 于是满足要求的这种生产计划共需 31 根原料钢管, 这就得到了最优解的一个上界. 所以可增加约束:

$$26 \leqslant x_1 + x_2 + x_3 \leqslant 31$$

针对原模型及新增加的约束条件, 利用 LINGO 软件求得最优解为 $x_1 = 10$, $x_2 = 10$, $x_3 = 8$, $r_{11} = 3, r_{12} = 2, r_{13} = 0, r_{21} = 0, r_{22} = 1, r_{23} = 0, r_{31} = 1, r_{32} = 1, r_{33} = 0, r_{41} = 0, r_{42} = 0, r_{43} = 1$, 最优值 $z = 28$.

下料方式: 按照模式 1, 2, 3 分别切割 10, 10, 8 根原料钢管, 使用原料钢管总根数 28 根. 第一种切割模式下一根原料钢管切割成 3 根 4m 钢管和 1 根 6m 钢管; 第二种切割模式下一根原料钢管切割成 2 根 4m 钢管、1 根 5m 钢管和 1 根 6m 钢管; 第三种切割模式下一根原料钢管切割成 2 根 8m 钢管.

6.4 多目标规划模型

在生产、经济、科学和工程活动中经常需要对多个目标的方案、计划和设计等进行好坏判断, 例如, 选择新厂的厂址, 除了要考虑运费、造价、燃料供应费等经济指标外, 还要考虑对环境的污染等社会因素, 只有对各种因素的指标进行综合衡量后才能做出合理的决策. 这就是多目标规划解决的问题.

假定有 l 个目标 $f_i(x)$, $x \in \mathbf{R}^n$, $i = 1, 2, \cdots, l$ 要同时考察, 并要求都越大 (或越小) 越好, 其中决策变量 x 受一定的约束, 不妨设其满足条件

$$g_j(x_1, x_2, \cdots, x_n) \geqslant 0, \quad j = 1, 2, \cdots, m$$

于是, 多目标规划的数学模型 (以目标最大化为例) 为

$$\begin{aligned} \max \quad & f_i(x), \quad i=1,2,\cdots,l \\ \text{s.t.} \quad & g_j(x_1,x_2,\cdots,x_n) \geqslant 0, \quad j=1,2,\cdots,m \end{aligned} \tag{6.9}$$

若记 $F(x)=(f_1(x),f_2(x),\cdots,f_l(x))^{\mathrm{T}}$, $G(x)=(g_1(x),g_2(x),\cdots,g_m(x))^{\mathrm{T}}$, 则多目标规划的一般模型 (以目标最大化为例) 为

$$\begin{aligned} & V-\max F(x) \\ & \text{s.t. } G(x) \geqslant 0, \quad x \in \mathbf{R}^n \end{aligned} \tag{6.10}$$

其中, $G(x) \geqslant 0$ 当且仅当 $g_j(x) \geqslant 0, j=1,2,\cdots,m$. $S=\{x: G(x) \geqslant 0, x \in \mathbf{R}^n\}$ 称为模型 (6.9)(或 (6.10)) 的可行域.

若每一个函数 $f_i(x)$ 和 $g_j(x)$ 都是 x 的线性函数, 则称 (6.9)(或 (6.10)) 为多目标线性规划模型, 否则为多目标非线性规划模型. 类似地, 有多目标整数规划模型、多目标 0-1 规划模型、多目标混合规划模型等. 对于多目标规划模型 (6.9)(或 (6.10)), $x^* \in S$ 称为 "最优解" (也称非劣解或有效解), 若不存在 $x \in S$ 使得 $F(x) \geqslant F(x^*)$; $x^* \in S$ 称为 "弱最优解" (也称弱非劣解或弱有效解), 若不存在 $x \in S$ 使得 $F(x) > F(x^*)$.

例 6.12 设 $f_1(x)=2x-x^2, f_2(x)=\dfrac{1}{8}(-12x^2+36x-15)$, $S=[0,2]$, 求解 $V-\max\limits_{x \in S} F(x)$.

首先画出两个目标函数的图形, 如图 6.3 所示. 可见, 本问题没有绝对的最优解 (使两个目标函数同时达到最大), 但对目标 $f_1(x)$, 其最优解是 $x^{(1)}=1$; 对目标 $f_2(x)$, 其最优解是 $x^{(2)}=1.5$. 因此, 易于验证任意 $x \in [1,1.5]$ 都是问题的 "最优解", 即非劣解或有效解.

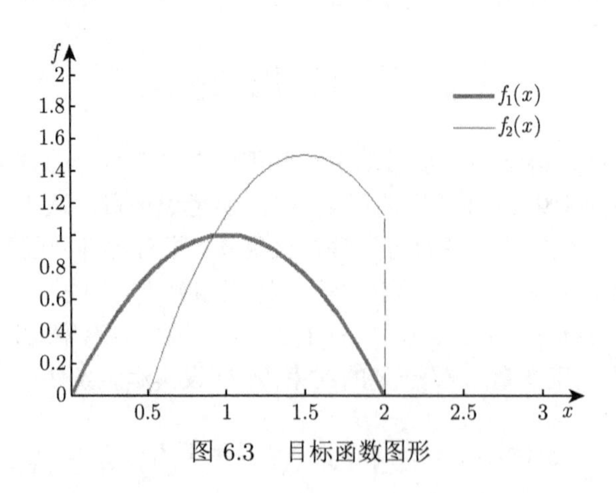

图 6.3 目标函数图形

例 6.13 设函数

$$f_1(x) = -3x_1 + 2x_2, \quad f_2(x) = 4x_1 + 3x_2$$

$$S = \{x = (x_1, x_2)^{\mathrm{T}} : -2x_1 - 3x_2 + 18 \geqslant 0, \ -2x_1 - x_2 + 10 \geqslant 0, x_1 \geqslant 0, x_2 \geqslant 0\}$$

求解 $V - \max\limits_{x \in S} F(x)$.

首先画出问题的可行域 S, 如图 6.4 所示.

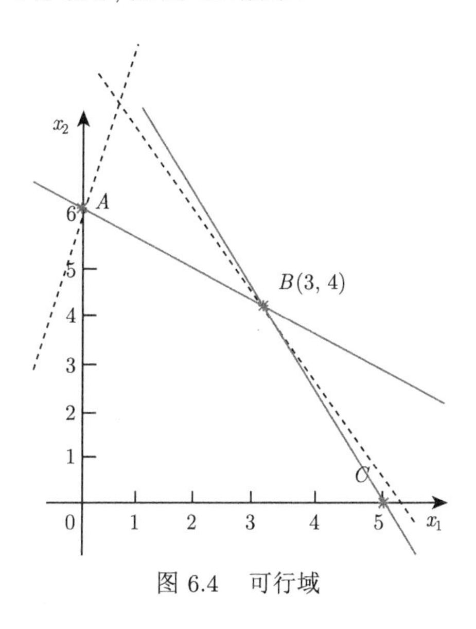

图 6.4 可行域

对目标 $f_1(x)$, 其最优解是 $x^{(1)} = (0, 6)$, 在 A 点; 对目标 $f_2(x)$, 其最优解是 $x^{(2)} = (3, 4)$, 在 B 点. 因此, 易于验证 AB 线段上任意一点都是问题的 "最优解". 但 AB 线段上任意点都不是绝对的最优解 (使两个目标函数同时达到最大).

以上两个例子均是简单的多目标规划问题, 例 6.12 的目标函数为二次函数、可行域为一区间, 例 6.13 的目标函数为线性函数、可行域为一平面区域. 我们看到, 要求多个目标同时实现最大 (或最小) 往往很难, 而且多数情况是不存在的. 有所失才能有所得, 因此求解多目标规划的 "最优解" 一般有两种方法: 一是直接求 "非劣解"(如前两例); 二是转化为单目标规划问题求解给出原问题的近似解, 且第二种方法又有多种方法可以转化.

(1) 主要目标法, 即解决主要问题, 并兼顾其他要求. 假设 l 个目标中以目标 $f_{i_0}(x)$ 为主要目标, 要求其最大, 而对其他目标要求满足一定的约束限制即可. 模型为

$$
\begin{aligned}
\max \quad & f_{i_0}(x) \\
\text{s.t.} \quad & G(x) \geqslant 0 \\
& f_i' \leqslant f_i(x) \leqslant f_i'',\ i=1,2,\cdots,l,\ i \neq i_0 \\
& x \in \mathbf{R}^n
\end{aligned} \tag{6.11}
$$

其中, $f_i' \leqslant f_i(x) \leqslant f_i''$, $i \neq i_0$ 是对其他目标的约束限制, 且 f_i', f_i'' 为已知.

(2) 线性加权法. 兼顾各个目标, 并通过权重体现各个目标的重要程度. 令 $U(x)=\sum_{i=1}^{l}\lambda_i f_i(x)$, $\lambda_i \geqslant 0, \sum_{i=1}^{l}\lambda_i = 1$, 模型为

$$
\begin{aligned}
\max \quad & U(x) \\
\text{s.t.} \quad & G(x) \geqslant 0, x \in \mathbf{R}^n
\end{aligned} \tag{6.12}
$$

其中, 权系数 λ_i 有几种特定选法, 如 $\lambda_i = 1/f_i^0$, $f_i^0 = \max\limits_{x\in S} f_i(x)$.

(3) 理想点法. 先对每个目标 $f_i(x)$ 分别求其最优值, 即求 $f_i^0 = \max\limits_{x\in S} f_i(x)$, 然后使每个目标都尽量接近其理想点. 令 $F^0 = (f_1^0, f_2^0, \cdots, f_l^0)^{\mathrm{T}}$, 模型为

$$
\begin{aligned}
\min \quad & ||F(x) - F^0||_* \\
\text{s.t.} \quad & G(x) \geqslant 0, \quad x \in \mathbf{R}^n
\end{aligned} \tag{6.13}
$$

其中, $||\cdot||_*$ 表示某一向量范数.

例 6.14　投资的收益和风险问题　市场上有 n 种资产 (如股票、债券等) $S_i(i=1,2,\cdots,n)$ 供投资者选择. 某公司有数额为 M 的一笔相当大的资金可用作一个时期的投资. 公司财务分析人员对这 n 种资产进行了评估, 估算出在这一时期内购买 S_i 的平均收益率为 r_i, 并预测出购买 S_i 的风险损失率为 q_i. 考虑到投资越分散总的风险越小, 公司决定当用这笔资金购买若干种资产时, 总体风险可用所投资的 S_i 中最大的一个风险来度量.

购买 S_i 要付交易费, 费率为 p_i, 并且当购买额不超过给定值 u_i 时, 交易费按购买 u_i 计算 (不买当然无须付费). 另外, 假定同期银行存款利率是 r_0 ($r_0 = 5\%$), 且既无交易费又无风险. 已知 $n=4$ 时的相关数据如表 6.9.

表 6.9　投资项目及相关信息

S_i	$r_i/\%$	$q_i/\%$	$p_i/\%$	$u_i/\%$
S_1	28	2.5	1	103
S_2	21	1.5	2	198
S_3	25	5.5	4.5	52
S_4	25	2.6	6.5	40

试给该公司设计一种投资组合方案, 即用给定的资金 M, 有选择地购买若干种资产或存银行生息, 使净收益尽可能大, 而总体风险尽可能小.

模型假设 (1) 问题中所给利率均为年利率, 投资期也是一年;

(2) 公司资金 M 全部用于投资或存入银行, 利润在周期末实现;

(3) 风险投资率意指投资到期后若风险发生则损失额占投资额的百分比;

(4) 投资的总体风险用所投资的项目中风险最大的一个风险来度量;

(5) 用 C 表示总收益, x_i 表示对第 i 种投资项目的投资额, Q 表示总体风险.

模型建立 我们需要考虑的问题是使投资所获得的收益尽量大, 且投资所承担的风险尽量小, 因此是两目标问题, 目标函数分别为

$$C=\sum_{i=0}^{n}(1+r_i)x_i-M \quad 和 \quad Q=\max_{0\leqslant i\leqslant n} q_ix_i$$

因此, 多目标规划模型为

$$\begin{aligned} &\max \quad C=\sum_{i=0}^{n}(1+r_i)x_i-M \\ &\min \quad Q=\max_{1\leqslant i\leqslant n} q_ix_i \end{aligned} \tag{a}$$

$$\begin{aligned} \text{s.t.} \quad & \sum_{i=0}^{n}(x_i+e_i)=M \\ & x_i\geqslant 0, \quad i=0,1,2,\cdots,n \end{aligned}$$

其中, $e_i=\begin{cases} 0, & x_i=0, \\ p_iu_i, & 0<x_i\leqslant u_i, \\ p_ix_i, & x_i>u_i \end{cases}$ 表示第 i 种投资项目的交易费.

模型转化 (1) 将多目标转化为单目标. 先将第二个目标转化为求最大化, 即 $\max(-Q)=-\max\limits_{0\leqslant i\leqslant n} q_ix_i$; 再引入加权系数 λ, 满足 $0\leqslant\lambda\leqslant 1$, 令 $F=\lambda C+(1-\lambda)Q$, 转化为单目标优化

$$\max\left\{\lambda\left(\sum_{i=0}^{n}(1+r_i)\,x_i-M\right)-(1-\lambda)\max_{0\leqslant i\leqslant n} q_ix_i\right\} \tag{b}$$

约束条件不变.

(2) 将非线性规划模型转化为线性规划模型. 先将目标函数线性化, 只需将 Q 设置为变量并增加约束条件

$$Q \geqslant q_i x_i, \quad i = 0, 1, 2, \cdots, n$$

即可将目标函数 (b) 化为

$$\max \left\{ \lambda \left(\sum_{i=0}^{n} (1 + r_i) x_i - M \right) - (1 - \lambda) Q \right\} \tag{c}$$

再将原有约束条件线性化, 由于 e_i 为非线性函数 (阶跃且分段函数), 又由于投资额一般不会在 0 与 1 之间, 所以引入一条陡峭函数 (斜率为 $p_i u_i$): $p_i u_i x_i$, $0 < x_i < 1$. 考虑

$$e_i' = p_i u_i \min(x_i, 1) + p_i \max(x_i, u_i) - p_i u_i$$

易见此时

$$e_i' = \begin{cases} 0, & x_i = 0 \\ p_i u_i x_i, & 0 < x_i < 1 \\ p_i u_i, & 1 \leqslant x_i \leqslant u_i \\ p_i x_i, & x_i > u_i \end{cases}$$

令 $s_i = 1 - \min(x_i, 1)$, $t_i = \max(x_i, u_i) - u_i$, 则

$$\begin{aligned} & e_i' = -p_i u_i s_i + p_i t_i + p_i u_i \\ & \min(x_i, 1) \leqslant x_i, \quad \min(x_i, 1) \leqslant 1, \quad s_i \geqslant 0, \quad s_i + x_i \geqslant 1 \\ & \max(x_i, u_i) \geqslant x_i, \quad \max(x_i, u_i) \geqslant u_i, \quad t_i \geqslant 0, \quad x_i - t_i \leqslant u_i \end{aligned}$$

于是得新的单目标线性规划模型

$$\max \left\{ \lambda \left(\sum_{i=0}^{n} (1 + r_i) x_i - M \right) - (1 - \lambda) Q \right\} \tag{d}$$

$$\text{s.t.} \quad \begin{aligned} & x_0 + \sum_{i=1}^{n} (x_i - p_i u_i s_i + p_i t_i) = M - \sum_{i=1}^{n} p_i u_i \\ & s_i + x_i \geqslant 1 \\ & x_i - t_i \leqslant u_i \\ & q_i x_i - Q \leqslant 0 \\ & x_i, s_i, t_i, Q \geqslant 0 \end{aligned}$$

在上述约束条件线性化过程中, 增加了 $2n$ 个变量和 $2n$ 个约束条件, 这无疑增加了问题的复杂度. 如果我们认为 $x_i > u_i$ 恒成立, 则 $e_i = p_i x_i$, 于是模型简化为

$$\max\left\{\lambda\left(\sum_{i=0}^{n}(1+r_i)x_i - M\right) - (1-\lambda)Q\right\} \tag{e}$$

$$\begin{aligned}\text{s.t.}\quad & x_0 + \sum_{i=1}^{n}(1+p_i) = M \\ & q_i x_i - Q \leqslant 0 \\ & x_i, Q \geqslant 0\end{aligned}$$

这是一个简单的单目标线性规划模型.

模型求解　设定 $M = 10000$, $\lambda = 0.077$ (这一值较小, 表明投资者对风险持一种乐观态度), 基于表 6.9 解模型 (e) 得最优解和最优值:

$$x_1 = 2373.9,\quad x_2 = 3967.2,\quad x_3 = 1076.7,\quad x_4 = 2282.3$$

$$Q = 59.34,\quad F = 2016.14$$

上述模型可以推广于更一般的情形. 此外, 我们可以通过对不同的 λ 值的计算分析模型对投资者的风险态度 λ 的敏感程度.

思 考 题 6

6.1　要从宽度分别为 3 m 和 5 m 的 B_1 型和 B_2 型两种标准卷纸中, 沿着卷纸伸长的方向切割出宽度分别为 1.5 m, 2.1 m 和 2.7 m 的 A_1 型、A_2 型和 A_3 型三种卷纸 3000 m, 10000 m 和 6000 m. 问如何切割才能使耗费的标准卷纸的面积最少.

6.2　某厂生产 A，B 两种产品, 分别由四台机床加工, 加工顺序任意, 在一个生产期内, 各机床的有效工作时数, 各产品在各机床的加工时数等参数如表 6.10.

表 6.10　各机床加工效率与有效工作时数

加工时数 \ 机床 产品	甲	乙	丙	丁	单价/(百元/件)
A	2	1	4	0	2
B	2	2	0	1	3
有效加工时数/小时	240	200	180	140	

(1) 求收入最大的生产方案.

(2) 若引进新产品 C, 每件在机床甲、乙、丙、丁的加工时间分别是 3, 2, 4, 3 小时, 问 C 的单价多少时才宜投产？当 C 的单价为 4 (百元/件) 时, 求 C 投产后的生产方案.

(3) 为提高产品质量, 增加机床戊的精加工工序, 其参数如表 6.11. 问应如何安排生产.

表 6.11　机床戊的加工效率与有效工作时数

产品	A	B	有效时数/小时
精加工时间/小时	2	2.4	248

6.3　某银行经理计划用一笔资金进行有价证券的投资, 可供购进的证券及其信用等级、到期年限、收益如表 6.12 所示. 按照规定, 市政证券的收益可以免税, 其他证券的收益需按 50%的税率纳税. 此外还有以下限制:

(1) 政府及代办机构的证券总共至少要购进 400 万元;

(2) 所购证券的平均信用等级不超过 1.4 (信用等级数字越小, 信用程度越高);

(3) 所购证券的平均到期年限不超过 5 年.

表 6.12　投资收益参数

证券名称	证券种类	信用等级	到期年限	到期税前收益/%
A	市政	2	9	4.3
B	代办机构	2	15	5.4
C	政府	1	4	5.0
D	政府	1	3	4.4
E	市政	5	2	4.5

试解答下列问题:

(1) 若该经理有 1000 万元资金, 应如何投资？

(2) 如果能够以 2.75%的利率借到不超过 100 万元资金, 该经理应如何操作？

(3) 在 1000 万元资金情况下, 若证券 A 的税前收益增加为 4.5%, 投资是否改变？若证券 C 的税前收益减少为 4.8%, 投资是否改变？

6.4　某储蓄所每天的营业时间是上午 9 : 00 到下午 5 : 00. 根据经验, 每天不同时间段所需要的服务员数量如表 6.13.

表 6.13　各时间段所需服务员数

时间段	9:00~10:00	10:00~11:00	11:00~12:00	12:00~1:00	1:00~2:00	2:00~3:00	3:00~4:00	4:00~5:00
服务员数量	4	3	4	6	5	6	8	8

储蓄所可以雇佣全时和半时两类服务员. 全时服务员每天报酬 100 元, 从上午 9: 00 到下午 5: 00 工作, 但中午 12: 00 到下午 2: 00 之间必须安排 1 小时的

午餐时间. 储蓄所每天可以雇佣不超过 3 名的半时服务员, 每个半时服务员必须连续工作 4 小时, 报酬 40 元. 问该储蓄所应如何雇佣全时和半时两类服务员? 如果不能雇佣半时服务员, 每天至少增加多少费用? 如果雇佣半时服务员的数量没有限制, 每天可以减少多少费用?

6.5 一家保姆服务公司专门向雇主提供保姆服务. 根据估计, 下一年的需求是: 春季 6000 人日, 夏季 7500 人日, 秋季 5500 人日, 冬季 9000 人日. 公司新招聘的保姆必须经过 5 天的培训才能上岗, 每个保姆每季度工作 (新保姆包括培训) 65 天. 保姆从该公司而不是从雇主那里得到报酬, 每人每月工资 800 元. 春季开始时公司拥有 120 名保姆, 在每个季度结束后, 将有 15%的保姆自动离职.

(1) 如果公司不允许解雇保姆, 请你为公司制订下一年的招聘计划, 哪些季度需求的增加不影响招聘计划? 可以增加多少?

(2) 如果公司在每个季度结束后允许解雇保姆, 请为公司制定下一年的招聘计划.

6.6 某钢管零售商从钢管厂进货, 将钢管按照顾客的要求切割后售出. 从钢管厂进货时得到的原料钢管长度都是 1850 mm. 现有一客户需要 15 根 290 mm、28 根 315 mm、21 根 350 mm 和 30 根 455 mm 的钢管. 为了简化生产过程, 规定所使用的切割模式的种类不能超过 4 种, 使用频率最高的一种切割模式按照一根原料钢管价值的 1/10 增加费用, 使用频率次之的切割模式按照一根原料钢管价值的 2/10 增加费用, 以此类推, 且每种切割模式下的切割次数不能太多 (一根原料钢管最多生产 5 根产品). 此外, 为了减少余料浪费, 每种切割模式下的余料浪费不能超过 100 mm. 为了使总费用最小, 应如何下料?

6.7 有 4 名同学到一家公司参加三个阶段的面试: 公司要求每个同学都必须首先找公司秘书初试, 然后到部门主管处复试, 最后到经理处参加面试, 并且不允许插队 (即任何一个阶段 4 名同学的顺序是一样的). 由于 4 名同学的专业背景不同, 所以每人在三个阶段的面试时间也不同, 如表 6.14 所示 (单位: 分钟) .

表 6.14 学生各阶段面试的时间

	秘书初试	主管复试	经理面试
同学甲	13	15	20
同学乙	10	20	18
同学丙	20	16	10
同学丁	8	10	15

这 4 名同学约定他们全部面试完以后一起离开公司. 假定现在时间是早晨 8: 00, 问他们最早何时能离开公司?

6.8 某些工业部门采用截断切割的加工方式 (指将长方体沿切割平面分成两

部分), 从长方体内加工出一个已知尺寸、位置预定的长方体 (这两个长方体的对应表面平行). 水平切割单位面积的费用是垂直方向的 r 倍, 且先后两次垂直切割的平面 (不管它们是否穿插水平切割) 不平行时需费用 e. 现需要设计每个面加工次序, 使总费用最小. 要求如下: ① 需考虑的不同切割方式总数. ② 给出上述问题的数学模型和求解方法. ③ 试对如下准则做出评价: 每次选择一个加工费用最少的待切割面进行切割. ④ 对 $e=0$ 的情形有无简明的优化准则. ⑤ 就情形

待加工长方体　长 10cm, 宽 14.5cm, 高 19cm.
成品长方体　长 3cm, 宽 2cm, 高 4cm.
对应面距离　左侧面 6cm, 正面 7cm, 底面 9cm.
r 和 e 的规定
a　$r=1, e=0$;
b　$r=1.5, e=0$;
c　$r=8, e=0$;
d　$r=1.5, 2< e <15$.

进行计算, 要求对 d 组求出所有最优解, 并讨论.

6.9　要铺设一条 $A_1 \to A_2 \to \cdots \to A_{15}$ 的输送天然气的主管道, 如图 6.5 所示. 经筛选后可以生产这种主管道钢管的钢厂有 $S_1, S_2, \cdots, S_7$. 图中粗线表示铁路, 单细线表示公路, 双细线表示要铺设的管道 (假设沿管道或者原来有公路, 或者建有施工公路), 圆圈表示火车站, 每段铁路、公路和管道旁的阿拉伯数字表示里程 (单位: km). 为方便计, 1km 主管道钢管称为 1 单位钢管. 一个钢厂如果承担制造这种钢管, 至少需要生产 500 个单位. 钢厂 S_i 在指定期限内能生产该钢管的最大数量为 s_i 个单位, 钢管出厂销价为 1 单位钢管 p_i 万元, 如表 6.15.

表 6.15　钢管销售价格与数量的关系

i	1	2	3	4	5	6	7
s_i	800	800	1000	2000	2000	2000	3000
p_i	160	155	155	160	155	150	160

钢管的铁路运价如表 6.16, 1000km 以上每增加 1km 至 100km 运价增加 5 万元.

表 6.16　每单位钢管的铁路运价

里程/km	⩽ 300	301～350	351～400	401～450	451～500
运价/万元	20	23	26	29	32
里程/km	501～600	601～700	701～800	801～900	901～1000
运价/万元	37	44	50	55	60

公路运输费用为 1 单位钢管每千米 0.1 万元 (不足整千米部分按整千米计算). 钢管可由铁路、公路运往铺设地点 (不只是运到点 $A_1, A_2, \cdots, A_{15}$, 而是管道全线).

(1) 请制订一个主管道钢管订购和运输计划, 使总费用最小.

(2) 请对 (1) 的模型分析: 哪个钢厂钢管的销价的变化对购运计划和总费用影响最大, 哪个钢厂钢管的产量上限的变化对购运计划和总费用的影响最大, 并给出相应的数值结果.

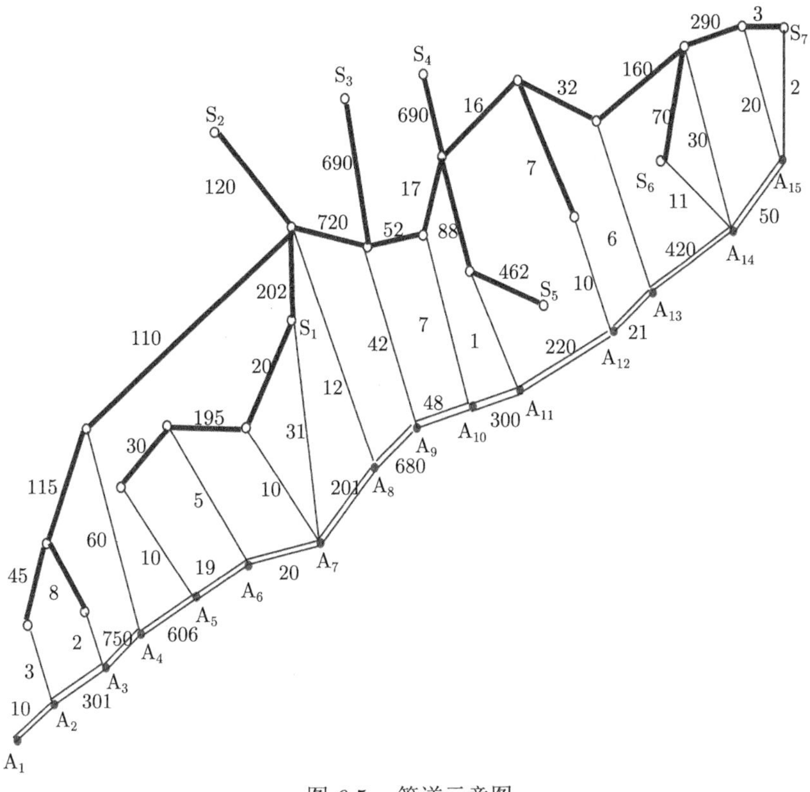

图 6.5　管道示意图

第 7 章　数据处理模型

很多数学建模方法是数据驱动的, 因此, 数据的准备和处理是数据建模的基础. 本章对数据准备过程中涉及的数据预处理、数据统计方法和数据降维方法进行介绍.

7.1　数据预处理

数据缺失是数据科学家在处理数据时经常遇到的问题. 数学建模中的数据基本都来自生产、生活、商业活动中的实际数据, 在现实世界中, 各种原因导致数据总是有这样或那样的问题. 我们采集到的数据往往存在缺失某些重要数据、重复值、不正确、含有噪声或不一致等问题. 也就是说, 数据质量的三个要素即准确性、完整性和一致性较差. 导致不正确的数据 (即具有不正确的属性值) 可能有多种原因, 如收集数据的设备可能出故障; 输入错误数据; 当用户不希望提交个人信息时, 可能故意向强制输入字段输入不正确的值, 这称为被掩盖的缺失数据. 也可能由于技术的限制, 在数据传输中出现错误. 因此, 在使用之前需要进行数据预处理, 使数据质量更好.

数据预处理没有标准的流程, 通常根据不同的任务和数据集属性而不同. 数据预处理的常用流程为去除唯一属性、缺失值处理、属性编码、数据标准化、正则化、特征选择和降维.

7.1.1　缺失值处理

对于缺失值的处理, 不同的情况处理方法也不同, 总的来说, 缺失值处理可概括为删除法和插补法 (或称填充法) 两大类.

1. 删除法

删除法是对缺失值进行处理的最原始方法, 它将存在缺失值的记录删除. 如果数据缺失可以通过简单删除小部分样本来达到目标, 那么这个方法是最有效的. 由于删除了非缺失信息, 所以损失了样本量, 进而削弱了数据的统计功效. 当样本很大而缺失值所占比例较少 ($< 5\%$) 时就可以考虑使用删除法.

2. 插补法

插补法的思想来源是以最可能的值来插补缺失值, 相比全部删除不完全样本所产生的信息丢失要少. 在数据建模中, 面对的通常是大型的数据库, 它的属性有几十个甚至几百个, 因为一个属性值的缺失而放弃大量的其他属性值, 这种删除是对信息的极大浪费, 所以产生了以可能值对缺失值进行插补的思想和方法. 常用的缺失值补全方法有均值插补、同类均值插补、回归插补和极大似然估计等.

1) 均值插补

如果样本属性的距离是可度量的, 则使用该属性有效值的平均值来插补缺失的值; 如果的距离是不可度量的, 则使用该属性有效值的众数 (即出现频率最高的值) 来插补缺失的值.

2) 同类均值插补

首先将样本进行分类, 然后以该类中样本的均值来插补缺失值.

3) 回归插补

利用第 8 章介绍的线性或者非线性回归模型对某个变量的缺失数据进行插补. 图 7.1 给出了回归插补、均值插补、中值插补等几种插补方法的示意图. 从图 7.1 中可以看出, 采用不同的插补法, 插补的数据略有不同, 还需要根据数据的规律选择相应的插补方法.

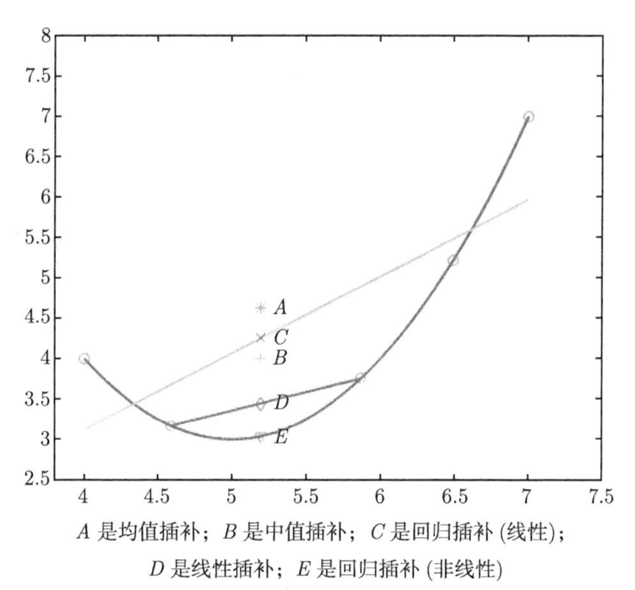

A 是均值插补; B 是中值插补; C 是回归插补 (线性);

D 是线性插补; E 是回归插补 (非线性)

图 7.1 几种常用的插补法缺失值处理方式示意图

4) 极大似然估计

在缺失类型为随机缺失的条件下, 假设模型对于完整的样本是正确的, 那么通过观测数据的边际分布可以对未知参数进行极大似然估计. 这种方法也被称为忽略缺失值的极大似然估计, 极大似然的参数估计在实际中常采用的计算方法是

期望值最大化 (expectation maximization, EM). 该方法比删除个案和均值插补更有吸引力, 它有一个重要前提: 适用于大样本. 有效样本的数量足够以保证 ML 估计值是渐近无偏的并服从正态分布. 但是这种方法可能会陷入局部极值, 收敛速度也不是很快, 并且计算很复杂.

EM 算法是一种在不完全数据情况下计算极大似然估计或者后验分布的迭代算法. 在每一迭代循环过程中交替执行两个步骤: E 步 (expectation step, 期望步), 在给定完全数据和前一次迭代所得到的参数估计的情况下计算完全数据对应的对数似然函数的条件期望; M 步 (maximization step, 极大化步), 用极大化对数似然函数以确定参数的值, 并用于下一步的迭代. 算法在 E 步和 M 步之间不断迭代直至收敛, 即两次迭代之间的参数变化小于一个预先给定的阈值时结束. 该方法可能会陷入局部极值, 收敛速度也不是很快, 并且计算很复杂.

无论是简单的线性回归模型还是深度神经网络模型, 预测都取决于我们提供的数据. 因此, 必须谨慎处理整个过程中最无聊的数据预处理步骤.

7.1.2 噪声过滤

噪声 (noise) 主要指数据中存在的随机误差. 噪声数据的存在是正常的, 但会影响变量真值的反映, 所以有时需要对噪声数据进行过滤. 目前, 常用的噪声过滤方法有回归法、均值平均法、离散点分析及小波过滤法.

1. 回归法

回归法是用一个函数拟合数据来光滑数据. 线性回归可以得到两个属性 (或变量) 的 "最佳" 直线, 使得一个属性可以用来预测另一个. 多元线性回归是线性回归的扩充, 其中涉及的属性多于两个. 回归法首先依赖于对数据趋势的判断, 所以往往需要先对数据进行可视化, 判断数据的趋势及规律, 然后再确定是否可以用回归法进行去噪.

2. 均值平均法

均值平均法是指对于具有序列特征的变量用邻近的若干数据的均值来替换原始数据的方法.

3. 离群点分析法

离群点分析法是通过聚类等方法来检测离群点, 并将其删除, 从而实现去噪的方法. 直观上, 落在簇集合之外的值被视为离群点.

4. 小波过滤法 (小波去噪)

在数学上, 小波去噪问题的本质是一个函数逼近问题, 即如何在由小波母函数伸缩和平移所展成的函数空间中, 根据提出的衡量准则, 寻找对原信号的最佳逼近, 以完成原信号和噪声信号的区分; 也就是寻找从实际信号空间到小波函数空间的最佳映射, 以便得到原信号的最佳恢复. 从信号学的角度看, 小波去噪是一个信号滤波的问题, 尽管在很大程度上小波去噪可以看成是低通滤波, 但是由于在去噪后还能成功地保留信号特征, 所以在这一点上又优于传统的低通滤波器. 由此可见, 小波去噪实际上是特征提取和低通滤波功能的综合.

7.1.3 数据变换

数据变换是指将数据从一种表示形式变为另一种表现形式的过程. 常用的数据变换方法是数据标准化、离散化和语义转换.

1. 标准化

数据标准化即对数据进行规范化处理, 以便于后续的信息挖掘. 常见的数据变换包括 0-1 标准化 (min-max 标准化)、Z 标准化 (Z-Score 变换)、对数变换和 Box-Cox 变换等.

1) 0-1 标准化

0-1 标准化是对原始数据的线性变换, 使结果落到 [0,1] 区间内, 转换函数如下:

$$x^* = \frac{x - x_{\min}}{x_{\max} - x_{\min}}$$

式中, $x_{\max}$ 为样本数据的最大值, $x_{\min}$ 为样本数据的最小值. 但是这种方法有一个致命的缺点, 就是其容易受到异常值的影响, 一个异常值可能会将变换后的数据变为偏左或者是偏右的分布, 因此在做最大最小标准化之前一定要去除相应的异常值才行. 此外, 就是当有新的数据加入时, 可能导致 $x_{\max}$ 和 $x_{\min}$ 的变化, 需要重新定义.

2) Z 标准化

Z 标准化还叫标准差标准化, 经过处理的数据符合标准正态分布, 即均值为 0, 标准差为 1, 也是最为常用的标准化方法. 其转换函数如下:

$$x^* = \frac{x - \mu}{\sigma} \tag{7.1}$$

式中, μ 为所有样本数据的均值, σ 为所有样本数据的标准差.

3) 对数变换

对数变换能够缩小数据的绝对范围, 取乘法操作相当于对数变换后的加法操作, 其转换函数如下:

$$x^* = \log(x)$$

4) Box-Cox 变换

Box-Cox 变换是统计建模中常用的数据变换方法, 用于连续的响应变量不满足正态分布的情况. Box-Cox 变换之后, 可以在一定程度上减小不可观测的误差和预测变量的相关性.

$$x^*(\lambda) = \begin{cases} \dfrac{x^\lambda - 1}{\lambda}, & \lambda \neq 0 \\ \ln x, & \lambda = 0 \end{cases}$$

从上面的式子中能够看出 Box-Cox 变换最终的形式是由 λ 所决定的:

(1) 当 $\lambda = 0$ 时, Box-Cox 变换为对数变换;

(2) 当 $\lambda = -1$ 时, Box-Cox 变换与倒数变换等价;

(3) 当 $\lambda = 1/2$ 时, Box-Cox 变换与平方变换等价.

2. 离散化

离散化是指把连续性数据切分为若干 "段", 也称 bin, 是数据分析中常用的手段. 数据建模方法, 特别是某些分类算法, 要求数据是分类属性形式. 这样, 常需要将连续属性变换为分类属性 (离散化). 此外, 如果一个分类属性具有大量不同值 (类别), 或者某些值出现不频繁, 则对于某些数据建模任务, 通过合并某些值而减少类别的数目.

数据的离散化通常是将连续变量的定义域根据需要按照一定的规则划分为几个区间, 同时对每个区间用一个符号来代替. 比如, 我们在定义好坏股票时, 就可以用数据离散化的方法来刻画股票的好坏. 如果以当天的涨幅这个属性来定义股票的好坏标准, 将股票分为 5 类 (非常好、好、一般、差、非常差), 且每类用 1~5 来表示, 我们就可以用表 7.1 所示的方式将股票的涨幅这个属性进行离散化. 离散化处理不免要损失一部分信息. 很显然, 对连续性数据进行分段后, 同一个段内的观测点之间的差异便消失了, 所以是否进行离散化还需要根据业务、算法等因素的需求进行综合考虑.

表 7.1　变量离散化方法

区间	标准	类别
[7, 10]	非常好	5
[2, 7)	好	4
[−2, 2)	一般	3
[−7, −2)	差	2
[−10, −7)	非常差	1

3. 语义转换

对于某些属性, 其属性值是由字符型构成的, 比如, 如果上面这个属性为 "股票类别", 其构成元素是 {非常好、好、一般、差、非常差}, 则对于这种变量, 在数据建模过程中, 非常不方便, 且会占用更多的计算资源. 所以通常用整数型数据来表示原始的属性值含义, 如可以用 {1, 2, 3, 4, 5} 来同步替换原来的属性值, 从而完成这个属性的语义转换.

7.2 数据统计模型

对数据进行统计是从定量的角度去探索数据, 也是最基本的数据探索方式, 其主要目的是了解数据的基本特征. 此时, 虽然所用的方法同数据质量分析阶段相似, 但其立足点的重点不同, 这时主要应关注数据从统计学上反映的特征, 以便我们更好地认识这些将要被挖掘的数据.

这里需要两个基本的统计概念: 总体和样本. 从统计学的角度, 统计的任务是由样本推断总体. 从数据探索的角度, 通常我们是由样本推断总体的数据特征.

7.2.1 基本描述性统计

假设有一个容量为 n 的样本, 记作 $x = (x_1, x_2, \cdots, x_n)$, 需要对它进行一定的加工, 才能提出有用的信息. 统计量就是加工出来的反映样本数量特征的函数, 它不含任何未知量.

下面介绍几种常用的统计量.

1. 表示集中趋势的统计量: 算术平均值和中位数

算术平均值 (简称均值) 描述数据取值的平均位置, 记作 $\overline{x}$, 数学表达式为

$$\mu = \frac{1}{n}\sum_{i=1}^{n} x_i$$

中位数 $m_{0.5}$ 是将数据由小到大排序后位于中间位置的那个数值. 中位数可用于描述非正态分布数据 (对数正态分布除外), 以及总体分布不清楚的数据. 在全部观察中, 小于或者大于中位数的观察值个数相等. 其计算方法包括直接法和频数表法.

直接法 将观察值由小到大排列. 如果观察值有偶数个, 通常取最中间的两个数值的平均数作为中位数. 设将 $x_1, x_2, \cdots, x_n$ 从小到大排序后的结果为

$$x_{(1)}, x_{(2)}, \cdots, x_{(n)}$$

则当 n 为奇数时, $m_{0.5} = x_{((n+1)/2)}$; 当 n 为偶数时, $m_{0.5} = \dfrac{x_{(n/2)} + x_{(n/2+1)}}{2}$.

频数表法 用于频率表资料数据.

计算步骤是: 计算 $\frac{n}{2}$ 的大小, 并按做分组段由小到大计算累计频数和累计频率, 如表 7.2 所示第 3、4 列; 确定中位数所在组段, 累计频数中大于 $\frac{n}{2}$ 的最小数值所在的组段即为中位数所在的组段, 或累计频率大于 50%的最小频率所在的组段即为中位数所在组段; 最后, 按式 (7.2) 求中位数.

$$m_{0.5} = L + \frac{i}{f_m}\left(\frac{n}{2} - \sum_{l<L} f_l\right) \tag{7.2}$$

式中, L, i, f_m 分别为中位数所在组段的下限、组距和频数; $\sum\limits_{l<L} f_l$ 为小于 L 的各组段的累计频数.

MATLAB 中, mean(x) 返回 x 的均值, median(x) 返回 x 的中位数.

例 7.1　由表 7.2 计算中位数 $m_{0.5}$.

表 7.2　199 名负伤寒患者潜伏期

潜伏期/小时	人数 f	累计频数 $\sum f$	累计频率/%
[0,12)	30	30	15.1
[12,24)	71	101	50.8
[24,36)	49	150	75.4
[36,48)	28	178	89.4
[48,60)	14	192	96.5
[60,72)	6	198	99.5
[72,84)	1	199	100.0
合计	199		

本例 $n = 199$, 根据表 7.2 第 2 列数据, 自上而下计算累计频数及累计频率, 见第 3、4 列, $n/2 = 99.5$, 由第 3 列知, 101 是累计频数中大于 99.5 的最小值, 或由第 4 列知, 50.8%是大于 50%的最小的累计频率, 故中位数 $m_{0.5}$ 在 "12~24" 组段内, 将相应的 $L, i, f_m, \sum\limits_{l<L} f_l$ 代入式 (7.2), 求得中位数 $m_{0.5}$.

$$m_{0.5} = L + \frac{i}{f_m}\left(\frac{n}{2} - \sum_{l<L} f_l\right) = 12 + \frac{12}{71}(199 \times 50 \ - 30) = 23.75(\text{小时})$$

2. 表示数据离散趋势的统计量: 标准差、方差和极差

标准差 σ 定义为

$$\sigma = \left[\frac{1}{n-1}\sum_{i=1}^{n}(x_i - \overline{x})^2\right]^{\frac{1}{2}}$$

它是各个数据与均值偏离程度的度量, 这种偏离不妨称为变异.

方差 σ^2 是标准差的平方.

极差是 $x=(x_1,x_2,\cdots,x_n)$ 的最大值与最小值之差.

MATLAB 中, std(x) 返回 x 的标准差, vax(x) 返回方差, range(x) 返回极差.

注意, 标准差的定义中, 前面被 $n-1$ 除, 主要是出于对无偏估计的要求. 若需要改为被 n 除, 则可用 MATLAB 中的 std(x,1) 和 var(x,1) 来实现.

3. 表示分布形状的统计量: 偏度和峰度

偏度 (skewness) 反映随机变量概率分布的不对称性. 公式为

$$S=\frac{1}{n}\sum_{i=1}^{n}\left(\frac{x_i-\mu}{\sigma}\right)^3$$

其中 μ 是均值, σ 是标准差. 偏度的取值范围为 $(-\infty,+\infty)$, 当偏度 $S>0$ 时, 概率分布图右偏, 此时位于均值右边的数据比位于左边的数据多; 当偏度 $S<0$ 时, 该理发分布图左偏; 当 S 接近 0 时, 则表示数据相对均匀地分布在平均值测量, 不一定是绝对的对称分布, 但可认为分布是对称的.

图 7.2(a) 显示正态分布的数据, 正态分布数据的偏度相对较小. 通过沿这一正态分布数据直方图的中间绘制一条线, 可以很容易地看到两侧互相构成镜像. 但是, 没有偏度并不表示一定具有正态性. 在图 7.2(b) 显示的分布中, 两侧依然互相构成镜像, 但这些数据完全不是正态分布. 图 7.3 和图 7.4 分别显示了偏斜分布图. 图 7.3 的正偏斜或右偏斜的数据之所以这样命名, 是因为分布的 "尾部" 指向右侧, 而且它的偏度值大于 0 (或为正数). 薪金数据通常按这种方式偏斜: 一家公司中许多员工的薪金相对较低, 而少数人员的薪金则非常高. 图 7.4 的左偏斜或负偏斜的数据之所以这样命名, 是因为分布的 "尾部" 指向左侧, 而且它产生负数偏度值. 故障率数据通常就是左偏斜的. 以灯泡为例: 极少数灯泡会立即就烧坏, 大部分灯泡都会持续相当长的时间.

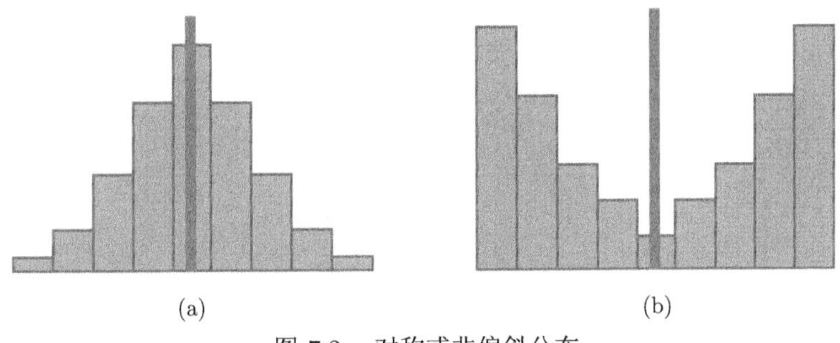

图 7.2 对称或非偏斜分布

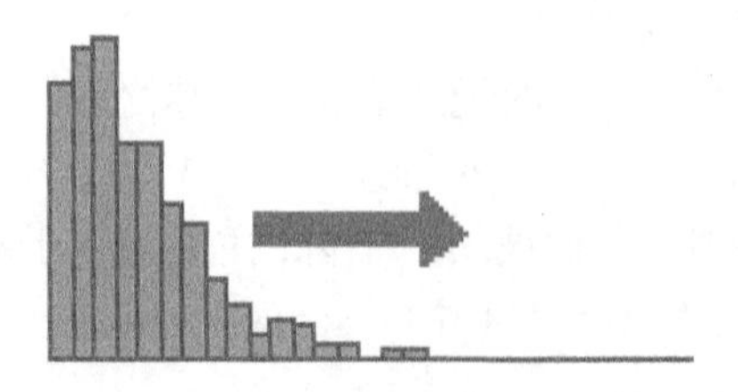

图 7.3　正偏斜分布

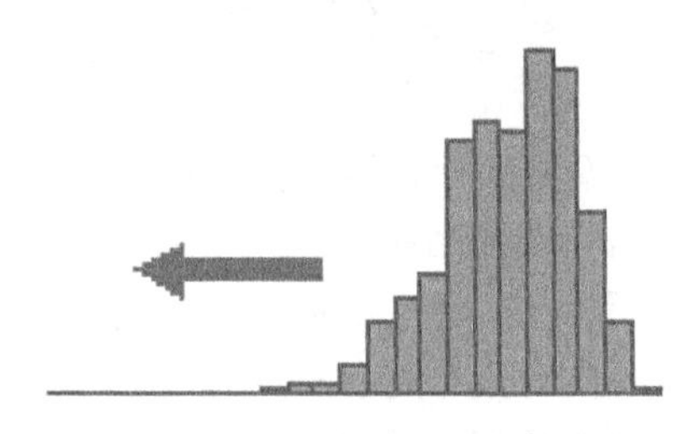

图 7.4　负偏斜分布

峰度 (kurtosis) 可以用来度量随机变量概率分布的陡峭程度. 公式为

$$K = \frac{1}{n}\sum_{i=1}^{n}\left(\frac{x_i - \mu}{\sigma}\right)^4$$

其中 μ 是均值, σ 是标准差. 峰度的取值范围为 $[1,+\infty)$, 完全服从正态分布的数据的峰度值为 3, 峰度值越大, 概率分布图越高尖; 峰度值越小, 越矮胖. 通常我们将峰度值减去 3, 也被称为超值峰度 (excess kurtosis), 这样正态分布的峰度值等于 0, 当峰度值大于 0 时, 则表示该数据分布与正态分布相比较为高尖; 当峰度值小于 0 时, 则表示该数据分布与正态分布相比较为矮胖. 图 7.5 所示为完全服从

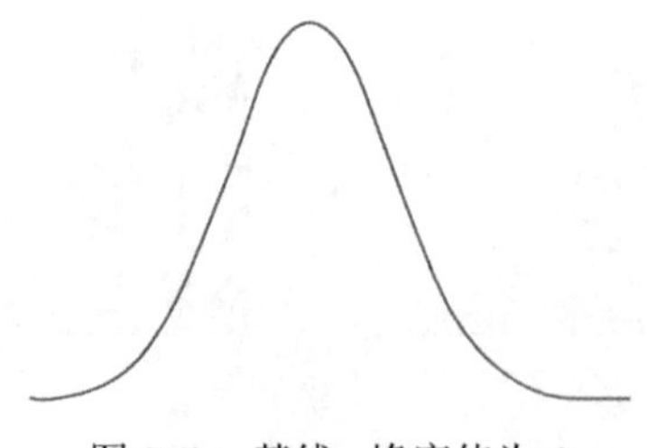

图 7.5　基线: 峰度值为 0

正态分布的数据, 峰度值为 0. 正态分布的数据为峰度建立了基准. 如果样本的峰度值显著偏离 0, 则表明数据不服从正态分布. 图 7.6 中虚线数据为具有正峰度值的分布, 相比于正态分布, 该分布有更重的尾部. 例如, 服从 t 分布的数据具有正峰度值. 实线表示正态分布, 虚线表示具有正峰度值的分布. 图 7.7 中虚线数据为具有负峰度值的分布, 相比于正态分布, 该分布有更轻的尾部. 例如, 服从 Beta 分布 (第一个和第二个分布形状参数等于 2) 的数据具有负峰度值. 实线表示正态分布, 虚线表示具有负峰度值的分布.

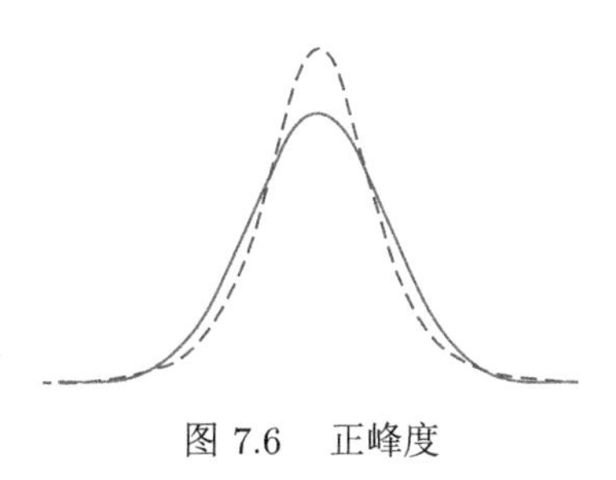

图 7.6 正峰度

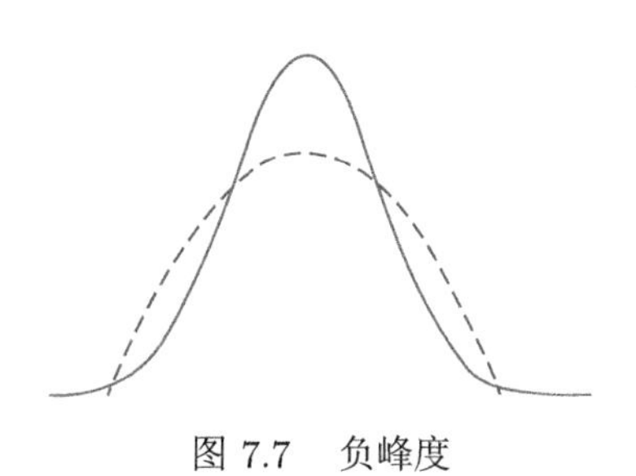

图 7.7 负峰度

在 MATLAB 中, skewness(x) 返回 x 的偏度, kurtosis(x) 返回 x 的峰度.

7.2.2 分布描述性统计

随机变量的特性完全由它的概率分布函数或概率密度函数来描述. 设有随机变量 X, 其分布函数定义为 $X \leqslant x$ 的概率, 即 $F(x) = P\{X \leqslant x\}$. 若 X 是连续型随机变量, 则其密度函数 $p(x)$ 与 $F(x)$ 的关系为

$$F(x) = \int_{-\infty}^{x} p(x)\mathrm{d}x$$

分位数是常用的一个概念, 其定义为: 对于 $0 < \alpha < 1$, 使某分布函数 $F(x) = \alpha$ 的 x 称为这个分布的 α 分位数, 记作 x_α.

直方图是频数分布图, 频数除以样本容量 n, 称为频率. 当 n 充分大时, 频率是概率的近似, 因此直方图可以看作密度函数图形的 (离散化) 近似.

7.3 数据降维

在很多应用问题中, 向量的维数会很高. 处理高维向量不仅给算法带来挑战, 而且不便于可视化, 另外还会面临维数灾难的问题. 维数灾难是指为了提高算法的精度, 会使用越来越多的特征. 当特征向量维数不高时, 增加特征确实可以带来精度上的提升, 但是当特征向量的维数增加到一定值后, 继续增加特征反而会导致精度的下降, 这一问题称为维数灾难. 引起这一问题的主要原因是高维空间所带来的数据稀疏性. 降低向量的维数是数据分析中一种常用的手段. 本节介绍最经典的线性降维方法, 主成分分析 (principal component analysis, PCA) 技术和非线性降维技术中的流形学习算法.

7.3.1 主成分分析

主成分分析是一种数据降维和去除相关性的方法, 它通过线性变换将向量投影到低维空间, 将多个变量转化为少数几个综合变量 (即主成分), 其中每个主成分都是原始变量的线性组合, 各主成分之间互不相关, 从而这些主成分能够反映原始变量的绝大部分信息, 且所含的信息互不重叠. 对向量进行投影就是对向量左乘一个矩阵, 得到结果

$$Y = WX$$

这里, 结果向量 Y 的维数小于原始向量 X 的维数. 降维要确保的是在低维空间中的投影能很好地近似表达原始向量, 即重构误差最小化. 关于 PCA 方法的理论推导这里不再赘述, 重点放在如何应用 PCA 解决实际问题上.

模型描述 设有 n 个样本, 每个样本观测 p 项指标 (变量) $X_1, X_2, \cdots, X_p$, 得到原始数据矩阵

$$X = \begin{bmatrix} x_{11} & x_{12} & \cdots & x_{1p} \\ x_{21} & x_{22} & \cdots & x_{2p} \\ \vdots & \vdots & & \vdots \\ x_{n1} & x_{n2} & \cdots & x_{np} \end{bmatrix} = (X_1, X_2, \cdots, X_p)$$

其中

$$X_i = (x_{1i}, x_{2i}, \cdots, x_{ni})^{\mathrm{T}}, \quad i = 1, 2, \cdots, p$$

用数据矩阵 X 的 p 个向量 (即 p 个指标向量) $X_1, X_2, \cdots, X_p$ 作线性组合 (即综合指标向量) 得

$$\begin{cases} F_1 = a_{11}X_1 + a_{21}X_2 + \cdots + a_{p1}X_p \\ F_2 = a_{12}X_1 + a_{22}X_2 + \cdots + a_{p2}X_p \\ \qquad \cdots\cdots \\ F_p = a_{1p}X_1 + a_{2p}X_2 + \cdots + a_{pp}X_p \end{cases}$$

简写成

$$F_i = a_{1i}X_i + a_{2i}X_2 + \cdots + a_{pi}X_p, \quad i = 1, 2, \cdots, p$$

要求组合系数满足

$$a_{1i}^2 + a_{2i}^2 + \cdots + a_{pi}^2 = 1, \quad i = 1, 2, \cdots, p$$

且系数 a_{ij} 由下列原则决定:

(1) F_i 与 F_j $(i \neq j, i, j = 1, 2, \cdots, p)$ 不相关;

(2) F_1 是 $X_1, X_2, \cdots, X_p$ 的一切线性组合 (系数满足上述方程组) 中方差最大的, F_2 是与 F_1 不相关的 $X_1, X_2, \cdots, X_p$ 的一切线性组合中方差最大的, 以此类推, F_p 是与 $F_1, F_2, \cdots, F_{p-1}$ 都不相关的 $X_1, X_2, \cdots, X_p$ 的一切线性组合中方差最大的.

几何意义 从代数学观点看, 主成分就是 p 个变量 $X_1, X_2, \cdots, X_p$ 的一些特殊的线性组合, 而在几何上这些线性组合正是把 $X_1, X_2, \cdots, X_p$ 构成的坐标系旋转产生的新坐标系, 新坐标轴使之通过样品方差最大的方向 (或说具有最大的样品方差). 用最简单的二元正态变量来说明, 其主成分的几何意义可如下描述:

设有 n 个样品, 每个样品有 2 个变量, 记为 X_1, X_2, 它们的综合变量记为 F_1, F_2. 设 $X = (X_1, X_2)^{\mathrm{T}} \sim N_2(\mu, \Sigma)$, 它们有如图 7.8 所示的相关关系.

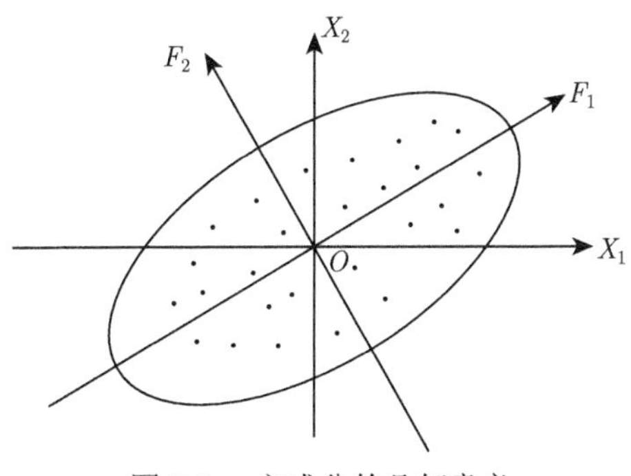

图 7.8　主成分的几何意义

对于二元正态分布变量, n 个点的分布大致为一个椭圆, 若在椭圆长轴方向取坐标轴 F_1, 在短轴方向取坐标轴 F_2, 这相当于在平面上作一个坐标变换, 即按逆时针方向旋转 θ 角度, 根据旋转轴变换公式, 新老坐标之间有关系:

$$\begin{cases} F_1 = X_1 \cos\theta + X_2 \sin\theta \\ F_2 = -X_1 \sin\theta + X_2 \cos\theta \end{cases}$$

我们看到 F_1, F_2 是原变量 X_1 和 X_2 的线性组合, 用矩阵表示是

$$\begin{bmatrix} F_1 \\ F_2 \end{bmatrix} = \begin{bmatrix} \cos\theta & \sin\theta \\ -\sin\theta & \cos\theta \end{bmatrix} \begin{bmatrix} X_1 \\ X_2 \end{bmatrix} = UX$$

显然 $U^{\mathrm{T}} = U^{-1}$ 且是正交矩阵, 即 $U^{\mathrm{T}}U = I$.

从图 7.8 还容易看出, 二维平面上的 n 个点的波动 (可用方差表示) 大部分可以归结为在 F_1 轴上的波动, 而在 F_2 轴上的波动是较小的. 如果图 7.8 的椭圆是相当扁平的, 那么我们可以只考虑 F_1 方向上的波动, 忽略 F_2 方向的波动. 这样一来, 二维可以降为一维了, 只取第一个综合变量 F_1 即可. 而 F_1 是椭圆的长轴.

一般情况下, p 个变量组成 p 维空间, n 个样品就是 p 维空间中的 n 个点, 对 p 元正态分布变量来说, 找主成分的问题就是找 p 维空间中椭球体的主轴问题.

组合系数 事实上, 满足条件的系数向量 $(a_{1i}, a_{2i}, \cdots, a_{pi}), i = 1, 2, \cdots, p$ 恰好是 X 的协方差矩阵 Σ 的特征值所对应的特征向量, 也就是说, 使 $\mathrm{Var}(F_1)$ 达到最大值的系数向量恰是 Σ 的第一个特征值所对应的特征向量, 而使 $\mathrm{Var}(F_p)$ 达到最大值的系数向量恰是 Σ 的第 p 个特征值所对应的特征向量. 由于 Σ 的特征值满足 $\lambda_1 \geqslant \lambda_2 \geqslant \cdots \geqslant \lambda_p > 0$, 所以 $\mathrm{Var}(F)_1 \geqslant \mathrm{Var}(F_2) \geqslant \cdots \geqslant \mathrm{Var}(F_p) > 0$. 主成分的名次是按特征值取值大小的顺序排列的.

主成分选取 在解决实际问题时, 一般不是取 p 个主成分, 而是根据累计贡献率的大小取前 k 个主成分.

第一主成分的贡献率为 $\dfrac{\lambda_1}{\sum\limits_{i=1}^{p} \lambda_i}$. 由于 $\mathrm{Var}(F_1) = \lambda_1$, 所以 $\dfrac{\lambda_1}{\sum\limits_{i=1}^{p} \lambda_i} = \dfrac{\mathrm{Var}(F_i)}{\sum\limits_{i=1}^{p} \mathrm{Var}(F_i)}$.
因此, 第一主成分的贡献率就是第一主成分的方差与全部方差和的比值. 这个值越大, 表明第一主成分综合 $X_1, X_2, \cdots, X_p$ 信息的能力越强. 前两个主成分的累计贡献率定义为 $\dfrac{\lambda_1 + \lambda_2}{\sum\limits_{i=1}^{p} \lambda_i}$, 前 k 个主成分的累计贡献率定义为 $\dfrac{\sum\limits_{i=1}^{k} \lambda_i}{\sum\limits_{i=1}^{p} \lambda_i}$.

如果前 k 个主成分的贡献率达到 85%, 表明取前 k 个主成分包含了全部测量指标所具有的信息, 这样既减少了变量个数又便于对实际问题的分析和研究.

值得指出的是: 当协方差矩阵 Σ 未知时, 可用其估计值——样本协方差矩阵 S 来代替. 对原始资料矩阵 X, 有

$$S=(s_{ij})$$

其中 $s_{ij}=\dfrac{1}{n}\sum\limits_{a=1}^{n}(x_{ai}-\overline{x}_i)(x_{ai}-\overline{x}_j)$.

由于相关系数矩阵 $R=(r_{ij}), r_{ij}=\dfrac{s_{ij}}{\sqrt{s_{ii}}\sqrt{s_{jj}}}$. 显然当将原始变量 $X_1,X_2,\cdots,X_p$ 标准化后, 有 $S=R=\dfrac{1}{n}X^{\mathrm{T}}\mathrm{X}$.

在实际应用时, 由于指标的量纲往往不同, 所以在计算之前应先消除量纲的影响, 即将原始数据标准化, 这样一来 S 和 R 相同. 因此, 一般求 R 的特征值和特征向量, 且不妨取 $R=X^{\mathrm{T}}X$. 因为这时 R 与 $\dfrac{1}{n}X^{\mathrm{T}}X$ 只差一个系数, 显然 $X^{\mathrm{T}}X$ 与 $\dfrac{1}{n}X^{\mathrm{T}}X$ 的特征值相差 n 倍, 但它们的特征向量不变, 并不影响求主成分.

下面介绍 PCA 的典型步骤.

(1) 对原始数据进行标准化处理. 标准化的目的是使它们中的每一个均可以大致成比例地分析. 简单说, 就是要把存在较大差异的数据转变为可比较的数据. 比如把 $0\sim100$ 的变量转化为 0 -1 的变量. 这一步一般可以通过减去平均值, 再除以每个变量值的标准差来完成. 假设样本观测数据矩阵为

$$X=\begin{bmatrix} x_{11} & x_{12} & \cdots & x_{1p} \\ x_{21} & x_{22} & \cdots & x_{2p} \\ \vdots & \vdots & & \vdots \\ x_{n1} & x_{n2} & \cdots & x_{np} \end{bmatrix}$$

其中 n 为样本数, p 为特征数.

那么可以按照公式 (7.1) 所示的 Z 标准化方法对原始数据进行标准化处理:

$$x_{ij}^{*}=\frac{x_{ij}-\overline{x}_j}{\sqrt{\mathrm{Var}(x_j)}}\quad(i=1,2,\cdots,n;j=1,2,\cdots,p)$$

其中, $\overline{x}_j=\dfrac{1}{n}\sum\limits_{i=1}^{n}x_{ij},\quad \mathrm{Var}(x_j)=\dfrac{1}{n-1}\sum\limits_{i=1}^{n}(x_{ij}-\bar{x}_j)^2(j=1,2,\cdots,p)$.

(2) 计算样本相关系数矩阵 (协方差矩阵). 这一步的目的是了解输入数据集的变量是如何相对于平均值变化的. 或者说, 是为了查看它们之间是否存在任何关系. 因为有时候, 变量间高度相关是因为它们包含大量的信息. 因此, 为了识别

这些相关性, 我们进行协方差矩阵计算. 协方差矩阵是 $p \times p$ 对称矩阵. 假定原始数据标准化后仍用 X 表示, 则经标准化后的数据的相关系数为

$$R = \begin{bmatrix} r_{11} & r_{12} & \cdots & r_{1p} \\ r_{21} & r_{22} & \cdots & r_{2p} \\ \vdots & \vdots & & \vdots \\ r_{p1} & r_{p2} & \cdots & r_{pp} \end{bmatrix}$$

其中

$$r_{ij} = \frac{\mathrm{Cov}(x_i, x_j)}{\sqrt{\mathrm{Var}(x_i)}\sqrt{\mathrm{Var}(x_j)}} = \frac{\sum_{k=1}^{n}(x_{ki} - \overline{x}_i)(x_{kj} - \overline{x}_j)}{\sqrt{\sum_{k=1}^{n}(x_{ki} - \overline{x}_i)^2}\sqrt{\sum_{k=1}^{n}(x_{kj} - \overline{x}_j)^2}} \quad (n > 1)$$

(1) 计算相关系数矩阵 R 的特征值和相应的特征向量, 用以识别主成分. 主成分是由初始变量的线性组合或混合构成的新变量. 该组合中新变量 (如主成分) 之间彼此不相关, 且大部分初始变量都被压缩进首个成分中. 所以, p 维数据会显示 p 个主成分, 但是 PCA 技术试图在第一个成分中得到尽可能多的信息, 然后在第二个成分中得到尽可能多的剩余信息, 以此类推. 设特征值为 $(\lambda_1, \lambda_2, \cdots, \lambda_p)$, 特征向量为 $a_i = (a_{i1}, a_{i2}, \cdots, a_{ip})(i = 1, 2, \cdots, p)$.

(2) 选择重要的主成分, 并写出主成分表达式. 主成分分析可以得到 p 个主成分, 但是, 由于各个主成分的方差是递减的, 包含的信息量也是递减的, 所以实际分析时, 一般不是选取 p 个主成分, 而是根据各个主成分累计贡献率的大小选取前 k 个主成分. 这里贡献率是指某个主成分的方差占全部方差和的比重, 实际也就是某个特征值占全部特征值总和的比重, 即

$$\text{贡献率} = \frac{\lambda_i}{\sum_{i=1}^{p}\lambda_i}$$

贡献率越大, 说明该主成分所包含的原始变量的信息越强. 主成分个数的选取主要根据主成分的累计贡献率来决定, 即一般要求累计贡献率达到 85%以上, 这样才能保证综合变量包括原始变量的绝大多数信息.

另外, 在实际应用中, 选择了重要的主成分后, 还要注意主成分实际含义的解释. 主成分分析中, 一个很关键的问题是如何给主成分赋予新的意义, 给出合理的

解释. 一般而言, 这个解释是根据主成分表达式的系数结合定性分析来进行的. 主成分是原来变量的线性组合, 在这个线性组合中各变量的系数有大有小, 有正有负, 有的大小相当, 因而不能简单地认为这个主成分是某个原变量主成分的作用. 在线性组合中, 各变量系数的绝对值最大者表明该主成分主要综合了绝对值大的变量, 有几个变量系数大小相当时, 应认为这一主成分是这几个变量的综合. 这几个变量综合在一起应赋予怎样的实际意义, 这要结合具体实际问题和专业, 给出恰当的解释, 进而才能达到深刻分析的目的.

(3) 计算主成分得分. 根据标准化的原始数据, 分别代入主成分表达式, 就可以得到各主成分下各个样品的新数据, 即为主成分得分. 具体形式如下:

$$\begin{bmatrix} F_{11} & F_{12} & \cdots & F_{1k} \\ F_{21} & F_{22} & \cdots & F_{2k} \\ \vdots & \vdots & & \vdots \\ F_{n1} & F_{n2} & \cdots & F_{nk} \end{bmatrix}$$

其中

$$F_{ij} = a_{j1}x_{i1} + a_{j2}x_{i2} + \cdots + a_{jp}x_{ip} \quad (i = 1, 2, \cdots, n; j = 1, 2, \cdots, k)$$

(4) 依据主成分得分的数据, 进一步对问题进行后续的分析和建模. 后续的分析和建模常见的形式有主成分回归、变量子集合的选择、综合评价等.

例 7.2 对某一年全国各地区城镇居民家庭平均每人全年家庭设备及用品支出做了统计, 具体数据见表 7.3. 试分析对家庭设备及用品支出影响最大的各因素.

第一步, 将原始数据标准化;

第二步, 建立指标间相关系数矩阵如下:

$$R = \begin{bmatrix} 1.0000 & 0.5818 & 0.6988 & 0.6960 & 0.1231 & 0.6166 \\ 0.5818 & 1.0000 & 0.4186 & 0.2640 & 0.2451 & 0.1615 \\ 0.6988 & 0.4186 & 1.0000 & 0.6577 & 0.0883 & 0.6438 \\ 0.6960 & 0.2640 & 0.6577 & 1.0000 & -0.0346 & 0.8518 \\ 0.1231 & 0.2451 & 0.0883 & -0.0346 & 1.0000 & -0.1213 \\ 0.6166 & 0.1615 & 0.6438 & 0.8518 & -0.1213 & 1.0000 \end{bmatrix}$$

第三步, 求 R 的特征值和特征向量, 并求得相应的方差贡献率.

应用 MATLAB 求解, 可以给出特征值由小到大排列为

$$0.1358, \quad 0.2302, \quad 0.3462, \quad 0.6986, \quad 1.2802, \quad 3.3090$$

表 7.3　全国部分地区城镇居民家庭平均每人全年家庭设备及用品支出 (单位: 元)

地区＼类别	耐用消费品	室内装饰品	床上用品	家庭日用杂品	家具材料	家庭服务
地区 1	737.15	43.98	123.67	532.68	12.69	112.38
地区 2	616.71	46.98	88.29	355.55	6.76	60.34
地区 3	385.79	24.05	62.74	288.97	8.45	39.85
地区 4	421.25	25.15	72.97	265.68	6.56	41.13
地区 5	534.49	49.72	99.65	394.48	31.67	52.86
地区 6	320.74	31.43	91.83	410.17	8.74	66.46
地区 7	315.00	17.10	70.16	377.46	5.08	54.51
地区 8	295.15	18.51	55.18	311.36	6.43	36.95
地区 9	743.83	45.18	162.33	714.98	1.97	157.94
地区 10	475.03	21.99	105.04	485.33	3.67	102.75
地区 11	395.30	21.55	110.88	446.35	6.10	129.24
地区 12	339.24	32.30	83.51	191.91	6.53	37.18
地区 13	494.47	19.69	97.25	448.41	6.37	113.65
地区 14	379.17	20.94	78.66	376.51	16.28	43.32
地区 15	499.49	30.81	76.69	356.39	14.44	36.00
地区 16	458.19	29.69	111.69	339.15	6.72	32.07
地区 17	317.76	16.79	59.74	369.48	15.08	35.96
地区 18	362.01	17.93	87.36	396.18	8.71	68.61
地区 19	464.92	27.63	96.56	589.79	10.33	181.07
地区 20	388.63	30.97	84.73	334.86	2.10	43.56
地区 21	261.39	7.78	48.59	375.00	6.84	30.25
地区 22	483.89	36.96	118.33	373.41	14.29	52.40
地区 23	421.00	22.86	95.21	419.74	9.92	51.43
地区 24	366.57	15.94	64.00	360.95	5.40	44.69
地区 25	230.55	15.55	49.13	231.21	3.67	40.35
地区 26	76.01	19.04	98.08	212.82	12.02	10.06
地区 27	365.93	21.22	75.71	397.72	5.79	47.89
地区 28	267.14	27.35	46.91	272.75	9.86	36.46
地区 29	295.37	36.21	64.83	299.60	8.79	18.43
地区 30	369.99	41.69	65.99	366.32	4.62	36.75
地区 31	279.89	44.21	52.40	376.02	4.55	34.37

相应的特征向量分别为以下矩阵中列向量

$$
\begin{bmatrix}
0.1539 & 0.8220 & -0.1284 & -0.1573 & -0.1406 & 0.4895 \\
0.0220 & -0.4282 & -0.2122 & -0.6273 & -0.5358 & 0.3010 \\
-0.0911 & -0.1251 & 0.8675 & 0.0361 & -0.0252 & 0.4707 \\
-0.7193 & -0.1287 & -0.3593 & 0.2162 & 0.2349 & 0.4849 \\
0.0463 & -0.0382 & -0.0744 & 0.6877 & -0.7183 & 0.0447 \\
0.6694 & -0.3275 & -0.2264 & 0.2465 & 0.3486 & 0.4595
\end{bmatrix}
$$

每一部分的方差贡献率为

$$0.0226, \quad 0.0384, \quad 0.0577, \quad 0.1164, \quad 0.2134, \quad 0.5515$$

可以看出最后三个主成分的累计贡献率已达 88%以上, 所以这三个主成分已基本包含了指标所具有的全部信息. 详细地, 最后三个主成分的表达式为

$$F_1 = 0.4895X_1 + 0.3010X_2 + 0.4707X_3 + 0.4849X_4 + 0.0447X_5 + 0.4595X_6$$

$$F_2 = -0.1406X_1 - 0.5358X_2 - 0.0252X_3 + 0.2349X_4 - 0.7183X_5 + 0.3486X_6$$

$$F_3 = -0.1573X_1 - 0.6273X_2 + 0.0361X_3 + 0.2162X_4 + 0.6877X_5 + 0.2465X_6$$

其中, $X_i, i = 1, 2, \cdots, 6$ 对应表 7.3 中的第 i 列. 第一主成分中第一、三、四、六项系数较大, 表明对家庭设备及用品支出影响最大的因素为耐用消费品、床上用品、家庭日用杂品和家庭服务支出; 第二主成分中第五项系数尤其大, 可将其看成是反映家具材料的衡量指标; 第三主成分中第二项的系数最大, 可将其看成是反映室内装饰品的指标.

主成分分析法是用少数的几个变量来综合反映原始变量的主要信息, 变量虽然较原始变量少, 但所包含的信息量却占原始信息的绝大部分 (一般为 85%以上), 所以即使用少数的几个新变量, 可信度也很高, 也可以有效地解释问题. 并且新的变量彼此间互不相关, 消除了多重共线性. 此外, 还有一种类似的分析方法为因子分析法. 因子分析法是指研究从变量群中提取共性因子的统计技术, 目的是要找出某个问题中可直接测量的具有一定相关性的指标如何受少数几个在专业中有意义, 又不可直接测量到, 且相对独立的因子支配的规律. 读者可尝试用例 7.2 中的数据采用因子分析法给出全国部分地区城镇居民家庭平均每人全年家庭设备及用品支出的进一步结果.

7.3.2 流形学习之局部线性嵌入算法

线性降维框架 PCA 对非线性数据具有局限性, 同时也会错失数据结构中的非线性项. 流形学习 (manifold learning) 可以看作一种生成类似 PCA 的线性框架, 不同的是可以对数据中的非线性结构敏感. 虽然存在监督变体, 但是典型的流形学习问题是非监督的: 它从数据本身学习高维结构, 不需要使用既定的分类.

局部线性嵌入 (locally linear embedding, LLE) 是无监督非线性降维算法, 是流行学习的一种. 该算法由 Sam T. Roweis 等于 2000 年提出并发表在 *Science* 杂志上. LLE 试图保留原始高维数据的局部性质, 通过假设局部原始数据近似位于一张超平面上, 从而使得该局部的某一个数据可以由其邻域数据线性表示. LLE 认为, 在高维中间中的任意一个样本点和它的邻居样本点近似位于一个超平面上,

所以该样本点可以通过其邻居样本点的线性组合重构出来. 由于 LLE 在降维时保持了样本的局部特征, 它广泛地用于图像识别、高维数据可视化等领域.

假设数据集由 L 个 D 维向量 x_i 组成, 它们分布在 D 维空间中的一个流形附近. 每个数据点和它的邻居位于或者接近于流形的一个局部线性片段上, 即可以用邻居点的线性组合来重构, 组合系数刻画了局部面片段的几何特性:

$$x_i \approx \sum_j \omega_{ij} x_j$$

权重为第 j 个数据点对第 i 个点的组合权重, 这些点的线性组合被用来近似重构数据点 i. 权重系数通过最小化下面的重构误差确定:

$$\min_{\omega_{ij}} \sum_{i=1}^{l} \left\| x_i - \sum_{j=1}^{l} \omega_{ij} x_j \right\|^2 \tag{7.3}$$

在这里还加上了两个约束条件: 每个点只由它的邻居来重构, 如果 x_j 不在 x_i 的邻居集合里, 则权重值为 0. 另外, 限定权重矩阵的每一行元素之和为 1, 即

$$\sum_j \omega_{ij} = 1$$

这是一个带约束的优化问题, 求解该问题可以得到权重系数. 这一问题和主成分分析求解的问题类似. 可以证明, 这个权重值对平移、旋转和缩放等几何变换具有不换性.

假设算法将向量从 D 维空间的 x 映射为 d 维空间的 y, 每个点在 d 维空间中的坐标由下面的最优化问题确定

$$\min_{y_i} \sum_{i=1}^{l} \left\| y_i - \sum_{j=1}^{l} \omega_{ij} y_j \right\|^2$$

这里的权重和 (7.2) 所示的优化问题的值相同, 在前面已经得到. 优化的目标是, 这个优化问题等价于求解系数矩阵的特征值问题. 得到 y 之后, 即完成了从 D 维空间到 d 维空间的非线性降维.

LLE 算法可以归纳为三步:

(1) 首先根据欧氏距离或者其他度量标准得到每个样本的 k 个近邻点;

(2) 由每个样本点的近邻点计算出该样本点的局部重建权重矩阵 W;

(3) 由该样本点的局部重建权重矩阵 W 和其近邻点计算出该样本点的输出值.

LLE 算法的优点是算法中只涉及矩阵运算, 容易实现; 低维空间维度变化时, 不需要重新运行 LLE, 只要在原有低维空间的基础上增加或者减去维度. 缺点是数据流形不能是闭合结构, 否则 LLE 不再适用.

下面用一个具体的例子来进行 LLE 降维并可视化. 由于 LLE 必须要基于流形不能闭合, 因此我们随机生成了一个缺一个口的三维球体, 可以看到原始的数据如图 7.9 所示.

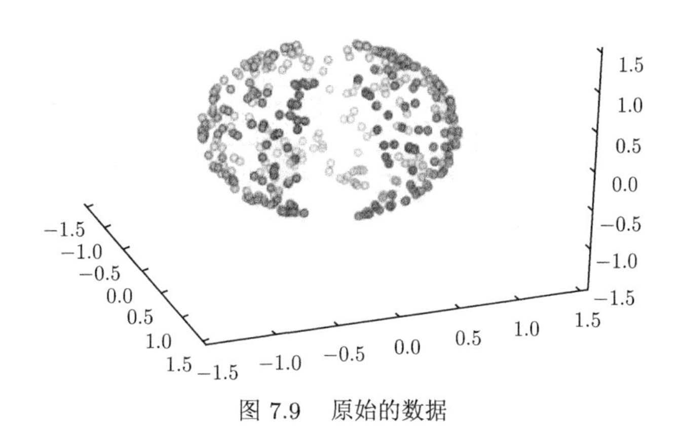

图 7.9　原始的数据

图 7.10 可以看出从三维降到了二维后, 大概还是可以看出这是一个球体.

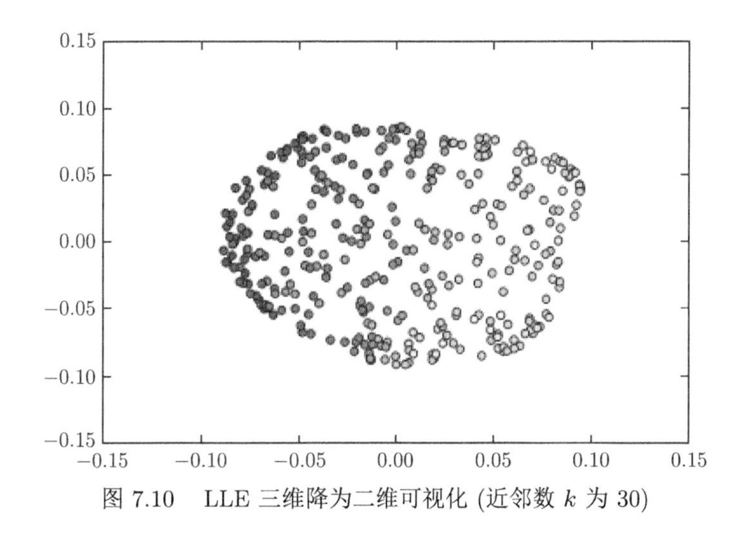

图 7.10　LLE 三维降为二维可视化 (近邻数 k 为 30)

现在用不同的近邻数时, LLE 算法降维的效果图, 如图 7.11 所示. 同样的算法, 近邻数 k 越大则降维可视化效果越好. 当然, 没有免费的午餐, 较好的降维可视化效果意味着更多的算法运行时间.

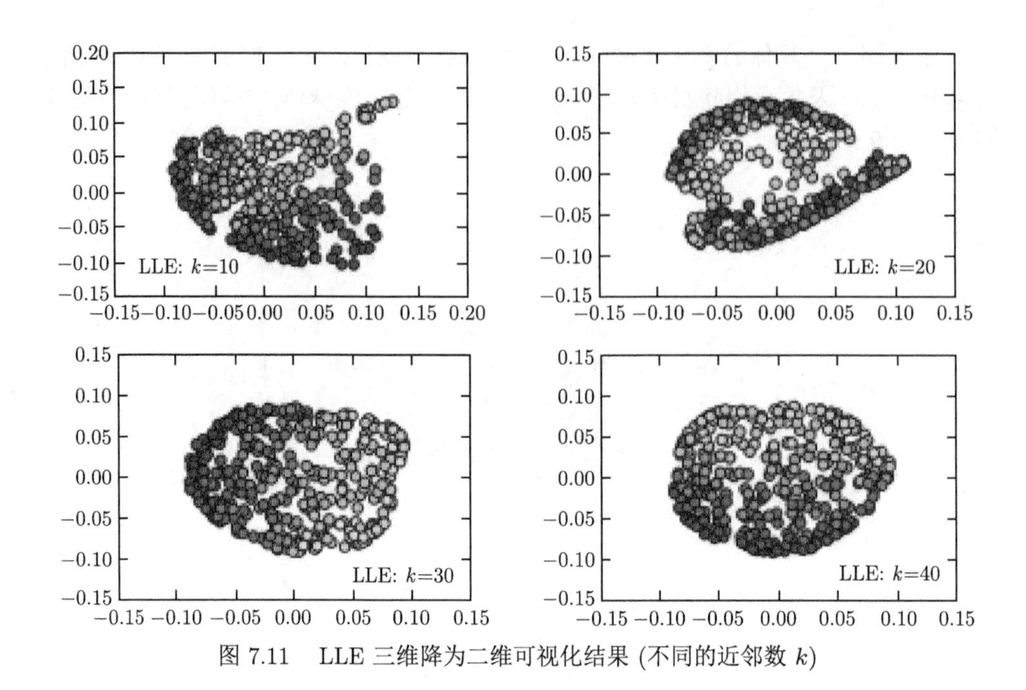

图 7.11 LLE 三维降为二维可视化结果 (不同的近邻数 k)

主成分分析被大量应用于科学与工程数据分析中需要数据降维的地方, 是一种通用性非常好的算法. 在人脸识别早期被直接应用于人脸识别问题. 流形学习在高维复杂数据集上得到了更好的表现, 如人脸图像和其他图像的分类问题, 以及大规模数据可视化问题. 除了主成分分析和局部线性嵌入算法, 机器学习中常用的降维算法还有 LDA (linear discriminant analysis, 也叫 Fisher 判别) 算法和拉普拉斯特征映射等.

思考题 7

7.1 请对如表 7.4 所示的某一房产中介的房子特征样本数据进行标准化处理 (特征缩放).

表 7.4 在售房特征变量

大小/米^2	卧室数量	楼层	房子年限	价格/万
195	5	1	45	460
132	3	2	32	232
143	3	2	30	315
79	2	1	26	178
···	···	···	···	···

7.2 表 7.5 为 20 个人销售人员的观测数据, 请使用主成分分析方法并借助

编程软件对该数据进行降维处理.

表 7.5 销售人员数据

编号	销售增长	销售利润	新客户销售额	创造力	机械推理	抽象推理	数学推理
1	93.00	96.00	97.80	9.00	12.00	9.00	20.00
2	88.80	91.80	96.80	7.00	10.00	10.00	15.00
3	95.00	100.30	99.00	8.00	12.00	9.00	26.00
4	101.30	103.80	106.80	13.00	14.00	12.00	29.00
5	102.00	107.80	103.00	10.00	15.00	12.00	32.00
6	95.80	97.50	99.30	10.00	14.00	11.00	21.00
7	95.50	99.50	99.00	9.00	12.00	9.00	25.00
8	110.80	122.00	115.30	18.00	20.00	15.00	51.00
9	102.80	108.30	103.80	10.00	17.00	13.00	31.00
10	106.80	120.50	102.00	14.00	18.00	11.00	39.00
11	103.30	109.80	104.00	12.00	17.00	12.00	32.00
12	99.50	111.80	100.30	10.00	18.00	8.00	31.00
13	103.50	112.50	107.00	16.00	17.00	11.00	34.00
14	99.50	105.50	102.30	8.00	10.00	11.00	34.00
15	101.20	101.30	100.80	13.00	17.00	12.00	33.00
16	96.80	99.30	99.20	12.00	13.00	10.00	29.00
17	110.20	109.30	100.70	10.00	16.00	11.00	41.00
18	101.50	102.10	103.80	11.00	18.00	13.00	28.00
19	97.20	99.80	98.60	12.00	13.00	15.00	29.00
20	92.00	97.10	96.80	10.00	11.00	11.00	16.00

7.3 对 2012 年部分地区城镇居民家庭平均每人全年在食品方面的现金消费支出进行主成分分析. 数据来源中国统计年鉴 (2012 年), 见表 7.6.

表 7.6 2012 年部分城镇居民人均食品消费支出 (单位: 元)

类别 地区	淀粉及薯类	干豆类及豆制品	油脂类	肉禽及制品	蛋类	水产品类	蔬菜类	干鲜瓜果类	糕点类	奶及奶制品
地区 1	55.07	72.84	156.41	1045.05	146.78	254.38	536.87	705.92	234.48	384.52
地区 2	64.67	62.38	153.66	1037.96	195.87	492.85	555.79	615.62	202.48	252.24
地区 3	45.48	55.72	137.60	716.53	126.47	153.67	390.51	366.89	98.32	179.01
地区 4	67.67	65.44	111.20	511.25	106.52	63.43	352.14	353.45	94.52	201.17
地区 5	41.57	42.91	109.36	925.73	82.42	111.97	403.33	432.46	66.63	205.68
地区 6	63.96	71.19	139.25	873.02	130.71	403.53	515.76	562.50	92.59	213.82
地区 7	56.89	66.49	124.94	736.97	93.62	178.78	452.21	460.69	68.69	141.82
地区 8	71.42	66.73	138.90	807.37	109.62	204.51	441.68	459.06	79.83	151.50
地区 9	70.14	105.18	134.47	1344.65	144.47	912.35	672.39	695.27	237.51	462.70
地区 10	56.66	86.92	124.47	1205.12	123.90	458.25	582.89	441.46	118.39	279.66
地区 11	50.82	93.99	138.89	1048.80	105.45	811.65	582.55	611.57	133.88	274.03

续表

地区＼类别	淀粉及薯类	干豆类及豆制品	油脂类	肉禽及制品	蛋类	水产品类	蔬菜类	干鲜瓜果类	糕点类	奶及奶制品
地区 12	35.26	78.74	156.63	982.96	153.78	235.67	538.66	351.57	73.41	305.14
地区 13	51.42	71.47	143.68	1348.75	125.83	1029.64	534.17	468.01	101.71	254.99
地区 14	31.77	87.17	191.16	1107.29	104.28	260.95	580.69	392.04	96.87	205.83
地区 15	44.96	56.02	130.81	831.03	152.57	339.25	427.02	484.14	120.75	251.31
地区 16	57.26	62.29	128.10	756.56	134.03	89.38	375.92	357.91	94.61	207.20
地区 17	28.16	82.97	185.13	1083.30	111.11	294.01	653.65	345.60	106.18	205.33
地区 18	28.11	77.75	212.09	1126.05	92.10	233.01	558.90	412.81	75.76	156.98
地区 19	43.44	62.00	169.36	1926.38	104.49	700.98	642.09	483.95	141.64	228.97
地区 20	34.29	67.38	136.37	1554.17	81.07	324.82	448.41	363.02	97.34	179.19
地区 21	24.75	32.35	128.46	1681.02	58.42	770.92	580.75	326.35	74.30	137.22
地区 22	45.28	67.98	232.24	1427.15	117.26	200.42	624.99	362.69	69.92	268.29
地区 23	67.07	68.62	178.61	1473.67	113.44	161.85	608.90	378.78	71.82	238.86
地区 24	25.86	52.72	156.85	1082.74	75.36	86.94	513.14	375.50	72.26	157.23
地区 25	45.41	38.68	151.70	1031.71	67.41	96.68	614.03	353.03	139.19	187.40
地区 26	26.12	10.24	136.12	1124.98	48.67	41.45	600.81	292.39	34.23	410.33
地区 27	63.77	72.72	132.78	642.23	96.75	94.89	481.61	486.65	137.73	256.62
地区 28	42.97	46.64	148.66	621.34	85.68	79.64	462.58	384.88	64.65	200.05
地区 29	49.13	40.08	125.63	910.27	82.70	95.79	467.77	386.02	67.58	193.65
地区 30	56.74	49.33	126.31	782.52	65.62	80.01	402.09	454.83	65.37	218.14

7.4 某医科大学抽查了 100 名健康女大学生的血清总蛋白含量 (单位: g/L), 对该组数据进行定量统计描述, 检查结果如表 7.7 所示.

表 7.7 100 名健康女大学生的血清总蛋白含量 (单位: g/L)

74.3	78.8	68.8	78.0	70.4	80.5	80.5	69.7	79.5	75.6
75.0	78.8	72.0	72.0	72.0	75.3	75.0	73.5	78.8	74.3
75.8	65.0	74.3	71.2	73.5	75.0	72.0	64.3	75.8	80.3
69.7	74.3	75.8	75.8	68.8	76.5	70.4	71.2	81.2	75.0
74.0	72.0	76.5	74.3	76.5	77.6	67.3	72.0	73.5	79.5
73.5	74.7	65.0	76.5	81.6	75.4	75.8	73.5	75.0	72.7
70.4	77.2	68.8	67.3	75.8	73.5	75.0	72.7	73.5	72.7
81.6	73.5	75.0	72.7	70.4	76.5	72.7	77.2	84.3	75.0
71.2	71.2	69.7	73.5	70.4	75.0	72.7	67.3	70.3	76.5
73.5	78.0	68.0	73.5	68.0	73.5	68.0	74.3	72.7	73.7

7.5 利用编程软件生成三维流形曲面, 并进行采样, 生成三维数据集, 编程实现 LLE 算法实现三维数据映射到二维数据.

第 8 章 回归分析模型

在实际问题中, 常常会遇到几个变量之间的关系无法用函数形式确定的情况, 可能是由于关系错综复杂, 也可能是由于存在不可避免的误差等, 为研究这类变量间的关系, 就需要通过大量的统计数据 (由实验、观测或查找资料得到), 利用统计分析的方法寻找它们之间的关系, 这种关系反映了变量间的统计规律. 回归分析正是研究变量间统计规律的方法, 属于 "黑箱" 建模中常用的方法, 根据自变量的数值和变化, 估计和预测因变量的相应数值与变化. 其主要问题包括确定变量间的定量关系式, 即回归方程; 检验回归方程的可信度; 判断自变量对因变量的影响; 预测及控制因变量的变化.

8.1 线性回归模型

线性回归模型是最简单也是最重要的回归模型, 当所观测的变量之间具有较明显的线性关系时, 可用线性回归方法建立线性回归模型描述变量间的函数关系.

建立线性回归模型的一般过程包括: ① 利用观测数据作变量间的散点图; ② 依据散点图做直观判断, 变量间是否具有线性关系; ③ 设定线性回归模型; ④ 利用观测数据拟合模型中的参数; ⑤ 利用观测数据检验线性回归模型; ⑥ 依据建立的线性回归模型进行预测.

例 8.1 积雪深度与灌溉面积. 为了估计山上积雪融化后对下游灌溉区域的影响, 在山上建立一个观察站, 测量了最大积雪深度与当年灌溉面积连续 10 年的数据, 如表 8.1 所示.

表 8.1 最大积雪深度与当年灌溉面积观测数据

年序	1	2	3	4	5	6	7	8	9	10
最大积雪深度 x/尺 ①	15.2	10.4	21.2	18.6	26.4	23.4	13.5	16.7	24.0	19.1
灌溉面积 y/千亩 ②	28.6	19.3	40.5	35.6	48.9	45.0	29.2	34.1	46.7	37.4

注: ① 1 尺约为 0.33 米. ② 1 千亩约为 666666.67 平方米.

试利用表 8.1 中的数据建立灌溉面积 y 与最大积雪深度 x 之间的函数关系.

(1) **作散点图** 为了研究这些数据中所蕴含的规律性, 把各年最大积雪深度作横坐标、相应的灌溉面积作纵坐标, 将这些数据点标在 xOy 平面上, 如图 8.1 所示.

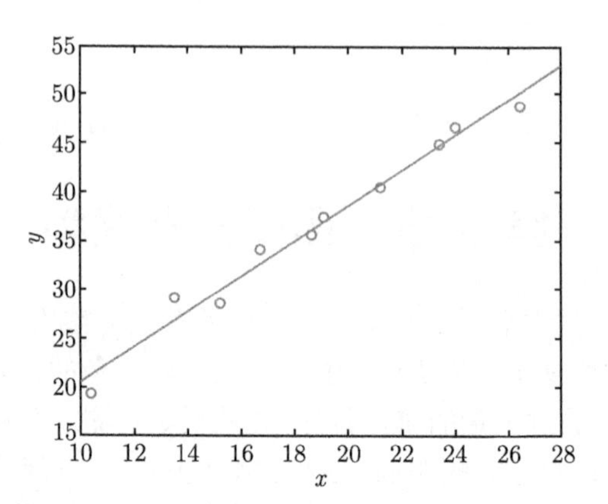

图 8.1　灌溉面积 y 与最大积雪深度 x 的散点图及线性函数关系图

(2) **直观判断**　从图 8.1 中不难看到, 数据点大致落在一条直线附近. 因此, 我们猜测灌溉面积 y 与最大积雪深度 x 间可能服从线性函数关系.

(3) **设定模型**　假设变量 x 和 y 有如下线性函数关系式

$$y=\beta_0+\beta_1 x+\varepsilon \tag{8.1}$$

其中, β_0 和 β_1 是未知常数; ε 是随机误差, 满足均值 $E(\varepsilon)=0$ 和方差 $\mathrm{Var}(\varepsilon)=\sigma^2$.

若能从观测数据中得到 β_0 和 β_1 的估计值 $\hat{\beta}_0,\hat{\beta}_1$, 则得一元线性回归方程

$$\hat{y}=\hat{\beta}_0+\hat{\beta}_1 x \tag{8.2}$$

方程 (8.2) 则近似地反映了变量 x 和 y 之间的线性关系, 其中 $\hat{\beta}_0,\hat{\beta}_1$ 亦称为回归系数, x 称为回归自变量, y 称为回归因变量.

(4) **拟合回归参数**　选择 $\hat{\beta}_0,\hat{\beta}_1$ 的原则是使回归直线与所有观测数据点都比较 “接近”, 通常采用残差平方和来刻画所有观测值与回归直线的偏差程度, 即用最小二乘法. 可表示为优化问题:

$$\min_{\beta_0,\ \beta_1} Q(\beta_0,\beta_1)=\sum_{i=1}^{n}(y_i-\beta_0-\beta_1 x_i)^2$$

其中, (x_i,y_i) 为第 i 组观测数据, $i=1,2,\cdots,n$. 本题中共有十组已知数据, 即 $n=10$. 可由微分法求得最优值:

$$\hat{\beta}_0=\overline{y}-\hat{\beta}_1\overline{x},\quad \hat{\beta}_1=\frac{L_{xy}}{L_{xx}} \tag{8.3}$$

其中, $\overline{x}=\dfrac{1}{n}\sum\limits_{i=1}^{n}x_i$, $\overline{y}=\dfrac{1}{n}\sum\limits_{i=1}^{n}y_i$, $L_{xx}=\sum\limits_{i=1}^{n}(x_i-\overline{x})^2$, $L_{xy}=\sum\limits_{i=1}^{n}(x_i-\overline{x})(y_i-\overline{y})$.

将表 8.1 中的数据代入式 (8.3), 得 $\hat{\beta}_1 = 1.813$, $\hat{\beta}_0 = 2.355$, 故回归方程为

$$\hat{y} = 2.355 + 1.813x \tag{8.4}$$

对应的回归直线如图 8.1 所示.

(5) **模型检验** 直观上, 从图 8.1 中可以看出这个回归方程的图与所有数据点都很接近. 但在理论上一般采用统计检验方法检验回归方程的可信度, 如 F 检验和相关系数检验等.

(i) F **检验** 如果 x 与 y 有线性关系, 则统计值 $F = \dfrac{S_1/1}{S_2/(n-2)}$ 应服从 F 分布, 即

$$F = \frac{S_1/1}{S_2/(n-2)} \sim F(1, n-2) \tag{8.5}$$

其中, $S_1 = \sum\limits_{i=1}^{n}(\hat{y}_i - \overline{y})^2$ 称为回归平方和, $S_2 = \sum\limits_{i=1}^{n}(y_i - \hat{y}_i)^2$ 称为残差平方和, $F(1, n-2)$ 表示第一自由度为 1、第二自由度为 $n-2$ 的 F 分布.

在给定显著性水平 α 下, 上述 F 值应大于 F 分布表中的临界值 F_α.

将表 8.1 中数据代入统计值 F, 得

$$F = \frac{740.8595/1}{15.7469/(10-2)} = 376.3837 > 11.26 = F_{0.01}(1, 8)$$

因此, x 与 y 之间有十分显著的线性关系.

(ii) **相关系数检验** 利用相关系数 $r = \dfrac{L_{xy}}{\sqrt{L_{xx}L_{yy}}}$, 查阅相关系数检验表. 通常当 $|r|$ 大于表上 $\alpha = 5\%$ 相应值但小于表上 $\alpha = 1\%$ 相应值时, 称 x 与 y 之间有显著的线性关系; 当 $|r|$ 大于表上 $\alpha = 1\%$ 相应值时, 称 x 与 y 有十分显著的线性关系; 当 $|r|$ 小于表上 $\alpha = 5\%$ 相应值时, 称 x 与 y 没有显著的线性关系.

将表 8.1 中数据代入相关系数, 得 $r = 0.9894$. 因为 $n = 10$, 查表中对应 $\alpha = 5\%$ 的相应值为 0.632, 对应 $\alpha = 1\%$ 的相应值为 0.765, 而 $r = 0.9894 > 0.765$, 故最大积雪深度 x 与灌溉面积 y 有十分显著的线性关系.

(6) **预测** (或应用) 如经过检验变量间有显著的线性关系, 则可利用获得的线性回归方程 (8.2) 进行预测. 当已知自变量 x 的值为 x_0 时, 将其代入回归方程得到 $\hat{y}_0$, 这个 $\hat{y}_0$ 就是 y_0 的预测值. 对于预测, 我们除了要知道预测值之外, 还希望知道预测的精度, 即希望给出 y_0 的一个预测范围 (预测区间). 令

$$\hat{\sigma}^2 = S_2/(n-2), \quad \varDelta = \sqrt{F_\alpha(1, n-2)\hat{\sigma}^2\left(1 + \frac{1}{n} + \frac{(x_0 - \overline{x})^2}{L_{xx}}\right)}$$

则可得置信水平为 $1-\alpha$ 的预测区间是 $(\hat{y}_0-\Delta,\hat{y}_0+\Delta)$.

当 n 较大且 $|x_0-\overline{x}|$ 较小时, 置信水平分别是 0.95 和 0.99 的近似预测区间分别是 $(\hat{y}_0-2\hat{\sigma},\hat{y}_0+2\hat{\sigma})$ 和 $(\hat{y}_0-3\hat{\sigma},\hat{y}_0+3\hat{\sigma})$.

如果已知第 11 年山上最大积雪深度为 $x_0=20.3$ 尺, 则由回归方程 (8.4) 可算得这年的灌溉面积约为 $y_0=39.16$ 千亩. 又计算得 $S_2=16.074$, $\hat{\sigma}^2=2.00925$, 取 $\alpha=0.01$ 时的置信区间近似为

$$(39.16-4.25,39.16+4.25)=(34.91,43.41)$$

注 8.1 例 8.1 中只涉及两个变量, 因此所建立的线性回归模型为一元线性回归模型. 一元线性回归模型应用极为广泛, 但是其有很大的局限性, 其局限性一方面反映在对随机误差 ε 的假设条件 $E(\varepsilon)=0$ 中, 当该条件不满足, 即 $E(\varepsilon)=c\neq 0$ 时, 处理方法应作适当修改, 可先作平移处理然后再按上述方法进行; 另一方面反映在对 “变量 x 与 y 是线性关系” 的直观判断上, 当散点图出现明显的非线性趋势, 或经检验 x 与 y 没有明显的线性关系时, 再利用线性假设就不合理了.

例 8.2 某地区病虫测报站用相关系数法选取了以下四个预报因子: x_1 为最多连续 10 天诱蛾量 (单位: 头), x_2 为 4 月上、中旬百束小谷草把累计落卵量 (单位: 块), x_3 为 4 月中旬降水量 (单位: 毫米), x_4 为 4 月中旬雨日 (单位: 天). 期望预报一代黏虫幼虫发生量 y(单位: 头/米^2). 分级值列成表 8.2.

表 8.2 病虫预报数据及分级值

年份	x_1		x_2		x_3		x_4		y	
	诱蛾量	级别	落卵量	级别	降水量	级别	雨日	级别	幼虫发生量	级别
1960	1022	4	112	1	4.3	1	2	1	10	1
1961	300	1	440	3	0.1	1	1	1	4	1
1962	699	3	67	1	7.5	1	1	1	9	1
1963	1876	4	675	4	17.1	4	7	4	55	4
1965	43	1	80	1	1.9	1	2	1	1	1
1966	422	2	20	1	0	1	0	1	3	1
1967	806	3	510	3	11.8	2	3	2	28	3
1970	115	1	240	2	0.6	1	2	1	7	1
1971	718	3	1460	4	18.4	4	4	2	45	4
1972	803	3	630	4	13.4	3	3	2	26	3
1973	572	2	280	2	13.2	2	4	2	16	2
1974	264	1	330	3	42.2	4	3	2	19	2
1975	198	1	165	2	71.8	4	5	3	23	3
1976	461	2	140	1	7.5	1	5	3	28	3
1977	769	3	640	4	44.7	4	3	2	44	4
1978	255	1	65	1	0	1	0	1	11	2

分级标准如下所示.

(1) 预报量 y: 每平方米幼虫 0~10 头为 1 级、11~20 头为 2 级、21~40 头为 3 级、40 头以上为 4 级.

(2) 预报因子: x_1 诱蛾量 0 ~300 头为 1 级、301~600 头为 2 级、601~1000 头为 3 级、1000 头以上为 4 级, x_2 落卵量 0~150 块为 1 级、151~300 块为 2 级、301~550 块为 3 级、550 块以上为 4 级, x_3 降水量 0~10.0 毫米为 1 级、10.1~13.2 毫米为 2 级、13.3~17.0 毫米为 3 级、17.0 毫米以上为 4 级, x_4 雨日 0~2 天为 1 级、3~4 天为 2 级、5 天为 3 级、6 天或 6 天以上为 4 级.

模型建立与求解 (1) 作散点图, 直观判断. 分别在平面上画出 x_i-y 的散点图, $i = 1, 2, 3, 4$, 并观察 x_i 与 y 之间的线性关系, 获知它们均具有较明显的线性函数关系.

(2) 模型设定. 设变量 y 和 x_1, x_2, x_3 及 x_4 的线性函数关系为

$$y = \beta_0 + \beta_1 x_1 + \beta_2 x_2 + \beta_3 x_3 + \beta_4 x_4 + \varepsilon \tag{8.6}$$

其中 β_i $(i = 1, 2, 3, 4)$ 为未知参数, 称为回归系数; ε 是随机误差, 满足 $E(\varepsilon) = 0$ 和 $\text{Var}(\varepsilon) = \sigma^2$.

(3) 拟合回归系数. 应用 SPSS 进行求解, 得到回归模型

$$\hat{y} = -0.182 + 0.142x_1 + 0.245x_2 + 0.210x_3 + 0.605x_4 \tag{8.7}$$

(4) 模型检验. 经过软件计算, F 统计量为 10.93, 系统自动检验的显著性水平为 0.001. 已知 F(0.05, 4, 11) 值为 3.36, F(0.01, 4, 11) 值为 5.67, F(0.001, 4, 11) 值为 10.35, $F = 10.93 > F(0.001, 4, 11) = 10.35$, 因此, 此回归方程线性相关非常显著.

在例 8.2 中建立了多个变量间的线性回归关系, 因此, 回归方程 (8.6) 或 (8.7) 称为多元线性回归方程.

多元线性回归是处理多个 (三个及以上) 变量之间关系的最简单的模型, 是一元线性回归的推广. 一般地, 设因变量为 y, 自变量为 $x_1, x_2, \cdots, x_p$, 假设已得到 n 组独立观测数据 $(y_i, x_{i1}, x_{i2}, \cdots, x_{ip})$, $i = 1, 2, \cdots, n$, 并设它们之间具有如下线性关系:

$$y_i = \beta_0 + \beta_1 x_{i1} + \beta_2 x_{i2} + \cdots + \beta_p x_{ip} + \varepsilon_i, \quad i = 1, 2, \cdots, n \tag{8.8}$$

其中, ε_i 是随机误差, 相互独立且满足 $E(\varepsilon_i) = 0$ 和 $\text{Var}(\varepsilon_i) = \sigma^2$. 上述关系式 (8.8) 称为多元线性回归模型, β_j $(j = 0, 1, 2, \cdots, p)$ 称为回归系数. 仍然可用最小二乘法估计回归系数 β_j 的估计值 $\hat{\beta}_j$, 从而得到回归方程:

$$y_i = \hat{\beta}_0 + \hat{\beta}_1 x_{i1} + \hat{\beta}_2 x_{i2} + \cdots + \hat{\beta}_p x_{ip}, \quad i = 1, 2, \cdots, n \tag{8.9}$$

其中, $\hat{\beta}_j$ 为优化问题

$$\min_{\beta_j,\ 0\leqslant j\leqslant p} Q=\sum_{i=1}^{n}(y_i-\beta_0-\beta_1x_{i1}-\beta_2x_{i2}-\cdots-\beta_px_{ip})^2 \tag{8.10}$$

的最优解.

为求解方便, 将式 (8.8)~式 (8.10) 写成矩阵形式:

$$Y=X\beta+\varepsilon \tag{8.11}$$

$$\hat{Y}=X\hat{\beta} \tag{8.12}$$

$$\min Q=(Y-X\hat{\beta})^{\mathrm{T}}(Y-X\hat{\beta}) \tag{8.13}$$

其中

$$Y=\begin{bmatrix} y_1\\ y_2\\ \vdots\\ y_n \end{bmatrix},\quad \beta=\begin{bmatrix} \beta_0\\ \beta_1\\ \vdots\\ \beta_p \end{bmatrix},\quad \varepsilon=\begin{bmatrix} \varepsilon_1\\ \varepsilon_2\\ \vdots\\ \varepsilon_n \end{bmatrix},\quad X=\begin{bmatrix} 1 & x_{11} & \cdots & x_{1p}\\ 1 & x_{21} & \cdots & x_{2p}\\ \vdots & \vdots & & \vdots\\ 1 & x_{n1} & \cdots & x_{np} \end{bmatrix}$$

$$\hat{Y}=\begin{bmatrix} \hat{y}_1\\ \hat{y}_2\\ \vdots\\ \hat{y}_n \end{bmatrix},\quad \hat{\beta}=\begin{bmatrix} \hat{\beta}_0\\ \hat{\beta}_1\\ \vdots\\ \hat{\beta}_p \end{bmatrix}$$

类似于一元线性回归, 可以证明式 (8.13) 的最优解为

$$\hat{\beta}=(X^{\mathrm{T}}X)^{-1}X^{\mathrm{T}}Y \tag{8.14}$$

称 $\hat{\varepsilon}=Y-X\hat{\beta}$ 为残差向量, 通常取 $\hat{\sigma}^2=\hat{\varepsilon}^{\mathrm{T}}\hat{\varepsilon}/(n-p-1)$ 为 σ^2 的估计, 有 $E(\hat{\sigma}^2)=\sigma^2$.

模型检验有两种: 一是回归系数的显著性检验, 检验某个变量的系数是否为 0; 二是回归方程的显著性检验, 检验该组数据是否适合用线性回归方程.

(1) 回归系数的显著性检验. 定义统计量

$$T_j=\hat{\beta}_j/\left(\hat{\sigma}\sqrt{c_{jj}}\right)\sim t(n-p-1),\quad c_{jj}=\left((X^{\mathrm{T}}X)^{-1}\right)_{jj}$$

对于给定的显著性水平 α, 如果 $|T_j|\geqslant t_{\alpha/2}(n-p-1)$($t$ 分布), 则回归系数 $\beta_j\neq 0$, 说明 y 对 x_i 具有显著的线性关系; 否则 $\beta_j=0$.

(2) 回归方程的显著性检验. 定义统计量

$$F = \frac{S_1/p}{S_2/(n-p-1)} \sim F(p, n-p-1)$$

其中

$$S_1 = \sum_{i=1}^{n} (\hat{y}_i - \overline{y})^2, \quad S_2 = \sum_{i=1}^{n} (y_i - \hat{y}_i)^2, \quad \overline{y} = \frac{1}{n}\sum_{i=1}^{n} y_i$$

$$\hat{y}_i = \hat{\beta}_0 + \hat{\beta}_1 x_{i1} + \hat{\beta}_2 x_{i2} + \cdots + \hat{\beta}_p x_{ip}$$

对于给定的显著性水平 α, 如果 $F > F_\alpha(p, n-p-1)$, 则该组数据适合用线性回归方程, 否则不适合.

注 8.2 多元线性回归一般也要先进行直观判断, 再假设线性模型. 如果 y 对某个 x_i 的散点图呈线性趋势的话, 一般就可以假设模型中含有项 $\beta_i x_i$; 如果 y 对每个 x_i 的散点图都呈线性趋势的话, 则可建立多元线性回归模型 (8.8), 当然计算后的显著性检验还要进行.

注 8.3 在多元情况下, 令 $\varepsilon = (\varepsilon_1, \varepsilon_2, \cdots, \varepsilon_n)^{\mathrm{T}}$, 若 $\mathrm{Cov}(\varepsilon, \varepsilon) = \sigma_n^2 I$ 不被满足, $\mathrm{Cov}(\varepsilon, \varepsilon) = \varOmega$, $\varOmega$ 为一非奇异对称矩阵, 则采用广义最小二乘 (GLS) 法; 若 $x_1, x_2, \cdots, x_k$, $k \leqslant p$ 线性相关, 则为多重共线问题, 应采用岭回归方法处理.

注 8.4 多元线性回归中也有回归系数的置信区间和预测值的置信区间估计问题, 具体可查看有关书籍, 不在此详述.

8.2 非线性回归模型

在很多实际问题中, 当从散点图或机理分析判断两个变量之间的关系不是线性关系时, 应考虑采用非线性回归方法 (也称非线性曲线拟合). 由于非线性描述的内容极为丰富, 因此采用什么函数 (或称模型) 作为回归函数, 是非线性回归中的关键问题.

非线性模型的一般形式可设为

$$y = f(x, \beta) + \varepsilon \tag{8.15}$$

其中, f 是一般的非线性函数, β 是 p 维参数向量, ε 是一随机误差变量, 满足 $E(\varepsilon) = 0$ 和 $\mathrm{Var}(\varepsilon) = \sigma^2$.

利用 “最小二乘” 回归思想, 求 β 的估计 $\hat{\beta}$, 使误差

$$S(\beta) = \sum_{i=1}^{n} \varepsilon_i^2 = \sum_{i=1}^{n} [y_i - f(x_i, \beta)]^2 \tag{8.16}$$

最小, 即 $\hat{\beta}=\arg\min S(\beta)$. 将 $\hat{\beta}$ 的值代入 $f(x,\beta)$, 得非线性回归模型 $\hat{y}=f(x,\hat{\beta})$.

非线性优化问题 $\min S(\beta)$ 可采用高斯–牛顿方法求解.

设 $(x_i,y_i)(i=1,2,\cdots,n)$ 是一组观察数据, 用 $f_i(\beta)$ 代替 $f(x_i,\beta)$. 在 $\beta=\beta_0$ 点处, 将 $f_i(\beta)$ 作一阶泰勒展开, 得

$$f(\beta)\approx f(\beta_0)+J(\beta_0)(\beta-\beta_0)$$

其中, $f(\beta)=(f_1(\beta),f_2(\beta),\cdots,f_n(\beta))^{\mathrm{T}}$, $J(\beta_0)$ 是 $n\times p$ 雅可比矩阵

$$J(\beta_0)=\left[\begin{array}{cccc}\dfrac{\partial f_1(\beta)}{\partial\beta_1} & \dfrac{\partial f_1(\beta)}{\partial\beta_2} & \cdots & \dfrac{\partial f_1(\beta)}{\partial\beta_p}\\ \dfrac{\partial f_2(\beta)}{\partial\beta_1} & \dfrac{\partial f_2(\beta)}{\partial\beta_2} & \cdots & \dfrac{\partial f_2(\beta)}{\partial\beta_p}\\ \vdots & \vdots & & \vdots\\ \dfrac{\partial f_n(\beta)}{\partial\beta_1} & \dfrac{\partial f_n(\beta)}{\partial\beta_2} & \cdots & \dfrac{\partial f_n(\beta)}{\partial\beta_p}\end{array}\right]_{\beta=\beta_0}$$

记 $y=(y_1,y_2,\cdots,y_n)^{\mathrm{T}}$, 则误差有如下表示式:

$$\begin{aligned}S(\beta)&=\sum_{i=1}^{n}[y_i-f(x_i,\beta)]^2=[y-f(\beta)]^{\mathrm{T}}[y-f(\beta)]\\&=[y-f(\beta_0)-J(\beta_0)(\beta-\beta_0)]^{\mathrm{T}}[y-f(\beta_0)-J(\beta_0)(\beta-\beta_0)]\\&=[y-f(\beta_0)]^{\mathrm{T}}[y-f(\beta_0)]-2[y-f(\beta_0)]^{\mathrm{T}}J(\beta_0)(\beta-\beta_0)\\&\quad+(\beta-\beta_0)^{\mathrm{T}}J^{\mathrm{T}}(\beta_0)J(\beta_0)(\beta-\beta_0)\end{aligned}$$

记

$$g(\beta)=\left(\frac{\partial S}{\partial\beta_1},\frac{\partial S}{\partial\beta_2},\cdots,\frac{\partial S}{\partial\beta_p}\right)^{\mathrm{T}}$$

则

$$g(\beta)=-2J^{\mathrm{T}}(\beta_0)[y-f(\beta_0)]+2J^{\mathrm{T}}(\beta_0)J(\beta_0)(\beta-\beta_0)$$

令 $g(\beta)=0$, 得

$$J^{\mathrm{T}}(\beta_0)J(\beta_0)(\beta-\beta_0)=J^{\mathrm{T}}(\beta_0)[y-f(\beta_0)]$$

进而

$$\beta=\beta_0+[J^{\mathrm{T}}(\beta_0)J(\beta_0)]^{-1}J^{\mathrm{T}}(\beta_0)[y-f(\beta_0)]$$

这样得到递推公式

$$\beta_{i+1}=\beta_i+[J^{\mathrm{T}}(\beta_i)J(\beta_i)]^{-1}J^{\mathrm{T}}(\beta_i)[y-f(\beta_i)],\quad i=0,1,2,\cdots \tag{8.17}$$

利用此递推公式可迭代计算 β 的估计 $\hat{\beta}$.

特别地, 若模型 (8.15) 成为线性模型

$$y=\beta x+\varepsilon$$

则雅可比矩阵为 $J(\beta)=x$, 此时无论从哪一点 β_0 开始, 第一次估计 β_1 为

$$\beta_1=\beta_0+[x^{\mathrm{T}}x]^{-1}x^{\mathrm{T}}[y-\beta_0 x]=[x^{\mathrm{T}}x]^{-1}x^{\mathrm{T}}y$$

即第一步就可得到 β 的估计值. 这与线性回归中的结果一样. 由此可见, 求线性回归的方法是高斯-牛顿方法的特殊情形.

例 8.3 药物吸收量与血浆浓度. 根据药理学的蛋白结合原理, 蛋白的 Langmuir 型单分子层具有吸附功能, 在恒温的条件下, 每克蛋白的药物吸附量 y 与血浆药物浓度 x 的关系为 $y=\dfrac{\beta_2 x}{\beta_1+x}$. 表 8.3 给出了 10 组观测值, 求参数 β_1 与 β_2 的估计值.

采用递推公式 (8.17) 直接求 β_1 和 β_2 的估计值. 因为

$$\frac{\partial f}{\partial\beta_1}=\frac{-\beta_2 x}{(\beta_1+x)^2},\quad \frac{\partial f}{\partial\beta_2}=\frac{x}{\beta_1+x}$$

取 β_1 和 β_2 的初值分别为 $\beta_{10}=261.39,\beta_{20}=5.98$, 则 J_0 与 $y-f_0$ 分别为

$$J_0=J(\beta_0)=\begin{bmatrix}-0.0010 & 0.0463\\ -0.0016 & 0.0747\\ -0.0032 & 0.1651\\ -0.0040 & 0.2280\\ -0.0057 & 0.4483\\ -0.0008 & 0.0351\\ -0.0017 & 0.0793\\ -0.0027 & 0.1793\\ -0.0037 & 0.2060\\ -0.0057 & 0.4732\end{bmatrix},\quad y-f_0=y-f(\beta_0)=\begin{bmatrix}-0.1741\\ 0.0190\\ -0.2205\\ 0.2095\\ -0.2188\\ -0.1267\\ -0.0750\\ 0.0561\\ 0.5034\\ -0.4698\end{bmatrix}$$

计算得

$$[J_0^{\mathrm{T}}\quad J_0]^{-1}J_0^{\mathrm{T}}(y-f_0)=(-188.62,-3.02)^{\mathrm{T}}$$

$$\beta_{11}=261.39-188.62=72.77,\quad \beta_{21}=5.98-3.02=2.96$$

表 8.3　药物吸附量与血浆浓度观测数据

序号	1	2	3	4	5	6	7	8	9	10
x	12.7	21.1	51.7	77.2	212.4	9.5	22.5	42.3	67.8	234.8
y	0.103	0.466	0.767	1.573	2.462	0.083	0.399	0.889	1.735	2.360

若取临界值 $\delta=0.00005$, 继续迭代则最终可得 β_1 和 β_2 的估计值为 $\hat{\beta}_1=144.66, \hat{\beta}_2=4.05$, 即回归曲线为

$$\hat{y}=\frac{4.05x}{144.66+x}$$

其图像是表 8.3 的散点图, 如图 8.2 所示.

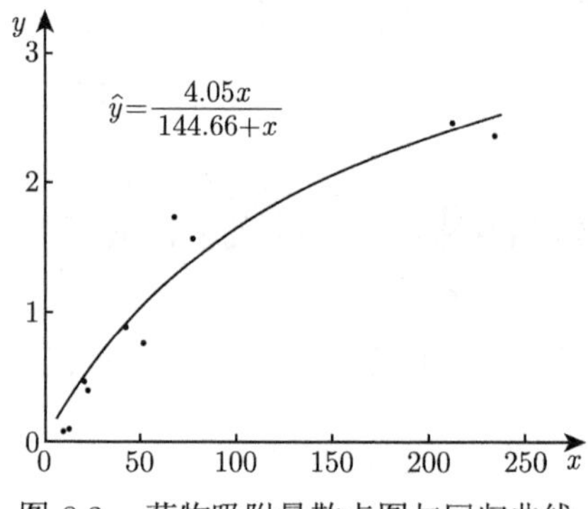

图 8.2　药物吸附量散点图与回归曲线

下面介绍几类常见的非线性回归模型.

(1) 逻辑斯谛 (Logistic) 增长模型

$$\frac{\mathrm{d}\omega}{\mathrm{d}t}=\frac{k\omega(\alpha-\omega)}{\alpha}\quad (k>0)$$

的解为

$$\omega=\frac{\alpha}{1+\beta\mathrm{e}^{-kt}}$$

由于 $\lim\limits_{t\to\infty}\omega=\alpha$, 所以这也是一种渐近回归模型, 它的变形有

$$\omega=\frac{\alpha}{1+\exp(\beta-rt)},\quad \omega=\frac{1}{\alpha+\beta\exp(-rt)},\quad \omega=\frac{1}{\alpha+\beta r^t}$$

$$\omega = \frac{\alpha}{1+\exp(\beta)\cdot rt}, \quad \omega = \frac{1}{\alpha+\exp(\beta)\cdot rt}, \quad \omega = \frac{\alpha}{1+\beta\exp(-rt)}$$

(2) 冈珀茨模型

$$\frac{\mathrm{d}\omega}{\mathrm{d}t} = k\omega\ln(\alpha/e)$$

的解为

$$\omega = \alpha\exp(-\beta\mathrm{e}^{-kt})$$

该模型的变形有

$$\omega = \alpha\exp[-\exp(\beta - rx)], \quad \omega = \exp(\alpha - \beta r^t)$$

逻辑斯谛增长模型和冈珀茨模型的图形都具有 S 形, 曲线在某点后递增率由迅速增大到逐渐减小, 并且趋于一个稳定值, 即曲线存在拐点, 称为 S 形生长模型. S 形生长模型中的参数 α, β 和 r 有其自身的含义. 参数 α 与渐近性有关, 对于大部分模型, 渐近线是 $y = \alpha$ (或 $\exp(\alpha)$, $1/\alpha$); 参数 β 与 y 轴上的 "截距" 有关, 对于某些模型, 截距正好是 β; 参数 r 与响应变量从 "初值"(由 β 的大小确定) 改变到它的 "终值" (由 α 的大小确定) 的速度有关.

对于这些模型参数的估计, 通常是从一组数据出发, 假设非线性模型为

$$y = f(x,\theta) + \varepsilon \quad 或 \quad y = f(x,\theta)\mathrm{e}^{\varepsilon}$$

然后再分别求出残差平方和 $Q = \sum_{i=1}^{n}(y_i - \hat{y}_i)^2$, 取 Q 值最小的模型作为拟合的模型.

(3) 渐近回归模型.

形如 $y = \alpha - \beta r^x$ 的渐近回归模型广泛地应用于农业、生物学和工程学, 它与 S 形生长模型不同的是, 该类模型没有拐点.

一种渐近回归模型是单分子增长模型 $y = \alpha(1 - \beta\mathrm{e}^{-kx})$, 它是方程

$$\frac{\mathrm{d}y}{\mathrm{d}t} = k(\alpha - \omega)$$

的解. 其他类型的渐近回归模型有

$$y = \alpha\{1 - \exp[-(x+\beta)r]\}, \quad y = \alpha - \exp[-(\beta + rx)]$$

$$y = \alpha - \exp(-\beta)r^x, \quad y = \frac{1}{\alpha} - \beta r^x, \quad y = \exp(\alpha) - \beta r^x$$

此外, 在建立多元回归方程的过程中, 可按照偏相关系数的大小次序将自变量逐个引入方程, 对引入方程中的每个自变量偏相关系数进行统计检验, 效应显著地留在回归方程内, 循此继续遴选下一个自变量; 如果效应不显著, 停止引入新自变量. 同时, 由于新自变量的引入, 已引入方程中的自变量由于变量之间的相互作用及其效应有可能变得不显著, 经统计检验确证后要随时从方程中剔除, 只保留效应显著的自变量, 直至不再引入和剔除自变量为止, 从而得到最优的回归方程. 这种方法被称为逐步回归分析方法, 具体细节可查阅有关资料.

8.3 逻辑斯谛回归模型

逻辑斯谛回归模型通常用于研究某一现象发生概率 p 的大小, 以及讨论 p 的大小与哪些因素有关这类问题. 如探索某疾病的危险因素, 根据危险因素预测某疾病发生的概率. 直接处理可能性数值 p 存在两点困难: ① p 与自变量的关系难以用线性模型来描述; ② 当 p 接近于 0 或 1 时, p 值的微小变化用普通的方法难以发现和处理好. 为了解决上述问题, 逻辑斯谛回归模型采取对 p 的一个严格单调函数 $Q=Q(p)$ 进行建模, 并要求 $Q(p)$ 在 $p=0$ 或者 $p=1$ 的附近的微小变化要很敏感. 具体地, 令

$$Q=\ln\frac{p}{1-p} \tag{8.18}$$

式 (8.18) 中的变换称为 Logit 变换. Logit 变换使得当 p 从 0 变化到 1 时, Q 的值从 $-\infty$ 变化到 $+\infty$, 进而保证在数据处理上的方便性. 如果对自变量的关系式是线性的、二次的或多项式的, 通过普通的最小二乘法就可以处理, 然后从 p 与 Q 的反函数关系式中求出 p 与自变量的关系. 例如 $Q=bx$, 则有 $p=\dfrac{\mathrm{e}^{bx}}{1+\mathrm{e}^{bx}}$, 这就是 Logit 变换所带来的方便之处.

根据上面的思想, 当因变量只取 0 与 1 两个值时, 因变量取 1 的概率 $p\,(y=1)$ 就是要研究的对象. 影响 y 的取值因素记为 $x_1,x_2,\cdots,x_k$, 其中 x_i 可以是定性变量, 也可以是定量变量.

令

$$\ln\frac{p}{1-p}=b_0+b_1x_1+\cdots+b_kx_k \tag{8.19}$$

即 $\ln\dfrac{E(y)}{1-E(y)}$ 是 $x_1,x_2,\cdots,x_k$ 的线性函数, 式 (8.19) 称为逻辑斯谛线性回归方程. 由于式 (8.19) 所确定的模型相当于广义线性模型, 因此可以应用线性模型的处理方法.

注 8.5 逻辑斯谛回归不同于一般回归分析的地方在于它直接预测出了事件发生的概率. 此外, 不能从普通回归的角度来分析逻辑斯谛回归, 原因在于: ① 离散变量的误差形式遵从伯努利分布, 而不是正态分布, 这导致基于正态性假设的统计检验无效; ② 0-1 型变量的方差不是常数, 会造成异方差性. 逻辑斯谛回归是专门处理这些问题的, 它的解释变量与被解释变量之间独特的关系使得在估计、评价拟合度和解释系数方面有不同的方法.

注 8.6 估计逻辑斯谛回归模型与估计多元回归模型的方法是不同的. 多元回归采用最小二乘估计, 将被解释变量的真实值与预测值差异的平方和最小化. 而 Logit 变换的非线性特征使得在估计模型的时候采用极大似然估计的迭代方法, 找到系数的"最可能"的估计. 这样在计算整个模型拟合度的时候, 就采用似然值而不是离差平方和.

注 8.7 逻辑斯谛回归的好处在于人们只需要知道一件事情 (有没有购买、公司成功还是失败) 是否发生了, 然后再用 0-1 型变量作为被解释变量. 从这个 0-1 型变量中, 预测出事件发生或者不发生的概率. 如果预测概率大于 0.5, 则预测发生, 反之则不发生. 假定事件发生的概率为 p, 优势比率可以表示为

$$\frac{p}{1-p}=\mathrm{e}^{b_0+b_1x_1+\cdots+b_nx_n} \tag{8.20}$$

优势比率描述了事件发生与不发生的概率比. 如果估计系数 b_i 是正的, 它的反对数值 (指数) 一定大于 1, 则优势比率会增加; 反之, 如果 b_i 是负的, 则优势比率会减小.

逻辑斯谛回归的参数估计和假设检验方法此处省略, 具体细节可查阅有关资料. 下面针对不同数据结构类型介绍逻辑斯谛回归模型的建立过程.

8.3.1 分组数据的逻辑斯谛回归模型

针对 0-1 型因变量产生的问题, 逻辑斯谛回归模型的两方面改进之处在于:

(1) 回归函数应该改用限制在 [0, 1] 区间内的连续曲线, 而不能再沿用直线回归方程. 限制在 [0, 1] 区间内的连续曲线有很多, 例如所有连续型随机变量的分布函数都符合要求, 人们常用的是逻辑斯谛函数与正态分布函数. 逻辑斯谛函数的形式为

$$f(x)=\frac{\mathrm{e}^x}{1+\mathrm{e}^x}=\frac{1}{1+\mathrm{e}^{-x}}$$

(2) 因变量 y_i 本身只取 0 与 1 两个离散值, 不适于直接作为回归模型中的因变量. 由于回归函数 $E(y_i)=\pi_i=\beta_0+\beta_1x_i$ 表示在自变量为 x_i 的条件下 y_i 的平均值, 而其是 0-1 型随机变量, 因而 $E(y_i)=\pi_i$ 就是在自变量为 x_i 的条件下 y_i 等于 1 的比例. 因此可以用 $y_i=1$ 的比例代替 y_i 本身作为因变量.

例 8.4　在一次住房展销会上, 与房地产商签订初步购房意向书的共有 $n = 313$ 名顾客, 在随后的三个月内, 只有一部分顾客确实购买了房屋. 购买了房屋的顾客记为 1, 没有购买房屋的顾客记为 0. 以顾客的年家庭收入 (单位: 万元) 为自变量, 对表 8.4 所列数据建立逻辑斯谛回归模型.

表 8.4　顾客购房数据

序号	年家庭收入	签订初步购房意向书人数	实际购房人数	购房比例	Logit 变换	权重
1	1.5	25	8	0.320000	−0.75377	5.440
2	2.5	32	13	0.406250	−0.37949	7.719
3	3.5	58	26	0.448267	−0.20764	14.345
4	4.5	52	22	0.423077	−0.31015	12.692
5	5.5	43	20	0.465116	−0.13976	10.698
6	6.5	39	22	0.564103	0.257829	9.590
7	7.5	28	16	0.571429	0.287682	6.857
8	8.5	21	12	0.571429	0.287682	5.143
9	9.5	15	10	0.666667	0.693147	3.333

逻辑斯谛回归方程为

$$p_i = \frac{\exp(\beta_0 + \beta_1 x_i)}{1 + \exp(\beta_0 + \beta_1 x_i)}, \quad i = 1, 2, \cdots, c \tag{8.21}$$

其中, c 为分组数据的组数, 本例 $c = 9$. 将以上回归方程作线性化变换, 令

$$p_i' = \ln\left(\frac{p_i}{1 - p_i}\right)$$

变换后的线性回归模型为

$$p_i' = \beta_0 + \beta_1 x_i + \varepsilon_i \tag{8.22}$$

式 (8.22) 是一个普通的一元线性回归模型. 式 (8.22) 没有给出误差项的形式, 认为其误差项的形式就是作线性化变换所需要的形式. 利用表 8.4 的数据, 算出经验回归方程为

$$\hat{p}' = -0.886 + 0.156x \tag{8.23}$$

判定系数 $r^2 = 0.9243$, 高度显著. 将式 (8.23) 还原为式 (8.21) 的逻辑斯谛回归方程为

$$\hat{p} = \frac{\exp(-0.886 + 0.156x)}{1 + \exp(-0.886 + 0.156x)} \tag{8.24}$$

利用式 (8.24) 可以对购房比例作预测, 例如对 $x=8$, 可得

$$\hat{p}_0=\frac{\exp(-0.886+0.156\times 8)}{1+\exp(-0.886+0.156\times 8)}=\frac{1.436}{1+1.436}=0.590$$

这表明在住房展销会上与房地产商签订初步购房意向书的年收入 8 万元的家庭中, 预计实际购房比例为 59%. 或者说, 一个签订初步购房意向书的年收入 8 万元的家庭, 其购房概率为 59%.

上面使用逻辑斯谛回归模型成功地拟合了因变量为确定性变量的回归模型, 不足之处就是异方差性并没有解决, 式 (8.22) 的回归模型不是等方差的, 应该对式 (8.22) 用加权最小二乘估计. 当 n_i 较大时, p_i' 的近似方差为

$$\mathrm{Var}\left(p_i'\right)\approx\frac{1}{n_i\pi_i\left(1-\pi_i\right)}$$

其中 $\pi_i=E\left(y_i\right)$, 因而选取权数为

$$w_i=n_ip_i\left(1-p_i\right)$$

对例 8.4 重新用加权最小二乘作估计. 用加权最小二乘法得到的逻辑斯谛回归方程为

$$\hat{p}=\frac{\exp(-0.849+0.149x)}{1+\exp(-0.849+0.149x)} \tag{8.25}$$

利用式 (8.25) 可以对 $x_0=8$ 时的购房比例作预测, 可得

$$\hat{p}_0=\frac{\exp(-0.849+0.149\times 8)}{1+\exp(-0.849+0.149\times 8)}=\frac{1.409}{1+1.409}=0.585$$

从而得年收入 8 万元的家庭预计实际购房比例为 58.5%, 这个结果与未加权的结果很接近.

以上的例子是只有一个自变量的情况, 分组数据的逻辑斯谛回归模型可以很方便地推广到多个自变量的情况.

分组数据的逻辑斯谛回归只适用于大样本的分组数据, 对小样本的未分组数据不适用. 并且以组数 c 为回归拟合的样本量, 使拟合的精度低. 实际上, 我们可以用极大似然估计直接拟合未分组数据的逻辑斯谛回归模型, 下面介绍这个方法.

8.3.2 未分组数据的逻辑斯谛回归模型

设 y 是 0-1 型变量, $x_1,x_2,\cdots,x_p$ 是与 y 相关的确定性变量, n 组观测数据为 $(x_{i1},x_{i2},\cdots,x_{ip};y_i)$, $i=1,2,\cdots,n$, 其中 $y_1,y_2,\cdots,y_n$ 是取值 0 或 1 的随机

变量, y_i 与 $x_{i1},x_{i2},\cdots,x_{ip}$ 的关系为

$$E(y_i)=\pi_i=f(\beta_0+\beta_1x_{i1}+\beta_2x_{i2}+\cdots+\beta_px_{ip})$$

其中, 函数 $f(x)$ 是值域在 [0, 1] 区间内的单调增加函数. 对于逻辑斯谛回归, 取 $f(x)=\dfrac{\mathrm{e}^x}{1+\mathrm{e}^x}$, 于是 y_i 是均值为 $\pi_i=f(\beta_0+\beta_1x_{i1}+\beta_2x_{i2}+\cdots+\beta_px_{ip})$ 的 0-1 型分布, 概率函数为

$$P(y_i=1)=\pi_i,\quad P(y_i=0)=1-\pi_i$$

将 y_i 的概率函数改写为

$$P(y_i)=\pi_i^{y_i}(1-\pi_i)^{1-y_i},\quad y_i=0,1,\quad i=1,2,\cdots,n \tag{8.26}$$

于是, $y_1,y_2,\cdots,y_n$ 的似然函数为

$$L=\prod_{i=1}^{n}P(y_i)=\prod_{i=1}^{n}\pi_i^{y_i}(1-\pi_i)^{1-y_i} \tag{8.27}$$

对似然函数取自然对数, 得

$$\ln L=\sum_{i=1}^{n}[y_i\ln\pi_i+(1-y_i)\ln(1-\pi_i)]=\sum_{i=1}^{n}\left[y_i\ln\frac{\pi_i}{1-\pi_i}+\ln(1-\pi_i)\right]$$

对于逻辑斯谛回归, 将 $\pi_i=\dfrac{\exp(\beta_0+\beta_1x_{i1}+\cdots+\beta_px_{ip})}{1+\exp(\beta_0+\beta_1x_{i1}+\cdots+\beta_px_{ip})}$ 代入得

$$\begin{aligned}\ln L=\sum_{i=1}^{n}[&y_i(\beta_0+\beta_1x_{i1}+\cdots+\beta_px_{ip})\\&-\ln(1+\exp(\beta_0+\beta_1x_{i1}+\cdots+\beta_px_{ip}))]\end{aligned} \tag{8.28}$$

极大似然估计就是选取 $\beta_0,\beta_1,\beta_2,\cdots,\beta_p$ 的估计值 $\hat{\beta}_0,\hat{\beta}_1,\hat{\beta}_2,\cdots,\hat{\beta}_p$ 使式 (8.28) 达到极大.

例 8.5　在一次关于公共交通的社会调查中, 一个调查项目是“是乘坐公共汽车上下班, 还是骑自行车上下班”. 因变量 $y=1$ 表示主要乘坐公共汽车上下班, $y=0$ 表示主要骑自行车上下班. 自变量 x_1 是年龄, 作为连续型变量; x_2 是性别, $x_2=1$ 表示男性, $x_2=0$ 表示女性. 调查对象为工薪族群体. 数据见表 8.5, 试建立 y 与自变量间的逻辑斯谛回归方程.

表 8.5 工薪族上下班乘车情况数据表

序号	1	2	3	4	5	6	7	8	9	10
x_1	18	21	23	23	28	31	36	42	46	48
x_2	0	0	0	0	0	0	0	0	0	0
y	0	0	1	1	1	0	1	1	1	0
序号	11	12	13	14	15	16	17	18	19	20
x_1	55	56	58	18	20	25	27	28	30	32
x_2	0	0	0	1	1	1	1	1	1	1
y	1	1	0	0	0	0	1	0	1	0
序号	21	22	23	24	25	26	27	28		
x_1	33	33	38	41	45	48	52	56		
x_2	1	1	1	1	1	1	1	1		
y	0	0	0	0	1	0	1	1		

逻辑斯谛回归方程为

$$p = \frac{\exp(\beta_0 + \beta_1 x_1 + \beta_2 x_2)}{1 + \exp(\beta_0 + \beta_1 x_1 + \beta_2 x_2)}$$

利用表 8.5 中数据, 借助极大似然估计法可以得到最终的逻辑斯谛回归方程为

$$\hat{p} = \frac{\exp(-2.6285 + 0.1023x_1 - 2.2239x_2)}{1 + \exp(-2.6285 + 0.1023x_1 - 2.2239x_2)} \tag{8.29}$$

针对不同性别和年龄, 利用式 (8.29) 可以针对工薪族上下班乘车情况进行预测. 逻辑斯谛回归的应用范围非常广泛, 如将其用于高考标准化试题的评价. 对逻辑斯谛回归感兴趣的读者可以进一步查阅有关资料.

思考题 8

8.1 为了提高某丝织品的质量, 通过控制上机张力来控制织缩率 (成品长与原料丝长之比), 进而减少断头率. 进行了 15 次试验, 数据如表 8.6. 试建立织缩率与断头率的表达式.

表 8.6 断头率数据

序号	1	2	3	4	5	6	7	8
织缩率 x	4.20	4.06	3.80	3.60	3.40	3.20	3.00	2.80
断头率 y/(根/(台 · 时))	0.086	0.090	0.120	0.130	0.150	0.170	0.190	0.090
序号	9	10	11	12	13	14	15	
织缩率 x	2.60	2.40	2.20	2.00	1.80	1.60	1.40	
断头率 y/(根/(台 · 时))	0.220	0.240	0.350	0.440	0.620	0.940	1.620	

8.2 海生草食性哺乳动物儒艮的长度 y 对年龄 x 的关系, 有如表 8.7 的观测数据, 试确定之.

表 8.7 儒艮的长度数据

序号	1	2	3	4	5	6	7	8	9
x	1	1.5	1.5	1.5	2.5	4.0	5.0	5.0	7.0
y	1.80	1.85	1.87	1.77	2.02	2.27	2.15	2.26	2.35
序号	10	11	12	13	14	15	16	17	18
x	8.0	8.5	9.0	9.5	9.5	10.0	12.0	12.0	13.0
y	2.47	2.19	2.26	2.40	2.39	2.41	2.50	2.32	2.43
序号	19	20	21	22	23	24	25	26	27
x	13.0	14.5	15.5	15.5	16.5	17.0	22.5	29.0	31.5
y	2.47	2.56	2.65	2.47	2.64	2.56	2.70	2.72	2.57

8.3 某丝织厂为了掌握一种新型织机的性能, 考察了织造工序经轴裂缝嵌边病疵 (经丝嵌入经轴两侧而塌入裂缝内) 的庄数 y 与上道工序和织造工序温度差异 x 的关系, 经 26 次试验, 得到如表 8.8 的数据.

表 8.8 新型织机的性能数据

序号	1	2	3	4	5	6	7	8	9	10	11	12	13
x	2	2.5	3	3.5	4	4.5	5	5.5	6	6.5	7	7.5	8
y	1	1	1	3	2	4	3	3	5	4	8	8	1
序号	14	15	16	17	18	19	20	21	22	23	24	25	26
x	8.5	9	9.5	10	10.5	11	11.5	12	12.5	13	13.5	14	14.5
y	10	11	19	18	18	24	24	25	28	31	29	30	38

8.4 美国一个城市的居民家庭, 按其有无割草机可分为两组, 有割草机的一组记为 z_1, 没有割草机的一组记为 z_2, 割草机工厂欲判断一些家庭是否将购买割草机. 从 z_1 和 z_2 分别随机抽取 12 个样品, 调查两项指标: x_1 表示家庭收入, x_2 表示房前屋后土地面积, 数据见表 8.9.

表 8.9 割草机数据

z_1 : 有割草机家庭		z_2 : 无割草机家庭	
x_1 / (1000 美元)	x_2 / (1000ft^2)	x_1 / (1000 美元)	x_2 / (1000ft^2)
20.0	9.2	25.0	9.8
28.5	8.4	17.6	10.4
21.6	10.8	21.6	8.6
20.5	10.4	14.4	10.2
29.0	11.8	28.0	8.8
36.7	9.6	16.4	8.8
36.0	8.8	19.8	8.0
27.6	11.2	22.0	9.2
23.0	10.0	15.8	8.2
31.0	10.4	11.0	9.4
17.0	11.0	17.0	7.0
27.0	10.0	21.0	7.4

第 9 章 分类模型

机器学习是一个从训练集中学习算法的研究领域. 而分类是一项需要使用机器学习算法的任务, 该算法学习如何为数据集分配类别标签. 例如, 将电子邮件分类为“垃圾邮件” 或“非垃圾邮件”(二分类的典型特征“非此即彼”). 在机器学习中可能遇到许多不同类型的分类任务, 每种模型都会使用与之相对应的建模方法. 分类预测建模即将类别标签分配给输入样本; 二分类是指预测两个类别之一 (非此即彼), 而多分类则涉及预测两个以上类别; 多标签分类涉及为每个样本预测一个或多个类别; 而在不平衡分类中, 样本在各个类别之间的分布不相等. 本章介绍几种常见的分类模型: K-近邻分类、贝叶斯分类、支持向量机和神经网络模型.

9.1 K-近邻分类

K-近邻 (K-NN) 分类算法是一种基于实例的分类方法, 最初是由 Cover 和 Hart 于 1968 年提出的, 是一种非参数的分类方法.

K-近邻分类方法通过计算每个训练样例到待分类样本的距离, 取和待分类样本距离最近的 k 个训练样例, k 个样本中哪个类别的训练样例占多数, 则待分类元组就属于哪个类别. 最近邻分类器把每个样本看作 d 维空间上的一个数据点, 其中 d 是属性个数. 给定一个测试样本, 可以计算该测试样本与训练集中其他数据点的距离 (邻近度), 给定样本 z 的 K-近邻是指找出和 z 距离最近的 k 个数据点.

图 9.1 给出了位于圆圈中心的数据点的 1-近邻、2-近邻和 3-近邻. 该数据点根据其近邻的类标号进行分类. 如果数据点的近邻中含有多个类标号, 则将该数据点指派到其最近邻样本出现频率最高的类别. 在图 9.1(a) 中, 数据点 (三角标注) 的 1-近邻是一个负例, 因此该点被指派到负类. 如果最近邻是三个, 如图 9.1(c) 所示, 其中包括两个正例和一个负类数据点, 根据多数表决方案, 该点被指到正类. 在最近邻中正例和负例个数相同的情况下, 见图 9.1(b), 可随机选择一个类标号来分类该点.

K-近邻算法具体步骤如下:

(1) 初始化距离为最大值;

(2) 计算未知样本和每个训练样本的距离 dist;

(3) 到目前 k 个最邻近样本中的最大距离 maxdist;

(4) 如果 dist 小于 maxdist, 则将该训练样本作为 K-近邻样本;

(5) 重复步骤 (2)~(4), 直到未知样本和所有训练样本的距离都计算完成;
(6) 统计 k 个最近邻样本中每个类别出现的次数;
(7) 选择出现频率最高的类别作为未知样本的类别.

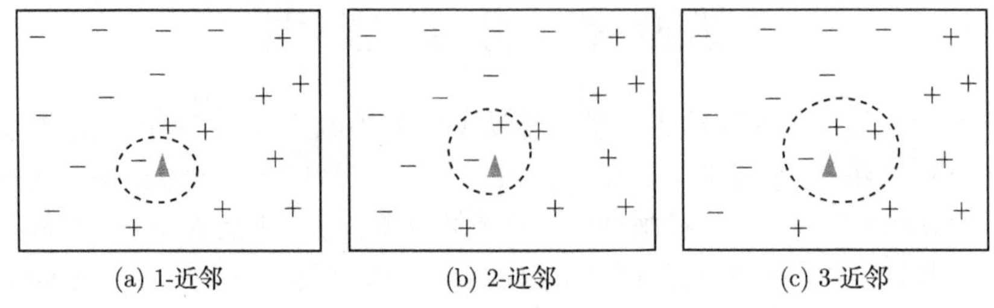

(a) 1-近邻　　(b) 2-近邻　　(c) 3-近邻

图 9.1 一个实例的 1-近邻、2-近邻和 3-近邻

根据 K-近邻算法的原理和步骤, 可以看出, K-近邻算法对 k 值的依赖较高, 所以 k 值的选择就非常重要了. 如果 k 值的选取比较小, 则覆盖的邻域的训练样本比较小, 从而导致预测结果对训练样本比较敏感, 很容易发生过拟合现象; 如果 k 值的选取比较大, 则覆盖的邻域的训练样本会比较多, 分类准确率会提高, 但是随着 k 值的增大, 则样本携带的噪声就会导致分类错误率上升, 所以对于 k 值的选取过犹不及; 通常可以采用交叉验证的方式来选择最优的 k 值, 即对于每一个 k 值都做若干次交叉验证, 然后计算出它们各自的平均误差, 最后选择误差最小的 k 值使用.

例 9.1 一家银行的工作人员通过电话调查客户是否会愿意购买一种理财产品, 并记录调查结果 y. 另外, 银行有这些客户的一些资料 X, 包括 16 个属性, 如表 9.1 所列. 现在希望建立一个分类器, 来预测一个新客户是否愿意购买该产品.

表 9.1 银行客户资料的属性及意义

属性名称	属性意义及类型
age	年龄, 数值变量
job	工作类型, 分类变量
marital	婚姻状况, 分类变量
education	学历情况, 分类变量
default	信用状况, 分类变量
balance	平均每年结余, 数值变量
housing	是否有房贷, 分类变量
loan	是否有个人贷款, 分类变量
contact	留下的通信方式, 分类变量
day	上次联系日期中日的数字, 数值变量
month	上次联系日期中月的数字, 分类变量
duration	上次联系持续时间 (秒), 数值变量
campaign	上次调查该客户的电话受访次数, 数值变量
pdays	上次市场调查后到现在的天数, 数值变量
previous	本次调查前与该客户联系的次数, 数值变量
poutcome	之前市场调查的结果

现在我们就用 K-近邻算法建立该问题的分类器, 在 MATLAB 中具体的实现步骤如下:

1) 准备环境

```
clc, clear all, close all
```

2) 导入数据及数据预处理

```
load bank.mat
% 将分类变量转换成分类数组
names = bank.Properties.VariableNames;
category = varfun(@iscellstr, bank, 'Output', 'uniform');
for i = find(category)
    bank.(names{i}) = categorical(bank.(names{i}));
end
% 跟踪分类变量
catPred = category(1:end-1);
% 设置默认随机数生成方式确保该脚本中的结果是可以重现的
rng('default');
% 数据探索——数据可视化
figure(1)
gscatter(bank.balance,bank.duration,bank.y,'kk','xo')
xlabel('年平均余额/万元', 'fontsize',12)
ylabel('上次接触时间/秒', 'fontsize',12)
title('数据可视化效果图', 'fontsize',12)
set(gca,'linewidth',2);

% 设置响应变量和预测变量
X = table2array(varfun(@double, bank(:,1:end-1)));  % 预测变量
Y = bank.y;   % 响应变量
disp('数据中Yes & No的统计结果: ')
tabulate(Y)
%将分类数组进一步转换成二进制数组以便于某些算法对分类变量的处理
XNum = [X(:,~catPred) dummyvar(X(:,catPred))];
YNum = double(Y)-1;
```

执行以上程序, 会得到数据中 Yes 和 No 的统计结果:

数据中 Yes & No 的统计结果:

```
Value     Count    Percent
no        888      88.80%
yes       112      11.20%
```

同时还会得到数据的可视化结果, 如图 9.2 所示, 图 9.2 显示的是两个变量 (上次接触时间与年平均余额) 的散点图, 也可以说是这两个变量的相关性关系图, 因为根据这些散点, 能大致看出 Yes 和 No 的两类人群关于这两个变量的分布特征.

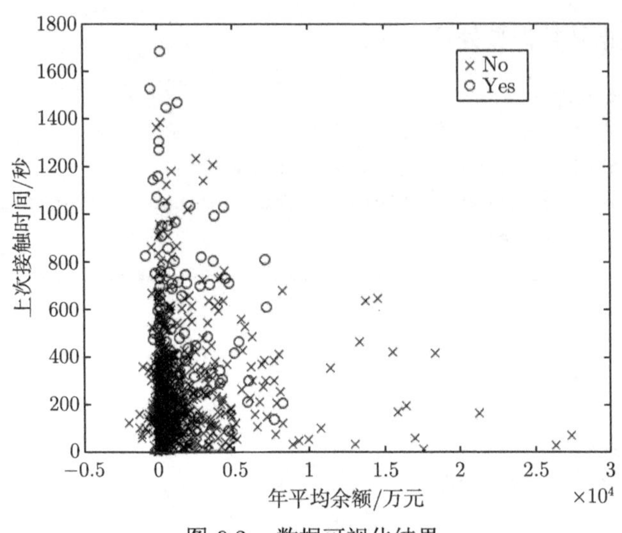

图 9.2 数据可视化结果

3) 设置交叉验证方式

随机选择 40%的样本作为测试样本.

```
cv = cvpartition(height(bank),'holdout',0.40);
% 训练集
Xtrain = X(training(cv),:);
Ytrain = Y(training(cv),:);
XtrainNum = XNum(training(cv),:);
YtrainNum = YNum(training(cv),:);
% 测试集
Xtest = X(test(cv),:);
Ytest = Y(test(cv),:);
XtestNum = XNum(test(cv),:);
YtestNum = YNum(test(cv),:);
disp('训练集: ')
tabulate(Ytrain)
disp('测试集: ')
tabulate(Ytest)
```

程序执行结果如下:

```
训练集:
  Value     Count    Percent
     no       528     88.00%
    yes        72     12.00%
测试集:
  Value     Count    Percent
     no       360     90.00%
    yes        40     10.00%
```

4) 训练 K-近邻分类器

```
knn = ClassificationKNN.fit(Xtrain,Ytrain,'Distance','
    seuclidean',...
                                    'NumNeighbors',5);
% 进行预测
[Y_knn, Yscore_knn] = knn.predict(Xtest);
Yscore_knn = Yscore_knn(:,2);
% 计算混淆矩阵
disp('最近邻方法分类结果: ')
C_knn = confusionmat(Ytest,Y_knn)
```

最近邻方法分类结果:

```
C_knn =


 352     8
  28    12
```

K-近邻方法在类别决策时, 只与极少量的相邻样本有关, 因此, 采用这种方法可以较好地避免样本的不平衡问题. 另外, 由于 K-近邻方法主要靠周围有限的邻近的样本, 而不是靠判别类域的方法来确定所属类别, 因此对于类域的交叉或重叠较多的待分样本集来说, K-近邻方法较其他方法更为适合.

该方法的不足之处是计算量较大, 因为对每个待分类的样本都要计算它到全体已知样本的距离, 才能求得它的 k 个最近邻点. 针对该不足, 主要有以下两类改进方法:

(1) 对于计算量大的问题, 目前常用的解决方法是事先对已知样本点进行剪辑, 去除对分类作用不大的样本. 这样可以挑选出对分类算法有效的样本, 使样本总数合理地减少, 以同时达到减少计算量、存储量的双重效果. 该算法适用于样本容量比较大的类域的自动分类, 而那些样本容量较小的类域, 采用这种算法容易产生误分.

(2) 对样本进行组织、整理、分群、分层, 尽可能将计算压缩到接近测试样本邻域的小范围内, 避免盲目地与训练样本集中的每个样本进行距离计算.

总的来说, 该算法的适应性强, 尤其适用于样本容量比较大的自动分类问题, 而那些样本容量较小的分类问题, 采用这种算法容易产生误分.

9.2　贝叶斯分类

贝叶斯分类是一类分类算法的总称, 这类算法均以贝叶斯定理为基础, 故统称为贝叶斯分类, 是一类利用概率统计知识进行分类的算法, 其分类原理是贝叶斯定理.

贝叶斯定理是由 18 世纪概率论和决策论的早期研究者 Thomas Bayes 发明的, 故用其名字命名为贝叶斯定理. 贝叶斯定理 (Bayes theorem) 是概率论中的一个结果, 它跟随机变量的条件概率以及边缘概率分布有关. 在有些关于概率的解说中, 贝叶斯定理能够告诉我们如何利用新证据修改已有的看法. 通常, 事件 A 在事件 B (发生) 的条件下的概率, 与事件 B 在事件 A 的条件下的概率是不一样的. 然而, 这两者有确定的关系, 贝叶斯定理就是对这种关系的陈述.

假设 X, Y 是一对随机变量, 它们的联合概率 $P(X=x, Y=y)$ 是指 X 取值 x 且 Y 取值 y 的概率, 条件概率是指一随机变量在另一随机变量取值已知的情况下取某一特定值的概率. 例如, 条件概率 $P(Y=y\,|\,X=x)$ 是指在变量 X 取值 x 的情况下, 变量 Y 取值 y 的概率. X 和 Y 的联合概率、条件概率满足如下关系:

$$P(X, Y) = P(Y|X)P(X) = P(X|Y)P(Y)$$

此式变形可得到下面的公式:

$$P(Y|X) = \frac{P(X|Y)P(Y)}{P(X)}$$

称为贝叶斯定理.

贝叶斯定理很有用, 因为它允许我们用先验概率 $P(Y)$、条件概率 $P(X|Y)$ 和证据 $P(X)$ 来表示后验概率. 而在贝叶斯分类器中, 朴素贝叶斯最为常用, 下面介绍朴素贝叶斯的原理.

朴素贝叶斯分类是一种十分简单的分类算法, 叫它朴素贝叶斯分类是因为这种方法的思想真的很朴素. 朴素贝叶斯的思想基础是这样的: 对于给出的待分类项, 求解在此项出现的条件下各个类别出现的概率, 哪个最大, 就认为此待分类项属于哪个类别. 通俗来说, 就好比你在街上看到一个黑种人, 我让你猜他是从哪里来的, 你十有八九猜非洲. 为什么呢? 因为黑种人中非洲人的比率最高, 当然也可能是美洲人或亚洲人, 但在没有其他可用信息的条件下, 我们会选择条件概率最大的类别, 这就是朴素贝叶斯的思想基础. 朴素贝叶斯分类器以简单的结构和良好的性能受到人们的关注, 它是最优秀的分类器之一. 朴素贝叶斯分类器建立在一个类条件独立性假设 (朴素假设) 基础之上: 给定类结点 (变量) 后, 各属性结点 (变量) 之间相互独立. 根据朴素贝叶斯的类条件独立假设, 则有

$$P(X|C_i) = \prod_{k=1}^{m} P(X_k|C_i)$$

条件概率 $P(X_1|C_i), P(X_2|C_i), \cdots, P(X_m|C_i)$ 可以从训练数据集求得. 根据此方法, 对一个未知类别的样本 X, 可以先计算出 X 属于每一个类别 C 的概率 $P(X|C_i)P(C_i)$, 然后选择其中概率最大的类别作为其类别.

朴素贝叶斯分类的步骤如下:

(1) 设 $x = \{a_1, a_2, \cdots, a_m\}$ 为一个待分类项, 而每个 a 为 x 的一个特征属性;

(2) 有类别集合 $C = \{y_1, y_2, \cdots, y_n\}$;

(3) 计算 $P(y_1|x), P(y_2|x), \cdots, P(y_n|x)$;

(4) 如果 $P(y_k|x) = \max\{P(y_1|x), P(y_2|x), \cdots, P(y_n|x)\}$, 则 $x \in y_k$,

那么现在的关键就是如何计算第 (3) 步中的各条件概率, 我们可以这么做

(a) 找到一个已知分类的待分类项集合, 这个集合叫做训练样本集.

(b) 统计得到在各类别下各个特征属性的条件概率估计, 即

$$\begin{gathered}
P(a_1|y_1), P(a_2|y_1), \cdots, P(a_m|y_1) \\
P(a_1|y_2), P(a_2|y_2), \cdots, P(a_m|y_2) \\
\cdots\cdots \\
P(a_1|y_n), P(a_2|y_n), \cdots, P(a_m|y_n)
\end{gathered}$$

(c) 如果各个特征属性是条件独立的, 则根据贝叶斯定理有如下推导

$$P(y_i|x) = \frac{P(x|y_i)P(y_i)}{P(x)}$$

因为分母对于所有类别为常数, 所以只要将分子最大化即可; 又因为各特征属性是条件独立的, 所以有

$$P(x|y_i)P(y_i) = P(a_1|y_i)P(a_2|y_i)\cdots P(a_m|y_i)P(y_i) = P(y_i)\prod_{j=1}^{m} P(a_j|y_i)$$

根据上述分析, 朴素贝叶斯分类的流程可以由图 9.3 表示 (暂时不考虑验证).

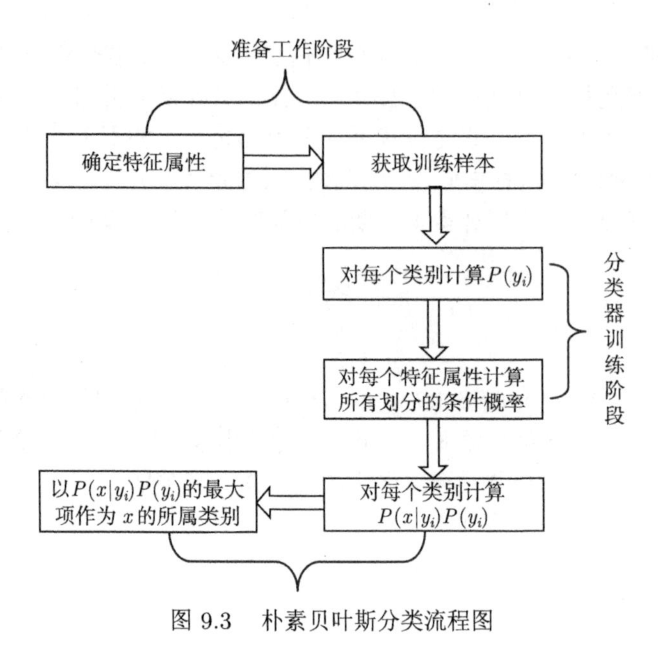

图 9.3 朴素贝叶斯分类流程图

由图 9.3 可以看到, 整个朴素贝叶斯分类分为三个阶段:

第一阶段: 准备工作阶段. 这个阶段的任务是为朴素贝叶斯分类做必要的准备, 主要工作是根据具体情况确定特征属性, 并对每个特征属性进行适当划分, 然后由人工对一部分待分类项进行分类, 形成训练样本集合. 这一阶段的输入是所有待分类数据, 输出是特征属性和训练样本, 这一阶段是整个朴素贝叶斯分类中唯一需要人工完成的阶段, 其质量对整个过程将有重要影响, 分类器的质量很大程度上由特征属性、特征属性划分及训练样本质量决定.

第二阶段: 分类器训练阶段. 这个阶段的任务就是生成分类器, 主要工作是计算每个类别在训练样本中的出现频率及每个特征属性划分对每个类别的条件概率估计, 并记录结果. 其输入是特征属性和训练样本, 输出是分类器. 这一阶段是机械性阶段, 根据前面讨论的公式, 由程序自动计算完成.

第三阶段: 应用阶段. 这个阶段的任务是使用分类器对待分类项进行分类, 其输入是分类器和待分类项, 输出是待分类项与类别的映射关系. 这个阶段也是机械性阶段, 由程序完成朴素贝叶斯算法的前提是各属性之间相互独立. 当数据集满足这种独立性假设时, 分类的准确度较高, 否则可能较低. 另外, 该算法没有分类规则输出.

在许多场合, 朴素贝叶斯 (Naive Bayes, NB) 分类可以与决策树和神经网络分类算法相媲美, 其算法能运用到大型数据库中, 且方法简单, 分类准确率高, 速度快. 由于贝叶斯定理假设每个属性值对给定类的影响独立于其他的属性值, 此假设在实际情况中经常是不成立的, 因此其分类准确率可能会下降. 为此, 就出现了许多降低独立性假设的贝叶斯分类算法, 如 TAN (Tree Augmented Bayes Network) 算法、贝叶斯网络分类器 (Bayesian Network classifier, BNC).

例 9.2 用朴素贝叶斯算法来训练例 9.1 中关于银行市场调查的分类器.

具体实现代码如下:

```
dist = repmat({'normal'},1,width(bank)-1);
dist(catPred) = {'mvmn'};
% 训练分类器
Nb = NaiveBayes.fit(Xtrain,Ytrain,'Distribution',dist);
% 进行预测
Y_Nb = Nb.predict(Xtest);
Yscore_Nb = Nb.posterior(Xtest);
Yscore_Nb = Yscore_Nb(:,2);
% 计算混淆矩阵
disp('贝叶斯方法分类结果: ')
C_nb = confusionmat(Ytest,Y_Nb)
```

贝叶斯方法分类结果:

```
C_nb =
   305    55
    19    21
```

朴素贝叶斯分类器一般具有以下特点:

(1) 简单、高效、健壮. 面对孤立的噪声点, 朴素贝叶斯分类器是健壮的, 因为当数据中估计条件概率时, 这些点被平均; 另外, 朴素贝叶斯分类器也可以处理属性值遗漏问题. 而面对无关属性, 该分类器依然是健壮的, 因为如果 X 是无关属性的, 那么 $P(X_i|Y)$ 几乎变成了均匀分布, X_i 的类条件概率不会对总的后验概率的计算产生影响.

(2) 相关属性可能会降低朴素贝叶斯分类器的性能, 因为对这些属性, 条件独立的假设已不成立.

9.3 支持向量机

支持向量机 (support vector machine, SVM) 法是由 Cortes 和 Vapnik 于 1995 年提出的, 具有相对优良的性能指标. 该方法是建立在统计学理论基础上的机器学习方法. 通过学习算法, SVM 可以自动找出那些对分类有较好区分能力的支持向量, 由此构造出的分类器可以最大化类与类的间隔, 因而有较好的适应能力和较高的分辨率. 该方法只需由各类域的边界样本的类别来决定最后的分类结果.

SVM 属于有监督 (有导师) 学习方法, 即已知训练点的类别, 求训练点和类别之间的对应关系, 以便将训练集按照类别分开, 或者是预测新的训练点所对应的类别. 由于 SVM 在实例的学习中能够提供清晰、直观的解释, 所以在文本分类、文字识别、图像分类、升序序列分类等方面的实际应用中, 其都呈现了非常好的性能.

SVM 构建了一个分割两类的超平面 (这也可以扩展到多类问题). 在构建的过程中, 算法试图使两类之间的分割达到最大化, 如图 9.4 所示. 以一个很大的边缘分隔两个类可以使期望泛化误差最小化. "最小化泛化误差" 的含义是: 当对新的样本 (数值未知的数据点) 进行分类时, 基于学习所得的分类器 (超平面), 使我们 (对其所属分类) 预测错误的概率被最小化. 直觉上, 这样的一个分类器实现了两个分类之间的分离边缘最大化. 图 9.4 解释了 "最大化边缘" 的概念. 和分类器平面平行、分别穿过数据集中的一个或多个点的两个平面称为边界平面 (bounding plane), 这些边界平面的距离称为边缘 (margin), 而 "通过 SVM 学习" 的含义是找到最大化这个边缘的超平面. 落在边界平面上的 (数据集中的) 点称为支持向量 (support vector). 这些点在这一理论中的作用至关重要, 故称为 "支持向量机". 支持向量机的基本思想就是, 与分类器平行的两个平面, 能很好地分开两类不同的数据, 且穿越两类数据区域集中的点, 现在欲寻找最佳超几何分隔平面使之与两个平面间的距离最大, 如此便能实现分类总误差最小. 支持向量机是基于统计学模式识别理论之上的方法, 其理论相对难懂一些, 因此我们侧重用实例来引导和讲解.

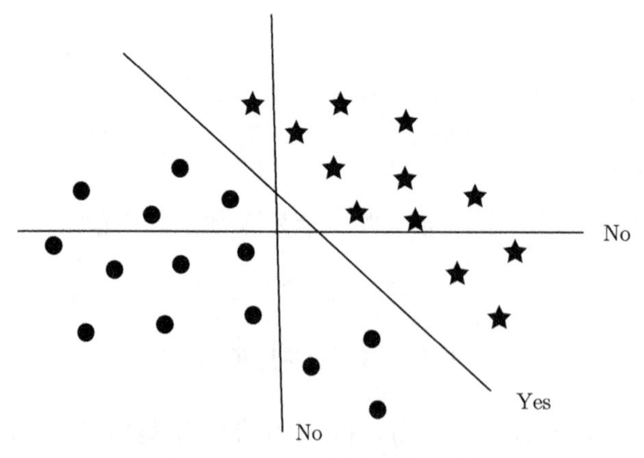

图 9.4 SVM 划分算法示意图

支持向量机最初是在研究线性可分问题的过程中出的, 所以这里先来介绍线性 SVM 的基本原理. 不失一般性, 假设容量为 n 的训练样本集 $(x_i, y_i), i =$

$1, 2, \cdots, n$ 由两个类别组成, 若 x_i 属于第一类, 则记为 $y_i = 1$; 若 x_i 属于第二类, 则记为 $y_i = -1$.

存在分类超平面:

$$\omega^{\mathrm{T}} x + b = 0$$

能将样本正确地划分成两类, 即相同类别的样本都落在分类超平面的同一侧, 则称该样本集是线性可分的, 即满足

$$\begin{cases} \omega^{\mathrm{T}} x_i + b \geqslant 1, & y_i = 1 \\ \omega^{\mathrm{T}} x_i + b \leqslant -1, & y_i = -1 \end{cases} \tag{9.1}$$

此处, 可知平面 $\omega^{\mathrm{T}} x_i + b = 1$ 和 $\omega^{\mathrm{T}} x_i + b = -1$ 即为该分类问题中的边界超平面, 这个问题可以回归到线性规划问题. 边界超平面 $\omega^{\mathrm{T}} x_i + b = 1$ 到原点的距离为 $\dfrac{|b-1|}{\|\omega\|}$; 而边界超平面 $\omega^{\mathrm{T}} x_i + b = -1$ 到原点的距离为 $\dfrac{|b+1|}{\|\omega\|}$. 所以这两个边界超平面的距离是 $\dfrac{2}{\|\omega\|}$. 同时注意, 这两个边界超平面是平行的. 而根据 SVM 的基本思想, 最佳超平面应该使两个边界平面的距离最大化, 即最大化 $\dfrac{2}{\|\omega\|}$, 也就是最小化其倒数, 即

$$\min \frac{\|\omega\|}{2} = \frac{1}{2}\sqrt{\omega^{\mathrm{T}} \omega} \tag{9.2}$$

为了求解这个超平面的参数, 可以以最小化式 (9.2) 为目标, 而其要满足式 (9.1).

式 (9.1) 中的两个表达式可以综合表达为

$$y_i(\omega^{\mathrm{T}} x_i + b) \geqslant 1$$

由此, 可以得到如下目标规划问题:

$$\begin{aligned} \min \quad & \frac{\|\omega\|}{2} = \frac{1}{2}\sqrt{\omega^{\mathrm{T}} \omega} \\ \text{s.t.} \quad & y_i(\omega^{\mathrm{T}} x_i + b) \geqslant 1, \quad i = 1, 2, \cdots, n \end{aligned}$$

得到这个形式以后, 就可以很明显地看出它是一个凸优化问题, 或者更具体地说, 它是一个目标函数且是二次的, 约束条件是线性的优化问题. 这个问题可以用现成的 QP (quad-ratic programming) 的优化包进行求解. 虽然这个问题确实是一个标准 QP 问题, 但是也有其特殊结构, 通过拉格朗日变成对偶变量 (dual variable) 的优化问题之后, 可以找到一种更加有效的方法来进行求解. 通常情况下,

这种方法比直接使用通用的 QP 优化包进行优化更高效, 而且便于推广. 拉格朗日变换的作用, 简单来说, 就是通过给每一个约束条件加上一个拉格朗日乘子 α, 就可以将约束条件融合到目标函数里去 (也就是说, 把条件融合到一个函数里, 现在只用一个函数表达式便能清楚地表达出我们的问题). 该问题的拉格朗日表达式为

$$L(\omega,b,\alpha)=\frac{1}{2}\|\omega\|^2-\sum a_i[y_i(\omega^{\mathrm{T}}x_i+b)-1]$$

式中, $a_i>0\ (i=1,2,\cdots,n)$ 为 Lagrange 系数.

然后依据拉格朗日对偶理论将其转化为对偶问题, 即

$$\begin{aligned}\max\quad & L(\alpha)=\sum_{i=1}^{n}a_i-\frac{1}{2}\sum_{i=1}^{n}\sum_{j=1}^{n}a_ia_jy_iy_j(x_i^{\mathrm{T}}x_j)\\ \text{s.t.}\quad & \sum_{i=1}^{n}a_iy_i=0,\ a_i\geqslant 0\end{aligned}$$

这个问题可以用二次规划方法求解. 设求解所得的最优解为 $a^*=(a_1^*,a_2^*,\cdots,a_n^*)^{\mathrm{T}}$, 则可以得到最优的 ω^* 和 b^* 为

$$\begin{cases}\omega^*=\displaystyle\sum_{i=1}^{n}a_i^*x_iy_i\\ b^*=-\dfrac{1}{2}\omega^*(x_r+x_s)\end{cases}$$

式中, x_r 和 x_s 为两个类别中任意的一对支持向量.

最终得到的最优分类函数为

$$f(x)=\operatorname{sgn}\left[\sum_{i=1}^{n}a_i^*y_i(x_i^{\mathrm{T}}x_i)+b^*\right]$$

在输入空间中, 如果数据不是线性可分的, 那么支持向量机通过非线性映射 $\phi:\mathbf{R}^n\to F$ 将数据映射到某个其他点积空间 (称为特征空间) F, 然后在 F 中执行上述线性算法. 这只需计算点积 $[\phi(x)]^{\mathrm{T}}\phi(x)$ 即可完成映射. 在很多文献中, 这一函数被称为核函数 (kernel), 用 $K(x,y)=[\phi(x)]^{\mathrm{T}}\phi(x)$ 表示.

支持向量机的理论有三个要点:

(1) 最大化间距;

(2) 核函数;

(3) 对偶理论.

对于线性 SVM, 还有一种更便于理解和便于 MATLAB 编程的求解方法, 即引入松弛变量, 转化为纯线性规划问题. 同时引入松弛变量后, SVM 更符合大部分的样本, 因为对于大部分的情况, 很难将所有的样本都能明显地分成两类, 总有少数样本导致寻找不到最佳超平面的情况. 为了加深大家对 SVM 的理解, 本书也详细介绍一下这种 SVM 的解法.

一个典型的线性 SVM 模型可以表示为

$$\begin{aligned}
\max \quad & \frac{\|\omega\|^2}{2}+\nu\sum_{i=1}^{n}\lambda_i \\
\text{s.t.} \quad & y_i(\omega^{\mathrm{T}}x_i+b)+\lambda_i \geqslant 1 \\
& \lambda_i \geqslant 0 \\
& i=1,2,\cdots,n
\end{aligned}$$

Mangasarian 证明该模型与下面模型的解几乎完全相同:

$$\begin{aligned}
\max \quad & \nu\sum_{i=1}^{n}\lambda_i \\
\text{s.t.} \quad & y_i(\omega^{\mathrm{T}}x_i+b)+\lambda_i \geqslant 1 \\
& \lambda_i \geqslant 0 \\
& i=1,2,\cdots,n
\end{aligned}$$

这样, 对于二分类的 SVM 问题就可以转化为便于求解的线性规划问题了.

例 9.3 用支持向量机的方法来训练例 9.1 中关于银行市场调查的分类器.

具体实现代码如下:

```
% 设置最大迭代次数
opts = statset('MaxIter',45000);
% 训练分类器
svmStruct = svmtrain(Xtrain,Ytrain,'kernel_function','linear','
    kktviolationlevel',0.2,'options',opts);
% 进行预测
Y_svm = svmclassify(svmStruct,Xtest);
Yscore_svm = svmscore(svmStruct, Xtest);
Yscore_svm = (Yscore_svm - min(Yscore_svm))/range(Yscore_svm);
% 计算混淆矩阵
disp('SVM方法分类结果: ')
C_svm = confusionmat(Ytest,Y_svm)
```

SVM 方法分类结果:

```
C_svm =

   291    69
    12    28
```

SVM 具有许多很好的性质, 因此它已经成为广泛使用的分类算法之一. 下面简要总结 SVM 的一般特征.

(1) SVM 学习问题可以表示为凸优化问题, 并可以利用已知的有效算法发现目标函数的全局最小值. 而其他的分类方法 (如基于规则的分类器和人工神经网络) 都采用一种基于贪心学习的策略来搜索假设空间, 这种方法一般只能获得局部最优解.

(2) SVM 通过最大化决策边界的边缘来控制模型的能力. 尽管如此, 用户必须提供其他参数, 如使用的核函数类型, 为了引入松弛变量所需的代价函数 C 等. 当然一些 SVM 工具都会有默认设置, 一般选择默认的设置就可以.

(3) 通过对数据中每个分类属性值引入一个哑变量, SVM 就可以应用于分类数据. 例如, 如果婚姻状况有三个值 (单身、已婚、离异), 就可以对每一个属性值引入一个二元变量.

9.4 神经网络模型

神经网络模型是通过仿真人类神经网络的结构和某些功能而建立的一种信息处理系统, 它是由大量的神经元相互连接而成的复杂网络, 目前应用较广的神经网络模型有生成对抗网络 (generative adversarial network, GAN)、卷积神经网络 (convolutional neural network, CNN)、循环神经网络 (recurrent neural network, RNN) 和深度信念网络 (deep belief network, DBN) 等. 本节将主要介绍神经网络模型的原理、特点、性能及其应用领域.

9.4.1 神经网络模型的原理

神经网络模型本质上是一个模仿人脑某些功能的数学模型. 人的神经网络是由许多神经元相互连接而成的, 当人体收到的信号或接收到的刺激 (比如闻到的气味、看到的画面、疼痛等) 通过感受器后进入传入神经, 通过神经元逐层激活后, 将信号传导到神经中枢, 神经中枢根据信号的类型做出不同的判断, 然后将信号再传递到输出神经, 这就相当于一个简单的神经网络识别过程.

同样, 神经网络模型之间也是通过类似神经元的结构相互连接, 不同类型的任务有不同的连接方式. 它们之间的关联程度称为连接权值, 神经网络模型的整个训练过程就是网络权值不断更新的过程. 接下来先从神经网络模型的基本单元(神经元) 模型入手介绍模型的基本结构.

由图 9.5 可见神经元模型主要由三部分组成, 第一部分是一组以连接权为核心的连接, 表示从输入到神经元的连接强度, 连接权值可以是正的也可以是负的, 如果是正的, 就表示激活, 反之则表示抑制; 第二部分是加法器, 用于对每个输入进行加权求和; 第三部分是一个激活函数, 激活函数的主要作用是限制神经网络模型输出的振幅, 将输出压缩到一定范围内, 常用的激活函数大致可以分为阶梯函数、分段线性函数以及非线性转移函数. 通常还会在模型中加入一个偏置 b 作为激活函数的一个额外输入, 偏置可以使得激活函数图形左右移动从而增加完成任务的准确性. 在求解神经网络时的损失函数中通常还会加入正则化项, 用来防止神经网络模型过拟合.

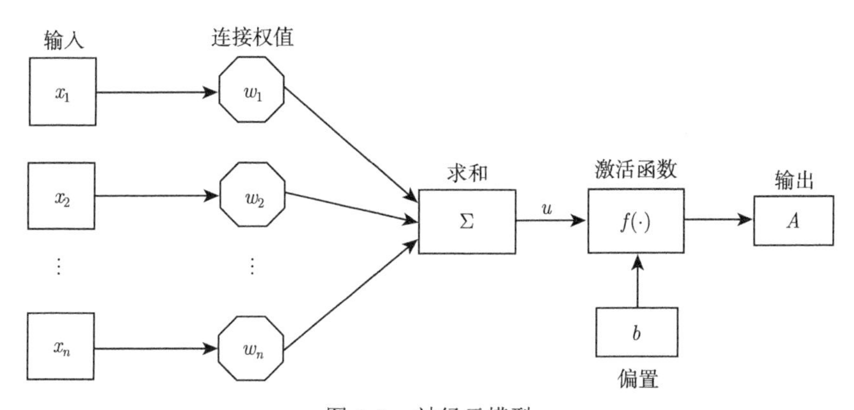

图 9.5 神经元模型

神经元模型可以用数学公式表示为

$$A = f(u + b) = f\left(\sum_{i=1}^{n} w_i x_i + b\right)$$

其中, A 为神经元的输出, u 为求和器的输出, x_i 和 w_i 为模型的输入及其对应的权值, b 为偏置, f 为激活函数.

大多数情况下完成一项任务是无法通过单个神经元来实现的, 它需要多个神经元按照一定的规则连接成网络结构. 使用较多的是分层神经网络, 它大致可以分为输入层、隐含层和输出层三层. 其中隐含层可以是一层也可以是多层, 不同类型的神经网络差别主要体现在隐含层的功能上.

本部分主要介绍分层型神经网络的结构和原理, 图 9.6 就是分层型神经网络中一个简单前馈神经网络的结构及连接方式. 前馈神经网络中信息以每一层的输出作为下一层的输入朝着输入到输出的方向进行传播; 还有一种常见的神经网络模型是反馈型神经网络, 反馈神经网络的神经元具有记忆功能, 它可以对之前网络的一些输入进行储存, 所有反馈神经网络的输出不仅与网络权值有关, 还受之前输入的影响.

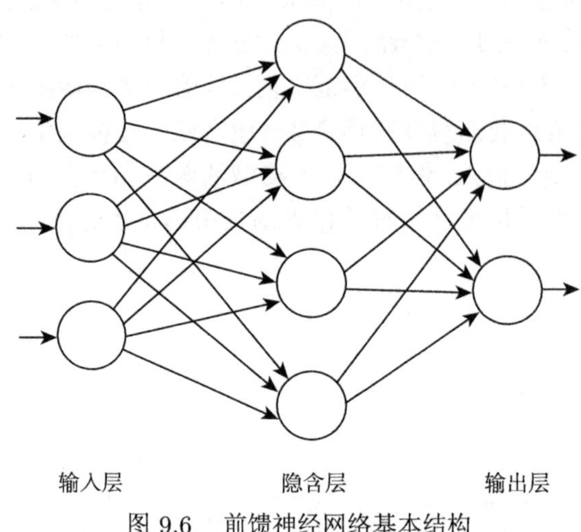

图 9.6 前馈神经网络基本结构

神经网络要想很好地完成一项任务, 需要通过大量数据进行训练, 训练的过程就是一个不断更新网络权值以及偏置的过程. 一般我们利用损失函数计算误差, 将误差反向传播利用梯度下降法或其他更高级的优化方式更新参数.

神经网络模型一般训练流程: ① 定义神经网络基本结构; ② 利用损失函数计算误差值; ③ 若误差大于预期, 将误差返回到网络中, 反之训练结束; ④ 根据误差更新各层权值.

正向传播过程 设一个 m 层神经网络的输入为 $x=(x_1,x_2,x_3,\cdots,x_n)$, 第 k 层的输入用 $I^{(k)}$ 表示, 输出用 $O^{(k)}$ 表示, 令输入层满足 $I^{(1)}=O^{(1)}=x$. 则第 $k+1$ 层的输入可以表示为

$$I^{(k+1)}=w^{(k+1)}O^{(k)}+b^{(k+1)},\quad k=1,2,\cdots,m-1$$

其中, 参数向量 b 为偏置, 参数矩阵 w 为权值矩阵.

第 $k+1$ 层的输出可以表示为

$$O^{(k+1)}=f\left(I^{(k+1)}\right)$$

其中, f 为激活函数. 输出层的输出可以记为 $h_{w,b}(x)$.

反向传播过程 设用于计算神经网络整体误差的损失函数为

$$J(w,b)=\frac{1}{2n}\sum_{i=1}^{n}\left(y^{(i)}-h_{w,b}\left(x^{(i)}\right)\right)^{2}$$

其中, $y^{(i)}$ 为第 i 个样例的理想输出结果, $h_{w,b}\left(x^{(i)}\right)$ 为第 i 个样例的网络输出结果. 网络训练的过程其实就是通过不断更新权值和偏置找到最佳的 w 和 b 使得损失函数 $J(w,b)$ 的值最小的过程.

由梯度下降法将权值和偏置向负梯度方向更新

$$w^{(k)}=w^{(k)}-\alpha\frac{\partial J}{\partial w^{(k)}}$$

$$b^{(k)}=b^{(k)}-\alpha\frac{\partial J}{\partial b^{(k)}}$$

其中, k 表示神经网络层数, α 为学习率.

此时只需要不断迭代更新权值和偏置直到损失函数的值小于或等于阈值, 这其中需要进行计算求得的是 w 和 b 关于损失函数的偏导, 求解偏导的递推结构 (反向传播) 为

$$\delta^{(m)}=\frac{\partial J}{\partial I^{(m)}}=(y-h(x))\cdot O^{(m)}$$

$$\delta^{(k)}=\frac{\partial J}{\partial I^{(k)}}=w^{(k)}O^{(k)}\cdot\delta^{(k+1)}\quad(k=2,\cdots,m-1)$$

则有

$$\frac{\partial J}{\partial w^{(k)}}=\frac{\partial J}{\partial I^{(k)}}\cdot\frac{\partial I^{(k)}}{\partial w^{(k)}}=\delta^{(k)}\cdot\left(O^{(k-1)}\right)^{\mathrm{T}}$$

$$\frac{\partial J}{\partial b^{(k)}}=\frac{\partial J}{\partial I^{(k)}}\cdot\frac{\partial I^{(k)}}{\partial b^{(k)}}=\delta^{(k)}$$

其中, $\delta^{(k)}$ 为第 k 层神经网络, $k=2,3,\cdots,m$.

例 9.4 用神经网络法来训练例 9.1 中关于银行市场调查的分类器.

具体实现代码如下:

```
% 设置神经网络模式及参数
hiddenLayerSize = 5;
net = patternnet(hiddenLayerSize);
% 设置训练集、验证机和测试集
net.divideParam.trainRatio = 70/100;
net.divideParam.valRatio = 15/100;
```

```
net.divideParam.testRatio = 15/100;
% 训练网络
net.trainParam.showWindow = false;
inputs = XtrainNum';
targets = YtrainNum';
[net,~] = train(net,inputs,targets);
% 用测试集数据进行预测
Yscore_nn = net(XtestNum')';
Y_nn = round(Yscore_nn);
% 计算混淆矩阵
disp('神经网络方法分类结果: ')
C_nn = confusionmat(YtestNum,Y_nn)
```

神经网络方法分类结果:

```
C_nn =
  360   0
   40   0
```

9.4.2 神经网络模型的特点

神经网络模型相较于可以处理同样问题的一般数学模型而言具有很高的效率和任务完成度, 这很大程度上取决于神经网络模型在信息存储、信息处理以及训练学习过程中独有的一些特点, 本部分将对神经网络的部分特点进行简要介绍.

分布式存储信息. 在神经网络模型中, 信息是分布存储在各神经元之间相互连接的权值上, 如果模型受到攻击或者某些其他原因导致模型小部分受损时, 并不会丢失很多信息, 模型的性能也只是会受到很小的影响. 这点特性使得模型具有较高的鲁棒性和容错性.

可以并行处理信息. 神经网络中的每个神经元都具有独立计算和处理信息的能力. 每个神经元的运算结果被进一步处理, 作为下一层运算的输入. 当然, 同一层中的神经元可以同时输出结果, 并将其传输到下一层进行并行操作. 比如在图像分类中, 我们往往是同时输入多个图像进行分类, 按照一般计算机思路会单线程逐一处理, 但是神经网络会同时运算, 几乎同时输出所有结果. 由于信息存储在连接权值中, 每个神经元同时具有信息存储和信息处理的能力.

对信息处理具有自学习、自组织的特点. 神经网络系统具有很强的自学习能力. 在学习过程中, 神经网络的权值是不断变化的, 模型的性能是不断自我完善的. 随着训练样本和学习次数的增加, 神经元之间的连接强度会不断增加, 从而提高模型对样本特征的适应性.

9.4.3 神经网络模型性能

神经网络模型的性能受到多方面的影响, 如是否出现拟合现象、训练样本的个数、神经网络的层数、激活函数的选取、损失函数的选取、优化算法设定、设定学习率的大小等. 神经网络模型最主要的性能评价指标就是模型的准确率及误检率. 在任务中模型的准确率越高、误检率越小则模型的拟合程度越高、性能越好. 其实每个神经网络模型都有一组最佳的参数组合, 在这种组合下模型的性能也将达到最高值.

9.4.4 神经网络模型应用领域

随着深度学习相关方向的不断发展, 神经网络模型的研究进展十分迅猛, 它也被应用在越来越多的领域. 下面介绍神经网络几个主要的应用领域.

模式识别. 神经网络模型被广泛用于手写体识别、图像识别、语音识别、唇语识别等许多模式识别的分支, 且拥有很好的性能.

图像处理. 神经网络还常被用来对图像进行压缩、恢复、分割、边缘检测等处理.

用来处理组合优化问题. 神经网络成功解决了旅行商问题、装箱问题、流水线调度问题、分割问题等.

自动控制领域. 主要应用在系统建模和辨识、参数调整、优化设计、最优化控制、预测控制、滤波与预测容错控制等方面.

除了上述这些神经网络模型还在机器人控制、信号处理、医疗领域、化工领域、数据挖掘等诸多领域有着广泛应用.

思 考 题 9

9.1 基于如下表所示数据完成题目:

$x^{(i)}$	$(0,0)^{\mathrm{T}}$	$(-2,0)^{\mathrm{T}}$	$(0,2)^{\mathrm{T}}$
$y^{(i)}$	+	−	−

(1) 使用支持向量机方法解决上述分类问题;

(2) 简述提高支持向量机对噪声鲁棒性的方法, 写出其对应优化问题的数学表达.

9.2 设 $x_1, x_2 \in \{0,1\}$, 构造神经网络:

(1) 构造神经网络计算与操作: $y = x_1 \mathrm{AND} x_2$;

(2) 构造神经网络计算或操作: $y = x_1 \mathrm{OR} x_2$;

(3) 构造神经网络计算非操作: $y = \mathrm{NOT} x_1$;

(4) 构造神经网络计算异或操作: $y = \mathrm{NOT}(x_1 \mathrm{XOR} x_2)$.

9.3 选择两个 UCI 数据集, 分别用线性核和高斯核训练一个 SVM, 并与神经网络进行试验比较. (UCI 数据集见: http://archive.ics.uci.edu/ml/)

第 10 章　评价模型

现实生活中存在着大量的复杂系统评价分析问题, 例如奖金的分配、环境的综合评价和各种各样的排序问题. 这样的系统通常受多种因素影响, 或许也有多种选择方案. 本章将介绍一些评价管理问题的数学模型, 包括层次分析、熵权法、TOPSIS 方法和模糊评价模型.

10.1　层次分析模型

T. L. Saaty 等在 20 世纪 70 年代末提出了一种定性和定量相结合的、系统化、层次化的分析方法, 称为层次分析法 (analytic hierarchy process, AHP). 层次分析法是将半定性、半定量的问题转化为定量问题的行之有效的方法, 是分析多目标、多准则的复杂大系统的强有力的工具. 它通过逐层比较多种关联因素来为分析、决策、预测或控制事物的发展提供定量的依据. 层次分析法被广泛应用于经济计划和管理、能源分配、军事指挥、交通运输、农业、科学技术、医疗、环境等许多领域中.

层次分析法的基本步骤:

第 1 步, 建立层次结构模型. 在深入分析面临的问题后, 将有关因素按照不同属性分成若干层次. 同一层次的因素从属于上一层的因素或对上一层因素有影响, 同时又支配下一层因素或对下一层因素有影响. 最上层为目标层, 为问题的最终目标, 一般只有一个因素; 最下层为方案层, 为问题的备选方案, 可以有多个因素; 中间层为准则层, 为方案选择的准则, 可以有多个准则, 准则层又可以根据实际情况分成若干个子层. 最简单的层次结构模型为三层结构模型, 各层因素之间用直线连接, 有连线则表示下层因素对上层因素有影响, 否则无影响, 如图 10.1.

第 2 步, 构造成对比较矩阵. 对同一层 (第一层除外) 中的各个因素进行成对比较, 利用 1~9 比较尺度, 确定各层中的因素对于上一层中每一因素的影响值, 构成若干个成对比较矩阵. 如图 10.1, 需要构造准则层对目标层的 1 个 n 阶成对比较矩阵 $A=(a_{ij})_{n\times n}$, 以及方案层对准则层的 n 个成对比较矩阵 $B_k=(b_{ij}^k)_{l\times l}$, $k=1,2,\cdots,n$; $l\leqslant m$; 其中, a_{ij} 表示准则 i 与准则 j 相比对目标的重要程度, 满足 $a_{ij}>0$, $a_{ii}=1$, $a_{ji}=1/a_{ij}$, 且 a_{ij} 取值按 1~9 尺度值取 1, 2, $\cdots$, 9 或 1, 1/2, $\cdots$, 1/9, 具体见表 10.1; b_{ij}^k 表示方案 i 与方案 j 相比对准则 k 的重要程度, 其取值原则与 a_{ij} 相同, l 表示对准则 k 有影响的方案个数.

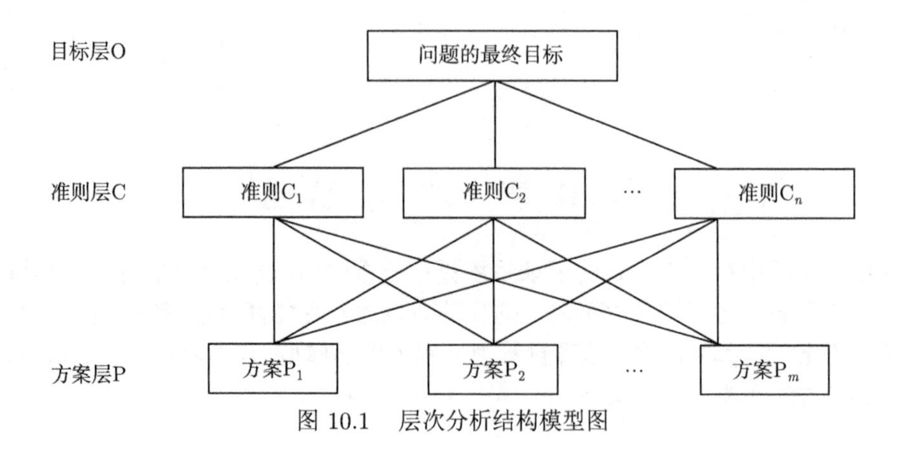

图 10.1 层次分析结构模型图

表 10.1 1~9 尺度的含义

1~9 尺度值	含义
1	C_i 与 C_j 的影响相同
3	C_i 比 C_j 的影响稍强
5	C_i 与 C_j 的影响强
7	C_i 与 C_j 的影响明显得强
9	C_i 与 C_j 的影响绝对得强
2, 4, 6, 8	C_i 与 C_j 的影响之比在上述两个相邻等级之间

第 3 步, 单层排序及一致性检验. 求各层次中成对比较矩阵的最大特征值和对应的归一化特征向量, 并进行一致性检验. 若检验通过, 则归一化特征向量即是各层次中的因素对于上一层每一因素的权重向量; 否则, 需重新构造成对比较矩阵. 如图 10.1, 对于准则层需要求出成对比较矩阵 A 的最大特征值和对应的归一化特征向量 $w^1=(w_1^1,w_2^1,\cdots,w_n^1)^{\mathrm{T}}$, 并进行一致性检验; 对于方案层需要求出成对比较矩阵 B_k 的最大特征值和对应的归一化特征向量 $w^{(k)}=(w_1^{(k)},w_2^{(k)},\cdots,w_l^{(k)})^{\mathrm{T}}$, $k=1,2,\cdots,n$, 并分别进行一致性检验, 求出相应的权重向量. 注意, 当特征向量 $w^{(k)}$ 的维数 l 小于 m 时, 缺失的部分分量用 0 补 (与各个方案相对应), 得到权重向量 $w^{(k)}=(w_1^{(k)},w_2^{(k)},\cdots,w_m^{(k)})^{\mathrm{T}}$, $k=1,2,\cdots,n$.

对于成对比较矩阵的一致性检验, 如矩阵 A, 其单层一致性指标为

$$\mathrm{CI}^{(1)}=\frac{\lambda_{\max}(A)-n}{n-1} \tag{10.1}$$

随机一致性比率

$$\mathrm{CR}^{(1)}=\frac{\mathrm{CI}^{(1)}}{\mathrm{RI}} \tag{10.2}$$

其中 RI 为随机一致性指标值, 见表 10.2. 若 $\mathrm{CR}^{(1)} < 0.1$, 则矩阵 A 通过一致性检验, 否则不通过一致性检验. 若矩阵 A 的元素均满足 $a_{ij}a_{jk} = a_{ik}$, 则称 A 为一致阵, 对于一致阵总有 $\mathrm{CI}^{(1)} = \mathrm{CR}^{(1)} = 0$, 因此必通过一致性检验. 对于成对比较矩阵 B_k 可类似地求出其一致性指标 $\mathrm{CI}_k^{(2)}$ 和一致性比率 $\mathrm{CR}_k^{(2)}$ 进行单层一致性检验.

表 10.2 随机一致性指标 RI 的值

n	2	3	4	5	6	7	8	9	10	11
RI	0	0.58	0.90	1.12	1.24	1.32	1.41	1.45	1.49	1.51

第 4 步, 层次总排序及一致性检验. 将各层次中因素对于上一层中各因素的权重向量及上一层次因素对于总目标的权重向量进行组合, 确定该层次因素对于总目标的权重向量, 并对总排序进行一致性检验, 直至方案层.

若记总排序向量 $w = (w_1, w_2, \cdots, w_m)^{\mathrm{T}}$, w_i 为第 i 个方案对目标层的权重, 则有

$$w = Ww^1 \tag{10.3}$$

其中 $W = (w^{(1)}, w^{(2)}, \cdots, w^{(n)})$.

而总排序一致性比率

$$\mathrm{CR} = \frac{\mathrm{CI}^{(2)}}{\mathrm{RI}^{(2)}} \tag{10.4}$$

其中 $\mathrm{CI}^{(2)} = \sum\limits_{k=1}^{n} w_k^1 \mathrm{CI}_k^{(2)}$ 为总排序一致性指标, $\mathrm{RI}^{(2)} = \sum\limits_{k=1}^{n} w_k^1 \mathrm{RI}_k^{(2)}$ 为总排序随机一致性指标值. 若 $\mathrm{CR} < 0.1$, 则总体通过一致性检验, 否则不通过一致性检验, 需要重新确定各成对比较矩阵, 再进行相应的计算.

下面通过实例说明层次分析法的具体实施过程.

例 10.1 利润的合理使用 某工厂有一笔企业留成利润, 要由领导决定如何利用, 可供选择的方案有三个: 以奖金名义发给职工、扩建集体福利设施、引进新技术或新设备等. 在制定方案时, 主要考虑的因素有: 调动企业员工的积极性、提高企业的技术水平、改善企业员工的生活条件. 为了促进企业的进一步发展, 如何合理使用这笔利润?

1. 建立层次结构模型

通过分析, 可知该问题有三个方案供选择: 发奖金、建福利设施、引进新设备. 方案选择的原则有三个: 合理利用利润、提升技术水平、改善生活条件. 最终目标只有一个: 合理利用利润. 于是可建立层次结构模型如图 10.2.

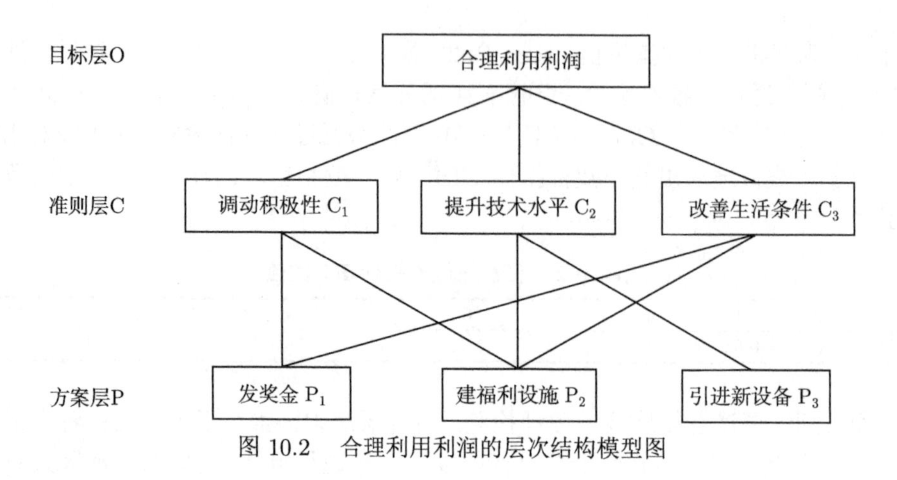

图 10.2 合理利用利润的层次结构模型图

2. 构造成对比较矩阵

(1) 准则层 C 对目标层 O 的成对比较矩阵. 将准则层 C 中三个因素 C_1, C_2, C_3 两两比较, 构造成对比较矩阵

$$A=\begin{bmatrix}1 & 1/5 & 1/3\\ 5 & 1 & 3\\ 3 & 1/3 & 1\end{bmatrix}$$

其中, C_2 与 C_3 相比, 对合理利用利润的重要程度用数值 3 表示, 其他元素类似.

(2) 方案层 P 对准则层 C 的成对比较矩阵. 构造方案层 P 对准则层 C 的每一个准则 C_1, C_2, C_3 的成对比较矩阵, 类似于 (1) 得出三个成对比较矩阵:

$$B_1=\begin{bmatrix}1 & 3\\ 1/3 & 1\end{bmatrix},\quad B_2=\begin{bmatrix}1 & 5\\ 1/5 & 1\end{bmatrix},\quad B_3=\begin{bmatrix}1 & 2\\ 1/2 & 1\end{bmatrix}$$

3. 单层排序及一致性检验

首先, 准则层排序及一致性检验. ① 计算得矩阵 A 的最大特征值 $\lambda_{\max}(A)=3.038$ 和对应的归一化特征向量 $w^1=(0.105,0.637,0.258)^{\mathrm{T}}$; ② 由式 (10.1) 矩阵 A 的一致性指标 $\mathrm{CI}^{(1)}=0.019$, 由式 (10.2) 得 A 的随机一致性比率 $\mathrm{CR}^{(1)}=0.033<0.1$, 矩阵 A 通过一致性检验; ③ 准则层对目标层的权重向量为 w^1.

其次, 方案层排序及一致性检验. ① 矩阵 B_1,B_2,B_3 的最大特征值均为 $\lambda_{\max}=2$, 对应的归一化特征向量分别为 $w^{(1)}=(0.75,0.25)^{\mathrm{T}}$, $w^{(2)}=(0.167,0.833)^{\mathrm{T}}$, $w^{(3)}=(0.667,0.333)^{\mathrm{T}}$; ② 矩阵 B_1,B_2,B_3 的一致性指标 $\mathrm{CI}_k^{(2)}=0$, 从而随机一致性比率 $\mathrm{CR}_k^{(2)}=0<0.1$, 矩阵 B_1,B_2,B_3 均通过一致性检验; ③ 将归一化特征

向量 $w^{(1)}, w^{(2)}, w^{(3)}$ 补充缺失的分量, 得方案层对准则层的权重向量分别为 (仍记为 $w^{(1)}, w^{(2)}, w^{(3)}$)

$$w_1^{(2)} = (0.75, 0.25, 0)^{\mathrm{T}}, \quad w_2^{(2)} = (0, 0.167, 0.833)^{\mathrm{T}}, \quad w_3^{(2)} = (0.667, 0.333, 0)^{\mathrm{T}}$$

4. 层次总排序及一致性检验

先由式 (10.3) 计算出方案层 P 对总目标 O 的层次总排序权重为

$$w = (0.251, 0.218, 0.531)^{\mathrm{T}}$$

再由式 (10.4) 计算总一致性检验指标, 由于

$$\mathrm{CI} = \sum_{k=1}^{3} w_k^1 \mathrm{CI}_k^{(2)} = 0.105 \times 0 + 0.637 \times 0 + 0.258 \times 0 = 0$$

所以 $\mathrm{CR} = 0 < 0.1$. 通过了总体一致性检验, 故方案层对目标层的权重向量为 w.

5. 结果分析

根据层次总排序权向量 w, 对于合理利用利润所考虑的三种方案, 其相对优先排序为: P_3 优于 P_1, P_1 优于 P_2. 若将利润分别使用, 则利润分配比例为: P_3 占 53.1%, P_1 占 25.1%, P_2 占 21.8%.

例 10.2 合理分配住房 许多单位都有一套住房分配方案, 一般是不同的. 某院校现行住房分配方案采用“分档次加积分”的方法, 其原则是: “按职级分档次, 同档次的按任职时间先后排队分配住房, 任职时间相同时再考虑其他条件 (如工龄、配偶情况、职称、年龄大小等) 适当加分, 从高分到低分依次排列.” 这种分配方案仍存在不合理性, 例如, 同档次的排队主要由任职先后确定, 任职早在前、任职晚在后, 即便是高职称、高学历, 或夫妻双方都在同一单位, 甚至有的为单位做出过突出贡献, 但任职时间晚也只能排在后面. 这种方案的主要问题是“论资排辈”, 显然不能体现重视人才、鼓励先进等政策. 根据民意测验, 80%以上的人认为相关条件应为职级、任职时间 (为任副处的时间)、工龄、职称、配偶情况、学历、年龄和奖励加分.

请你按职级分档次, 在同档次中综合考虑各项相关条件, 给出一种适用于任意 N 人的合理分配住房方案. 用你的方案根据表 10.3 中 40 个人的基本情况给出排队次序, 并分析说明你的方案较原方案的合理性.

问题分析与建模准备 鉴于原来按任职时间先后排队的方案可能已被一部分人所接受, 从某种意义上讲也有一定的合理性. 现在提出要充分体现重视人才、鼓励先进等政策, 但也有必要照顾到原方案合理的方面, 如任职时间、工作时间、年龄的因素应重点考虑. 于是, 可以认为相关的 8 项条件在解决这一问题中所起的

作用依次为任职时间、工作时间、职级、职称、配偶情况、学历、出生年月、奖励加分, 这样能够符合大多数人的利益.

表 10.3 40 个人的基本情况及按原方案排序

人员	职级	任职时间	工作时间	职称	学历	配偶情况	出生年月	奖励加分
P_1	8	1991.6	1971.9	高级	本科	院外	1954.9	0
P_2	8	1992.12	1978.2	高级	硕士	院内职工	1957.3	4
P_3	8	1992.12	1976.12	高级	硕士	院外	1955.3	1
P_4	8	1992.12	1976.12	高级	大专	院外	1957.11	0
P_5	8	1993.1	1974.2	高级	硕士	院外	1956.10	2
P_6	8	1993.6	1973.5	高级	大专	院外	1955.10	0
P_7	8	1993.12	1972.3	高级	大专	院内职工	1954.11	0
P_8	8	1993.12	1977.10	高级	硕士	院内干部	1960.8	3
P_9	8	1993.12	1972.12	高级	大专	院外	1954.5	0
P_{10}	8	1993.12	1974.8	高级	本科	院内职工	1956.3	4
P_{11}	8	1993.12	1974.4	高级	本科	院外	1956.12	0
P_{12}	8	1993.12	1975.12	高级	硕士	院外	1958.3	2
P_{13}	8	1993.12	1975.8	高级	大专	院外	1959.1	0
P_{14}	8	1993.12	1975.9	高级	本科	院内职工	1956.7	0
P_{15}	9	1994.1	1978.10	中级	本科	院内干部	1961.11	5
P_{16}	9	1994.6	1976.11	中级	硕士	院内干部	1958.2	0
P_{17}	9	1994.6	1975.9	中级	本科	院内干部	1959.6	1
P_{18}	9	1994.6	1975.10	中级	本科	院内职工	1955.11	6
P_{19}	9	1994.6	1972.12	中级	中专	院内职工	1956.1	0
P_{20}	9	1994.6	1974.9	中级	大专	院外	1957.1	0
P_{21}	9	1994.6	1975.2	中级	硕士	院内职工	1958.11	2
P_{22}	8	1994.6	1975.9	高级	硕士	院外	1957.4	3
P_{23}	9	1994.6	1976.5	中级	本科	院内职工	1957.7	0
P_{24}	9	1994.6	1977.1	中级	本科	院外	1960.3	0
P_{25}	8	1994.6	1978.10	高级	本科	院内干部	1959.5	2
P_{26}	9	1994.6	1977.5	中级	大专	院内职工	1958.1	0
P_{27}	9	1994.6	1978.10	中级	硕士	院内干部	1963.4	1
P_{28}	9	1994.6	1978.2	中级	本科	院外	1960.5	0
P_{29}	9	1994.6	1978.10	中级	博士后	院内干部	1962.4	5
P_{30}	9	1994.12	1979.9	中级	本科	院外	1962.9	1
P_{31}	8	1994.12	1975.6	高级	大专	院内干部	1958.7	0
P_{32}	8	1994.12	1977.10	高级	硕士	院内干部	1960.8	2
P_{33}	8	1994.12	1978.7	高级	博士后	院外	1961.12	5
P_{34}	9	1994.12	1975.8	中级	博士	院外	1957.7	2
P_{35}	9	1994.12	1978.10	中级	博士	院内干部	1961.4	3
P_{36}	9	1994.12	1978.10	中级	博士	院内干部	1962.12	6
P_{37}	9	1994.12	1978.10	中级	本科	院内职工	1962.12	0
P_{38}	9	1994.12	1979.10	中级	本科	院内干部	1963.12	0
P_{39}	9	1995.1	1979.10	中级	本科	院内干部	1961.7	0
P_{40}	9	1995.6	1980.1	中级	硕士	院内干部	1961.3	4

首先将各项条件进行量化. 为了区分各项条件中的档次差异, 量化原则: 任职时间、工作时间、出生年月均按每月 0.1 分计算; 职级差为 1 分, 即 8 级 (处级) 2

分、9 级 (副处) 1 分; 职称每差一级相差 1 分, 即初级 1 分、中级 2 分、高级 3 分; 学历每差一档差 1 分, 即中专 1 分、大专 2 分、本科 3 分、硕士研究生 4 分、博士研究生 5 分、博士后 6 分; 配偶情况方面, 院外 1 分、院内职工 2 分、院内干部 3 分; 对原奖励加分再加 1 分. 对表 10.3 中所列 40 人的量化分数如表 10.4.

表 10.4 40 人的量化分数表

人员	任职时间 $T_n^{(1)}$	工作时间 $T_n^{(2)}$	职级 $T_n^{(3)}$	职称 $T_n^{(4)}$	配偶情况 $T_n^{(5)}$	学历 $T_n^{(6)}$	出生年月 $T_n^{(7)}$	奖励加分 $T_n^{(8)}$
P_1	8.3	32.0	2	2	1	3	52.4	1
P_2	6.5	24.3	2	3	2	4	49.4	5
P_3	6.5	25.7	2	2	1	4	51.8	2
P_4	6.5	25.7	2	2	1	2	48.6	1
P_5	6.4	29.1	2	2	1	4	49.9	3
P_6	5.9	30.0	2	2	1	2	51.1	1
P_7	5.3	31.4	2	2	2	2	52.2	1
P_8	5.3	24.7	2	3	3	4	45.3	4
P_9	5.3	30.5	2	2	1	2	52.8	1
P_{10}	5.3	28.5	2	3	2	3	50.6	5
P_{11}	5.3	28.9	2	2	1	4	49.7	1
P_{12}	5.3	26.9	2	3	1	4	48.2	3
P_{13}	5.3	27.3	2	2	1	2	47.2	1
P_{14}	5.3	27.2	2	2	2	3	50.2	1
P_{15}	5.2	23.5	1	3	3	3	43.6	6
P_{16}	4.7	25.8	1	3	3	4	48.3	1
P_{17}	4.7	27.2	1	3	2	3	46.8	2
P_{18}	4.7	27.1	1	3	2	3	51.0	7
P_{19}	4.7	30.5	1	1	1	1	50.8	1
P_{20}	4.7	28.4	1	2	2	2	49.6	1
P_{21}	4.7	27.7	1	3	1	4	47.4	3
P_{22}	4.7	27.2	2	2	2	4	49.3	4
P_{23}	4.7	26.4	1	2	1	3	49.0	1
P_{24}	4.7	25.6	1	2	3	3	45.8	1
P_{25}	4.7	23.5	2	3	3	4	46.9	3
P_{26}	4.7	26.2	1	2	2	3	48.4	1
P_{27}	4.7	23.5	1	2	3	4	42.1	2
P_{28}	4.7	24.3	1	2	1	3	45.6	1
P_{29}	4.7	23.5	1	3	3	6	43.3	6
P_{30}	4.7	22.4	1	2	1	3	42.8	2
P_{31}	4.1	27.5	2	2	3	2	47.8	1
P_{32}	4.1	24.7	2	3	3	4	45.3	3
P_{33}	4.1	23.8	2	3	1	6	43.5	6
P_{34}	4.1	27.3	1	3	1	4	49.0	3
P_{35}	4.1	23.5	1	3	3	5	44.5	4
P_{36}	4.1	23.5	1	3	3	5	42.2	7
P_{37}	4.1	23.5	1	2	2	3	42.2	1
P_{38}	4.1	22.3	1	2	3	3	41.0	1
P_{39}	4.0	22.3	1	2	3	3	44.2	1
P_{40}	3.5	22.0	1	3	3	4	44.6	5

模型假设　(1) 问题中所述相关的 8 项条件是合理的, 有关人员均无异议;

(2) 8 项条件在分房方案中所起的作用依次为任职时间、工作时间、职级、职称、配偶情况、学历、出生年月、奖励情况;

(3) 每个人的各项条件按统一原则均可量化, 且能充分反映出每个人的实力;

(4) 在量化有关任职时间、工龄、年龄时, 均计算到 1998 年 5 月.

模型建立与求解

(A) 建立层次结构模型.

问题的层次结构共三层. 第一层目标层: 综合选优排序; 第二层准则层: 任职时间、工作时间、职级、职称、配偶情况、学历、出生年月、奖励加分, 分别记为 $\mathrm{C}_k(k=1,2,\cdots,8)$; 第三层方案层: 40 个参评人员, 依次记为 $\mathrm{P}_n(n=1,2,\cdots,40)$.

(B) 确定准则层对目标层的权重 w^1.

根据假设 (2), 准则层的 8 个因素是依次排列的, 我们可以认为对决策目标的影响程度也是依次排列的, 且相邻两个的影响程度之差可以认为基本相等. 因此, 构造成对比较矩阵如下:

$$A=\begin{bmatrix} 1 & 2 & 3 & 4 & 5 & 6 & 7 & 8 \\ 1/2 & 1 & 2 & 3 & 4 & 5 & 6 & 7 \\ 1/3 & 1/2 & 1 & 2 & 3 & 4 & 5 & 6 \\ 1/4 & 1/3 & 1/2 & 1 & 2 & 3 & 4 & 5 \\ 1/5 & 1/4 & 1/3 & 1/2 & 1 & 2 & 3 & 4 \\ 1/6 & 1/5 & 1/4 & 1/3 & 1/2 & 1 & 2 & 3 \\ 1/7 & 1/6 & 1/5 & 1/4 & 1/3 & 1/2 & 1 & 2 \\ 1/8 & 1/7 & 1/6 & 1/5 & 1/4 & 1/3 & 1/2 & 1 \end{bmatrix}$$

计算求得 A 的最大特征值 $\lambda_{\max}\approx 8.28828$ 和相应的归一化特征向量

$$\begin{aligned} w^1=&(0.331315,0.23066,0.157235,0.105903,0.0709356,\\ &0.0476811,0.0326976,0.0235625)^{\mathrm{T}} \end{aligned}$$

于是一致性指标

$$\mathrm{CI}_1=\frac{\lambda_{\max}-8}{8-1}\approx 0.041183$$

由表 10.2, 对应的随机一致性指标 $\mathrm{RI}_1=1.41$, 因此一致性比率指标

$$\mathrm{CR}_1=\frac{\mathrm{CI}_1}{\mathrm{RI}_1}\approx 0.029208<0.1$$

矩阵 A 通过一致性检验, 故 w^1 可作为准则层对目标层的权重向量.

(C) 确定方案层对准则层的权重矩阵 W.

根据问题的条件和模型假设, 对每个人各项条件的量化指标能够充分反映出每个人的综合实力, 可以分别构造方案层对各准则 C_k 的成对比较矩阵

$$B_k = \left(b_{ij}^{(k)}\right)_{40\times 40}$$

其中, $b_{ij}^{(k)} = \dfrac{T_i^{(k)}}{T_j^{(k)}}$ $(i, j = 1, 2, \cdots, 8)$.

显然, 所有的 $B_k\,(k = 1, 2, \cdots, 8)$ 均为一致阵 (满足 $b_{ij}^{(k)} b_{jl}^{(k)} = b_{il}^{(k)}$), 由一致阵的性质可知, B_k 的最大特征值及随机一致性比率均相同, 均为 $\lambda_{\max}^{(k)} = 40$, $\mathrm{CI}_2^{(k)} = 0$, $\mathrm{CR}_2^{(k)} = 0$, 于是 B_k 的任一列向量都是对应于 $\lambda_{\max}^{(k)}$ 的特征向量, 将其归一化可得方案层对准则 C_k 的权重向量, 记作

$$w^{(k)} = \left(w_1^{(k)}, w_2^{(k)}, \cdots, w_{40}^{(k)}\right)^{\mathrm{T}} \quad (k = 1, 2, \cdots, 8)$$

因此

$$W = [w^{(1)}, w^{(2)}, \cdots, w^{(8)}]_{40\times 8}$$

由于随机一致性比率 $\mathrm{CR}_2^{(k)} = 0 < 0.1$, 所以 8 个矩阵均通过了一致性检验. 因此 W 可作为方案层对准则层的权重矩阵.

(D) 确定方案层对目标层的组合权重.

方案层对目标层的权重向量

$$\begin{aligned} w = Ww^1 &= (w^{(1)}, w^{(2)}, \cdots, w^{(8)})w^1 = (w_1, w_2, \cdots, w_{40})^{\mathrm{T}} \\ &= (0.0315587, 0.0300782, 0.0277362, 0.0267428, 0.0285133, \\ &\quad 0.0267332, 0.0269690, 0.0287756, 0.0258714, 0.0286668, \\ &\quad 0.0258207, 0.0272656, 0.0250687, 0.0263636, 0.0257468, \\ &\quad 0.0247239, 0.0239682, 0.0251514, 0.0207114, 0.0225957, \\ &\quad 0.0237618, 0.0263821, 0.0215905, 0.0231776, 0.0273104, \\ &\quad 0.0224454, 0.0232328, 0.0210685, 0.0259746, 0.0208275, \\ &\quad 0.0249390, 0.0265460, 0.0258889, 0.0226997, 0.0241848, \\ &\quad 0.0248248, 0.0207412, 0.0213651, 0.0212535, 0.0227248)^{\mathrm{T}} \end{aligned}$$

其组合一致性比率为

$$\mathrm{CR}=\frac{\sum_{k=1}^{8} w_k^1 \mathrm{CI}_2^{(k)}}{\sum_{k=1}^{8} w_k^1 \mathrm{RI}_2^{(k)}}=0<0.1$$

因此, 组合权重 w 可作为目标决策的依据.

(E) 模型结果及分析.

以权重向量 w 的 40 个分量作为 40 名参评人员的综合实力指标, 按从大到小依次排序, 结果如表 10.5.

表 10.5 40 人的排序结果

人员	P_1	P_2	P_3	P_4	P_5	P_6	P_7	P_8	P_9	P_{10}
名次	1	2	6	10	5	11	9	3	17	4
人员	P_{11}	P_{12}	P_{13}	P_{14}	P_{15}	P_{16}	P_{17}	P_{18}	P_{19}	P_{20}
名次	18	8	21	14	19	24	26	20	40	32
人员	P_{21}	P_{22}	P_{23}	P_{24}	P_{25}	P_{26}	P_{27}	P_{28}	P_{29}	P_{30}
名次	27	13	34	29	7	33	28	37	15	38
人员	P_{31}	P_{32}	P_{33}	P_{34}	P_{35}	P_{36}	P_{37}	P_{38}	P_{39}	P_{40}
名次	22	12	16	31	25	23	39	35	36	30

如上, 利用层次分析法给出了一种合理的住房分配方案, 用此方案综合 40 人的相关条件得到了一个排序结果. 从结果来看, 完全达到了问题的决策目标, 也使得每个人的特长和优势都得到了充分的体现. 既照顾到了任职早、工龄长、年龄大的人, 又突出了职称高、学历高、受奖多的人, 而且也考虑了双干部和双职工的利益, 同时, 每一个单项条件的优势又都不是绝对的优势. 因此, 这种方案是合理的, 符合绝大多数人的利益. 譬如, P_1 在任职时间、工龄和年龄有绝对的优势, 尽管其他条件稍弱, 他仍排在第一位; P_8 与 P_3, P_4, P_5, P_6, P_7 相比虽然任职时间晚、工龄短、年龄小, 但是在职称、学历、配偶情况、奖励加分都具有较强的优势, 因此他排在第三位是应该的; 类似情况还有 P_{25}, P_{32}, P_{40} 等. 相反地, P_4, P_6, P_9, P_{19} 较其他人的任职稍早、工龄稍长、年龄稍大, 但其他条件明显弱, 因此次序明显靠后也是应该的. 在多项条件相同时, 只要有一项条件略强, 就排在前面, 如 P_{35} 与 P_{36}, P_{38} 与 P_{39} 等. 这些都是符合决策原则的.

10.2 熵权法模型和 TOPSIS 方法模型

在 10.1 节中, 我们利用层次分析方法解决了这样一类问题: 为了一个特定的目的, 要在若干备选项目中选择一个最优的, 或者对方案进行排序, 或者给出方案好坏的定量描述; 方案的选择由若干属性给以定量或者定性的表述. 本小节我们将介绍解决这类问题的两种新的方法——熵权法和 TOPSIS 方法.

10.2.1 熵权法模型

1865 年, 德国物理学家和数学家克劳修斯提出了熵的概念, 用以表征一个系统内部的无序程度. 在信息论中, 熵是对不确定性的一种度量. 不确定性越大, 熵就越大, 反之, 不确定越小, 熵就越小. 所以, 可以通过计算熵来判断某个指标的变异程度. 熵权法就是根据各指标变异程度, 利用信息熵计算出各个指标的熵权. 这种方法避免了人为因素对指标权重的影响, 使权重的选取更具有科学性.

下面是熵权法的基本步骤:

现在有 n 个待评方案, m 个评价指标, 形成原始的决策矩阵 $X=(x_{ij})_{n\times m}$, 其中 x_{ij} 为第 j 个指标下第 i 个方案的评价值.

(1) 数据标准化.

由于评价指标之间的数值量纲可能不同, 相互之间不能进行比较, 所以需要先对数据进行处理. 在进行标准化时, 首先要区分指标的类型: 极小型、极大型、中间型和区间型; 通常的做法是都将其转化为极大型, 再对数据进行标准化. 数据标准化的方式不止一种, 一般是通过一些变换将决策矩阵中的数都变到 [0,1] 内; 但是, 如果出现 0 可能会造成一些不良后果, 例如, 熵权法中 0 无法取对数, 那么就需要一些特殊处理. 为了避免出现上述情况, 这里我们选择使用最大化处理方式: 对于评价值越大越好的指标, 令 $x_{ij}^*=\dfrac{x_{ij}}{\max\limits_i\{x_{ij}\}}$; 对于评价值越小越好的指标, 令 $x_{ij}^*=\dfrac{\min\limits_i\{x_{ij}\}}{x_{ij}}$. 为了方便, 标准化后的数据 x_{ij}^* 仍记为 x_{ij}.

(2) 计算第 j 个指标下第 i 个方案的指标值的比重 p_{ij}

$$p_{ij}=\frac{x_{ij}}{\sum\limits_{i=1}^{n}x_{ij}}$$

(3) 计算第 j 个指标的信息熵为

$$e_j=-k\sum_{i=1}^{n}p_{ij}\cdot\ln p_{ij},\quad \text{其中}\quad k=\frac{1}{\ln n}$$

如果所有的评价值 x_{ij} 都相等, 指标在每个方案之间的信息量没有不确定性, 此时信息熵 $e_j=1$. 这个指标越小, 说明其指标值的变异程度越大, 提供的信息量越多, 在综合评价中该指标起的作用越大, 其权重越大; 反之, 指标越大, 说明其指标值的变异程度越小, 提供的信息量越少, 在综合评价中该指标起的作用越小, 其权重越小.

(4) 计算第 j 个指标的熵权

$$w_j = \frac{1 - e_j}{\sum\limits_{j=1}^{n} (1 - e_j)}$$

例 10.3 近几年, 受极端天气的影响, 国内电网事故频发, 造成了严重的社会不良影响和巨大的经济损失. 如何对电网企业应急能力进行评价是提高电网企业应急能力建设的关键环节. 选择应急法规制度、应急规划与实施等 11 个方面作为考察电力企业应急能力的指标, 表 10.6 中列出了专家对 A~E 5 家电网企业的这 11 个应急能力建设指标的分数, 试分析在综合评价这 5 个企业应急能力时, 这 11 个指标所占的权重.

表 10.6 电网企业应急能力指标原始数据

初始数据	A	B	C	D	E
应急法规制度	44	43	44	44	42
应急规划与实施	12	9	10	11	9
应急预案体系	93	93	90	94	86
应急培训与演练	70	57	57	65	57
应急队伍	28	25	26	25	25
应急指挥中心	41	39	39	41	40
应急保障能力	108	98	89	96	84
预警管理	38	39	35	35	36
应急指挥	83	80	78	80	80
应急救援	80	81	78	79	79
应急处置评价	38	40	40	38	40

(1) 对原始数据进行标准化, 得表 10.7.

表 10.7 电网企业应急能力指标标准化数据

标准化数据	A	B	C	D	E
应急法规制度	1	0.9773	1	1	0.9545
应急规划与实施	1	0.75	0.8333	0.9167	0.75
应急预案体系	0.9894	0.9894	0.9574	1	0.9149
应急培训与演练	1	0.8143	0.8143	0.9286	0.8143
应急队伍	1	0.8929	0.9286	0.8929	0.8929
应急指挥中心	1	0.9512	0.9512	1	0.9756
应急保障能力	1	0.9074	0.8241	0.8889	0.7778
预警管理	0.9744	1	0.8974	0.8974	0.9231
应急指挥	1	0.9639	0.9398	0.9639	0.9639
应急救援	0.9877	1	0.9630	0.9753	0.9753
应急处置评价	0.95	1	1	0.95	1

(2) 计算指标值的比重 p_{ij}, 得表 10.8.

表 10.8 电网企业应急能力指比重 p_{ij}

	A	B	C	D	E
应急法规制度	0.2028	0.1982	0.2028	0.2028	0.1935
应急规划与实施	0.2353	0.1765	0.1961	0.2157	0.1765
应急预案体系	0.2040	0.2040	0.1974	0.2061	0.1886
应急培训与演练	0.2288	0.1863	0.1863	0.2124	0.1863
应急队伍	0.2170	0.1938	0.2015	0.1938	0.1938
应急指挥中心	0.205	0.195	0.195	0.205	0.2
应急保障能力	0.2274	0.2063	0.1874	0.2021	0.1768
预警管理	0.2077	0.2131	0.1912	0.1912	0.1967
应急指挥	0.2070	0.1995	0.1945	0.1995	0.1995
应急救援	0.2015	0.2040	0.1965	0.1990	0.1990
应急处置评价	0.1939	0.2041	0.2041	0.1939	0.2041

(3) 计算各个指标的熵权, 得表 10.9.

表 10.9 应急能力各指标熵权 w_j

指标	应急法规制度	应急规划与实施	应急预案体系	应急培训与演练	应急队伍	应急指挥中心
熵权	0.0098	0.3698	0.0297	0.2172	0.0574	0.0143
指标	应急保障能力	预警管理	应急指挥	应急救援	应急处置评价	
熵权	0.2118	0.0561	0.0114	0.0047	0.0179	

通过表 10.9 可以看出, 11 个指标中, 应急规划与实施所占权重最大, 其次是应急培训与演练和应急保障能力. 下面利用加权求和的方法得出 5 家企业的综合分数, 见表 10.10, 计算公式如下:

$$v_i = \sum_{j=1}^{m} p_{ij} w_j$$

表 10.10 5 家企业的综合得分

企业	A	B	C	D	E
分数	0.9973	0.8398	0.8481	0.9169	0.8059

由表 10.10 结果可以看出, A 企业应急能力最好, D 次之, 但二者差距不是很大, E 企业在这 5 个企业中最差.

10.2.2 TOPSIS 方法模型

TOPSIS 方法的全称是逼近于理想值的排序方法, 是 Hwang 和 Yoon 于 1981 年提出的一种适用于多项指标、多个方案的分析方法. 它根据有限个评价对象与理想化目标接近程度进行排序, 是对现有的对象进行相对优劣的评价方法.

TOPSIS 方法的基本思想是对归一化的原始数据, 确定出理想的最佳方案和最差方案, 然后通过计算各可行方案与最佳方案和最差方案之间的距离, 得出该方案与最佳方案的接近程度, 并以此作为评价对象优劣的依据.

具体算法步骤如下:

(1) 某一决策问题有 m 个待评项目, n 个评价指标, 它的决策矩阵记为 $A=(a_{ij})_{m\times n}$ (数据已经进行归一化处理), 模一化决策矩阵 $B=(b_{ij})_{m\times n}$,

$$b_{ij}=\frac{a_{ij}}{\sqrt{\sum_{i=1}^{m}a_{ij}^2}}$$

(2) 决策人给定各指标的权重 $\omega=(\omega_1,\omega_2,\cdots,\omega_n)^{\mathrm{T}}$, 构造规范化的加权决策矩阵

$$Z=(z_{ij})_{m\times n}=b_{ij}\cdot\omega_j$$

也可以用其他方法计算指标权重, 比如: 熵权法等.

(3) 根据加权决策矩阵确定评价目标的正、负理想解 Z^+, Z^-, 其中 z_j^+ 和 z_j^- 分别表示第 j 项指标的最优值和最劣值.

(4) 计算每个方案到正理想解的距离 S_i^+ 和到负理想解的距离 S_i^- 为

$$S_i^+=\sqrt{\sum_{j=1}^{n}(z_{ij}-z_j^+)^2},\quad i=1,2,\cdots,m$$

$$S_i^-=\sqrt{\sum_{j=1}^{n}(z_{ij}-z_j^-)^2},\quad i=1,2,\cdots,m$$

(5) 计算第 i 个待评项目的综合评价指数, 并从大到小进行排序

$$C_i=\frac{S_i^-}{S_i^++S_i^-},\quad i=1,2,\cdots,m$$

例 10.4 某教育评估机构对国内 5 所高校的研究生院进行评估, 本次评估选取了 4 个评价指标, 采集数据如表 10.11.

表 10.11 研究生院评估数据

研究生院	人均专著/(本/人)	生师比	科研经费/(万/年)	逾期毕业/%
1	0.1	5	5000	4.7
2	0.2	6	6000	5.6
3	0.4	7	7000	6.7
4	0.9	10	10000	2.3
5	1.2	2	400	1.8

请根据表中数据, 用 TOPSIS 方法对 5 所研究生院进行排名.

(1) 数据处理. 人均专著和科研经费这两个指标越大越好, 逾期毕业指标越小越好, 生师比是区间指标, 最优范围为 [5, 6], 最差下界为 2, 最差上界为 12. 区间型指标的归一化处理方法如下:

设区间指标取值在 $[a, b]$ 是最优的, 最差下限为 lb, 最差上界为 ub, 则

$$x'_{ij} = \begin{cases} \dfrac{x_{ij} - lb}{a - lb}, & lb \leqslant x_{ij} < a \\ 1, & a \leqslant x_{ij} < b \\ \dfrac{ub - x_{ij}}{ub - b}, & b \leqslant x_{ij} < ub \\ 0, & x_{ij} < lb \text{ 或 } x_{ij} > ub \end{cases}$$

数据处理后, 归一化决策矩阵

$$\begin{bmatrix} 0.0638 & 0.5970 & 0.3449 & 0.4546 \\ 0.1275 & 0.5970 & 0.4139 & 0.5417 \\ 0.2550 & 0.4975 & 0.4829 & 0.6481 \\ 0.5738 & 0.1990 & 0.6898 & 0.2225 \\ 0.7651 & 0 & 0.0276 & 0.1741 \end{bmatrix}$$

(2) 给定各指标的权重为 $w = (0.2, 0.3, 0.4, 0.1)$, 得到规范化的加权决策矩阵

$$\begin{bmatrix} 0.0128 & 0.1791 & 0.1380 & 0.0455 \\ 0.0255 & 0.1791 & 0.1656 & 0.0542 \\ 0.0510 & 0.1493 & 0.1931 & 0.0648 \\ 0.1148 & 0.0597 & 0.2759 & 0.0222 \\ 0.1530 & 0 & 0.0110 & 0.0174 \end{bmatrix}$$

(3) 根据加权决策矩阵获取目标的正负理想解

$$Z^{+} = (0.1530, 0.1791, 0.2758, 0.0174)$$

$$Z^{-} = (0.0128, 0, 0.0110, 0.0648)$$

(4) 计算每个方案到正、负理想解的距离

$$S^{+} = (0.1987, 0.1726, 0.1428, 0.1255, 0.3197)$$

$$S^- = (0.2204, 0.2371, 0.2385, 0.2932, 0.1480)$$

(5) 计算第 i 个待评项目的综合评价指数, 并从大到小进行排序

$$C = (0.5259,\ 0.5788,\ 0.6256,\ 0.7003,\ 0.3164)$$

可见 5 所研究生院的排名依次为 4, 3, 2, 1, 5.

10.3 模糊评价模型

在实际问题中, 当对一个事物、一个系统等做出评价 (或评估) 时, 一般都会涉及多个因素或多个指标, 同时这些因素又都具有模糊性, 我们既要根据多个因素对其进行全面的综合评价, 又要充分考虑模糊性特点, 这样的评价又称为模糊综合评价. 传统的评判方法有总评分法和加权评分法. 总评分法: 根据评价对象的评价因素 (指标)u_i $(i = 1, 2, \cdots, n)$, 对每个因素 (指标) 确定出评价的等级和相应的评分数 s_i $(i = 1, 2, \cdots, n)$, 并将所有因素的分数求和 $S = \sum\limits_{i=1}^{n} s_i$, 然后按总分的大小排序, 从而确定出方案的优劣. 加权评分法: 根据评价对象的诸多因素 (或指标)u_i $(i = 1, 2, \cdots, n)$ 所处的地位或所起的作用不同, 引入权重的概念, 求其诸多因素 (指标) 评分 s_i $(i = 1, 2, \cdots, n)$ 的加权和 $S = \sum\limits_{i=1}^{n} w_i s_i$, 其中 w_i 为第 i $(i = 1, 2, \cdots, n)$ 个因素 (指标) 的权值.

1. 模糊综合评价问题

设 $U = \{u_1, u_2, \cdots, u_n\}$ 为研究对象的 n 种因素 (或指标), 称之为因素集 (或指标集); $V = \{v_1, v_2, \cdots, v_m\}$ 为诸因素 (或指标) 的 m 种评价所构成的评价集 (或称评语集、决策集等), 它们的元素个数和名称均可根据实际问题的需要和决策人主观确定. 由于主观原因, 对各因素的侧重程度是不同的, 因此对各因素侧重程度给予不同权值, 即它应该是 U 上的模糊子集

$$A = (a_1, a_2, \cdots, a_n) \in F(U), \quad \sum_{i=1}^{n} a_i = 1$$

其中, a_i 表示第 i 种因素的权重. 实际上, 很多问题的因素评价集都是模糊的, 因此, 综合评判应该是 V 上的一个模糊子集

$$B = (b_1, b_2, \cdots, b_m) \in F(V)$$

其中, b_k 为评价 V_k 对模糊子集 B 的隶属度: $\mu_B(v_k) = b_k (k = 1, 2, \cdots, m)$ 反映了第 k 种评价 V_k 在综合评价中所起的作用.

2. 模糊综合评价的一般步骤

(1) 确定因素集 $U=\{u_1,u_2,\cdots,u_n\}$;

(2) 确定评价集 $V=\{v_1,v_2,\cdots,v_m\}$;

(3) 确定模糊评价矩阵 $R=(r_{ij})_{n\times m}$.

首先, 对每一个因素 u_i 做一个评价 $f(u_i)(i=1,2,\cdots,n)$, 则可以得 U 到 V 的一个模糊映射 f, 即

$$f:U\to F(U),u_i\mapsto f(u_i)=(r_{i1},r_{i2},\cdots,r_{im})\in F(V)$$

由模糊映射 f 可以诱导出模糊关系 $R_f\in F(U\times V)$, 即

$$R_f(u_i,v_j)=f(u_i)(v_j)=r_{ij}\quad (i=1,2,\cdots,n;j=1,2,\cdots,m)$$

因此, 可以确定出模糊评价矩阵 $R=(r_{ij})_{n\times m}$, 且称 (U,V,R) 为模糊综合评价模型, U,V,R 称为该模型的三要素.

(4) 确定权重集 $A=(a_1,a_2,\cdots,a_n)\in F(U)$.

关于评价集 V 的权重 $A=(a_1,a_2,\cdots,a_n)$, 通常情况下可以由决策人凭经验给出, 但往往带有一定的主观性. 要从实际出发, 或更客观地反映实际情况可采用专家评估、加权统计法和频率统计法, 或更一般的模糊协调决策法、模糊关系方法等来确定.

(5) 综合评价. 模糊综合评价 B 是 V 上模糊子集

$$B=A\circ R$$

借助权重集 A 与模糊评价矩阵 R 合成运算, 可得模糊综合评价 B. 一般有下列四种模型运算:

① 模型 $M(\wedge,\vee)$ 法: 对于权重 $A=(a_1,a_2,\cdots,a_n)\in F(U)$ 和模糊评价矩阵 $R=(r_{ij})_{n\times m}$, 用模型 $M(\wedge,\vee)$ 运算得综合评价为

$$B=A\circ R=(b_1,b_2,\cdots,b_m)\in F(V)$$

$$b_j=\bigvee_{i=1}^{n}(a_i\wedge r_{ij}),\quad j=1,2,\cdots,m$$

由于 $\sum_{i=1}^{n}a_i=1$, 对于某些情况可能会出现 $a_i\leqslant r_{ij}$, 即 $a_i\wedge r_{ij}=a_i$ $(i=1,2,\cdots,n)$. 这样可能导致模糊评判矩阵 R 中的许多信息的丢失, 即人们对某些因素 u_i 所做的评价信息在决策中未得到充分的利用, 从而导致综合评价结果失真, 因此对权系数 a_i 加以修正, 即令

$$a_i'=\frac{na_i}{m},\quad i=1,2,\cdots,n$$

② 模型 $M(\cdot,\vee)$ 法: 对于 $A=(a_1,a_2,\cdots,a_n)\in F(U)$ 和 $R=(r_{ij})_{n\times m}$, 用模型 $M(\cdot,\vee)$ 运算得 $B=A\circ R$, 即 $b_j=\overset{n}{\underset{i=1}{\vee}}(a_i\cdot r_{ij})(j=1,2,\cdots,m)$.

③ 模型 $M(\wedge,+)$ 法: 对于 $A=(a_1,a_2,\cdots,a_n)\in F(U)$ 和 $R=(r_{ij})_{n\times m}$, 用模型 $M(\wedge,+)$ 运算得 $B=A\circ R$, 即 $b_j=\sum\limits_{i=1}^{n}(a_i\wedge r_{ij})(j=1,2,\cdots,m)$.

④ 模型 $M(\cdot,+)$ 法: 对于 $A=(a_1,a_2,\cdots,a_n)\in F(U)$ 和 $R=(r_{ik})_{n\times m}$, 用模型 $M(\cdot,+)$ 运算得 $B=A\circ R$, 即 $b_j=\sum\limits_{i=1}^{n}(a_i\cdot r_{ij})(j=1,2,\cdots,m)$.

在实际应用时, 主因素 (即权重最大的因素) 在综合中起主导作用时, 则可首先选“主因素决定型”模型 $M(\wedge,\vee)$; 当模型 $M(\wedge,\vee)$ 失效时, 再来选用“主因素突出型” $M(\cdot,\vee)$ 和 $M(\wedge,+)$; 当需要对所有因素的权重均衡时, 可选用加权平均模型 $M(\cdot,+)$. 在模型选择时还要特别注意实际问题的需求.

例 10.5 某品牌彩色电视机的综合评价. 设因素集 $U=\{$图像, 声音, 价格$\}$, 评价集 $V=\{$很好, 较好, 一般, 不好$\}$. 试对该品牌彩色电视机进行综合评价.

首先, 进行市场调查, 获悉: 对图像, 有 30%的人认为“很好”, 50%的人认为“较好”, 20%的人认为“一般”; 对声音, 有 40%的人认为“很好”, 30%的人认为“较好”, 20%的人认为“一般”, 10%的人认为“不好”; 对价格, 有 10%的人认为“很好”, 10%的人认为“较好”, 30%的人认为“一般”, 50%的人认为“不好”. 于是, 模糊评价矩阵为

$$R=\begin{bmatrix}0.3 & 0.5 & 0.2 & 0\\ 0.4 & 0.3 & 0.2 & 0.1\\ 0.1 & 0.1 & 0.3 & 0.5\end{bmatrix}$$

其次, 考虑到顾客购买彩电的主要要求是图像清晰、音响效果好, 而对价格并不十分敏感 (目前彩电的价格已经很低了), 因此, 可设三个指标的权系数向量为

$$A=(0.5,0.3,0.2)$$

于是, 利用模型 $M(\wedge,\vee)$ 法得顾客对彩电的综合评价结果为

$$B=A\circ R=(0.3,0.5,0.2,0.2)$$

归一化后为

$$B'=(0.25,0.4167,01666,0.1666)$$

即对该品牌彩电而言, 把图像、声音、价格同时考虑时, 仍是“很好”占的比重最大.

例 10.6 随着全球经济一体化进程的加快, 企业与企业之间的竞争越来越表现为人才的竞争. 人力资源的开发与管理很重要的一环是人力资源管理绩效的综合评价. 现代企业人力资源管理主要有岗位及职务、招聘和组织发展、培训、薪资福利、业绩管理、信息管理建设等六大功能. 以这六大功能模块为出发点, 可以设置一套与现代人力资源管理相关的, 诸如员工职业资格考评和员工满意度等评价指标体系. 考虑如下的人力资源管理评价指标体系, 建立人力资源管理的模糊综合评价法 (表 10.12).

表 10.12 人力资源管理评价指标体系

评价指标	指标内容
岗位及职务方面	岗位、职务的分析与设计, 岗位评价
招聘和组织发展	招聘时间、成本和渠道分析, 员工组织发展
培训方面	培训投入评价; 培训技校评价
薪资福利方面	薪酬数量、结构及其变化状况
业绩管理方面	业绩考核内容、结构及其薪资管理情况
信息管理建设方面	员工满意度、忠诚程度及健康状况等

设人力资源管理因素集合 $U=\{u_1,u_2,\cdots,u_6\}$ 分别为岗位及职务方面、招聘和组织发展、培训方面、薪资福利方面、业绩管理方面、信息管理建设方面, 评价集合 $V=\{v_1,v_2,\cdots,v_5\}$ 分别为优秀、良好、中等、合格、较差. 设 $R=(r_{ij})$ 是由 V 到 U 的模糊关系, r_{ij} 表示被评价对象第 i 个因素在第 j 种评价达到的可能程度.

假设邀请了 30 位专家对三家企业人力资源管理的六个方面进行评价, 获得了如下三个模糊评价矩阵:

$$R_1=\begin{bmatrix} 0.20 & 0.07 & 0.20 & 0.37 & 0.20 & 0.03 \\ 0.23 & 0.10 & 0.37 & 0.43 & 0.47 & 0.00 \\ 0.47 & 0.37 & 0.17 & 0.13 & 0.17 & 0.23 \\ 0.10 & 0.30 & 0.17 & 0.00 & 0.10 & 0.60 \\ 0.00 & 0.17 & 0.10 & 0.07 & 0.06 & 0.13 \end{bmatrix}$$

$$R_2=\begin{bmatrix} 0.03 & 0.50 & 0.67 & 0.30 & 0.40 & 0.07 \\ 0.10 & 0.27 & 0.20 & 0.40 & 0.37 & 0.37 \\ 0.47 & 0.13 & 0.03 & 0.17 & 0.00 & 0.40 \\ 0.20 & 0.10 & 0.07 & 0.07 & 0.16 & 0.07 \\ 0.20 & 0.00 & 0.03 & 0.06 & 0.07 & 0.10 \end{bmatrix}$$

$$R_3 = \begin{bmatrix} 0.00 & 0.03 & 0.00 & 0.30 & 0.10 & 0.07 \\ 0.07 & 0.20 & 0.20 & 0.30 & 0.17 & 0.07 \\ 0.23 & 0.17 & 0.63 & 0.27 & 0.67 & 0.20 \\ 0.17 & 0.57 & 0.13 & 0.07 & 0.03 & 0.57 \\ 0.53 & 0.03 & 0.03 & 0.07 & 0.03 & 0.10 \end{bmatrix}$$

将评价集合中优秀、良好、中等、合格、较差分别赋予数值 5, 4, 3, 2, 1, 则评价集合中各等级的权重向量为 $A = (0.33, 0.27, 0.20, 0.13, 0.07)$. 由模糊评价矩阵分别得到三个企业的模糊线性变换:

$$B_1 = AR_1 = (0.24, 0.17, 0.23, 0.27, 0.24, 0.15)$$
$$B_2 = AR_2 = (0.17, 0.28, 0.29, 0.25, 0.26, 0.22)$$
$$B_3 = AR_3 = (0.12, 0.18, 0.20, 0.25, 0.22, 0.16)$$

从而得到三个企业的模糊线性变换:

$$B = (B_1^{\mathrm{T}}, B_2^{\mathrm{T}}, B_3^{\mathrm{T}})$$

现对企业治理中人力资源管理方面进行评价.

假设 $u = (1, 1, 1, 1, 1, 1)$, 企业治理中人力资源管理方面在六个因素的权重为 $w = (0.25, 0.10, 0.20, 0.10, 0.20, 0.15)$, 则可求得

$$W = w \circ B = (0.22, 0.24, 0.18)$$

因此, 三个企业的人力资源管理水平排序由高到低依次为企业 2、企业 1、企业 3. 三个企业人力资源管理各指标单项的评价结果为

$$W' = (W_1', W_2', W_3') = B^{\mathrm{T}} u^{\mathrm{T}} \circ w$$
$$= \begin{bmatrix} 0.06 & 0.02 & 0.05 & 0.03 & 0.05 & 0.02 \\ 0.04 & 0.03 & 0.06 & 0.03 & 0.05 & 0.03 \\ 0.03 & 0.02 & 0.04 & 0.02 & 0.04 & 0.02 \end{bmatrix}$$

上述计算结果可用表 10.13 表示.

表 10.13 三个企业在企业治理中人力资源管理水平内容各项指标单项得分表

因素	岗位及职务方面 u_1	招聘和组织发展 u_2	培训方面 u_3	薪资福利方面 u_4	业绩管理方面 u_5	信息管理建设方面 u_6	合计
权重	0.25	0.10	0.20	0.10	0.20	0.15	1.00
企业 1	0.06	0.02	0.05	0.03	0.05	0.02	0.22
企业 2	0.04	0.03	0.06	0.03	0.05	0.03	0.24
企业 3	0.03	0.02	0.04	0.02	0.04	0.02	0.18

通过表 10.13 可以看出, 企业 3 无论在岗位及职务还是在别的方面都处于最低水平, 因而是最差的; 企业 2 虽然在岗位及职务方面低于企业 1, 但在招聘和组织发展、培训方面、信息管理建设方面都优于企业 1, 其他地方则与企业 1 持平.

3. 多层次模糊综合评价

实际中的许多问题往往都是涉及很多因素, 对于各因素的权重分配较为均衡的情况可将诸因素分为若干个层次进行研究, 即首先分别对单层次的各情况进行说明, 具体方法如下:

(1) 将因素集 $U=\{u_1,u_2,\cdots,u_n\}$ 分成若干个组 $U_1,U_2,\cdots,U_k\ (1\leqslant k\leqslant n)$, 使 $U=\bigcup\limits_{i=1}^{k}U_i$, 且 $U_i\cap U_j=\varnothing\ (i\neq j)$, 称 $U=\{U_1,U_2,\cdots,U_k\}$ 为一级因素集. 记 $U_i=\{u_1^{(i)},u_2^{(i)},\cdots,u_{n_i}^{(i)}\}\left(i=1,2,\cdots,k;\sum\limits_{i=1}^{k}n_i=n\right)$, 称之为二级因素集.

(2) 设评价集 $V=\{v_1,v_2,\cdots,v_m\}$, 对二级因素集 $U_i=\{u_1^{(i)},u_2^{(i)},\cdots,u_{n_i}^{(i)}\}$ 的 n_i 个因素进行单因素评判, 即建立模糊映射

$$f_i:U_i\to F(V),\ u_j^{(i)}\mapsto f_i(u_j^{(i)})=(r_{j1}^{(i)},r_{j2}^{(i)},\cdots,r_{jm}^{(i)})\quad (j=1,2,\cdots,n_i)$$

于是得到评价矩阵为

$$R_i=\begin{bmatrix} r_{11}^{(i)} & r_{12}^{(i)} & \cdots & r_{1m}^{(i)} \\ r_{21}^{(i)} & r_{22}^{(i)} & \cdots & r_{2m}^{(i)} \\ \vdots & \vdots & & \vdots \\ r_{n_i1}^{(i)} & r_{n_i2}^{(i)} & \cdots & r_{n_im}^{(i)} \end{bmatrix}$$

设 $U_i=\{u_1^{(i)},u_2^{(i)},\cdots,u_{n_i}^{(i)}\}$ 的权重为 $A_i=(a_1^{(i)},a_2^{(i)},\cdots,a_{n_i}^{(i)})$, 则可以求得综合评价为

$$B_i=A_i\circ R_i=(b_1^{(i)},b_2^{(i)},\cdots,b_m^{(i)})\qquad (i=1,2,\cdots,k)$$

其中, $b_j^{(i)}$ 由模型 $M(\wedge,\vee)$ 或 $M(\cdot,\vee)$、$M(\wedge,+)$、$M(\cdot,+)$ 确定.

(3) 对于一级因素集 $U=\{U_1,U_2,\cdots,U_k\}$ 做综合评价, 设其权重 $A=(a_1,a_2,\cdots,a_k)$, 总评价矩阵为 $R=(B_1,B_2,\cdots,B_k)^{\mathrm{T}}$. 按模型 $M(\wedge,\vee)$ 或 $M(\cdot,\vee)$, $M(\wedge,+)$, $M(\cdot,+)$ 运算得到综合评价 $B=A\circ R=(b_1,b_2,\cdots,b_m)\in F(V)$.

思 考 题 10

10.1　外出旅游选择交通工具 (包括飞机、火车、汽车), 由于不同人外出的目的不同, 经济条件不同, 体制、心理、经历、兴趣都不同, 考虑到安全、舒适、快速、经济、游览等因素, 问应如何选择交通工具.

10.2　建立层次分析模型解决下列问题:

(1) 学校评选优秀学生或优秀班级, 试给出若干准则, 构造层次结构模型, 可分为相对评价和绝对评价两种情况讨论.

(2) 你要购置一台个人电脑, 考虑功能、价格等的因素, 如何做出决策.

(3) 为大学毕业的青年建立一个选择志愿的层次结构模型.

(4) 你的家乡准备集资兴办一座小型饲养场, 是养猪, 还是养鸡、养鸭、养兔等?

10.3　影响教师教学质量的因素可以取为四个: $U_1=$ 清楚易懂, $U_2=$ 教材熟练, $U_3=$ 生动有趣, $U_4=$ 板书工整, 这样便做出因素集 $U=\{U_1,U_2,U_3,U_4\}$. 评判集取为: $V=\{V_1,V_2,V_3,V_4\}=\{$很好, 较好, 一般, 不好$\}$. 对某个教师, 可请若干人 (学生、教师等) 进行单因素评判, 从而做出综合评定.

10.4　设某林场在现有经营面积中, 按 "林地条件类型" 和 "林分类型" 分布如表 10.14, 该林场生产力预测值如表 10.15. 显然, 若因地制宜地安排规划, 即安排立地生产力最高的树种, 就可获得最高的产量. 但在实际情况中常常会受到其他条件的制约, 而不能如此安排. 若规划条件限制如表 10.16 所示, 表 10.16 所示的限制条件是: 按立地类型划分, 则不能超过下端的数字, 又根据表 10.15 所列生产力预测值及价格, 可得单产价格如表 10.17, 现按产量指标和产值指标做出最优规划方案, 即要求产量、产值都最大.

表 10.14　经营面积按立地类型和林分类型分布

面积/hm^2 林分类型 / 立地类型	人工红松林	人工水曲柳林	人工落叶松林	人工樟子松林	人工赤松林	人工黑松林	天然次生林	人工杨树林	宜林地	合计
平地	5.0	13.3	13.3	19.5	0.2	50.4	11.8	7.9	0.3	208.1
阴坡	89.1	6.7	692.6	170.3	7.0	222.1	662.4	1.0	4.8	1856.0
阳坡	29.8	7.9	509.6	202.5	11.4	514.5	497.2	21.6	5.4	1799.9
现有经营面积	123.9	27.9	1301.9	392.3	18.6	787.0	1171.4	30.5	10.5	3864.0

表 10.15　生产力预测值

立地生产力 $m^3/(a\cdot hm^2)$ 林分类型 / 立地类型	人工红松林	人工水曲柳林	人工落叶松林	人工樟子松林	人工赤松林	人工黑松林	人工次生林	人工杨树林
平地	3.63	7.88	4.22	5.18	6.93	3.71	4.33	7.14
阴坡	3.80	2.56	3.91	5.73	4.80	3.27	4.69	3.64
阳坡	2.68	2.66	4.10	5.17	8.85	3.07	5.02	2.85

表 10.16　规划条件限制

面积/hm^2 林分类型 立地类型	人工红松林	人工水曲柳林	人工落叶松林	人工樟子松林	人工赤松林	人工黑松林	天然次生林	人工杨树林	
平地									208.1
阴坡									1856.0
阳坡									1799.9
	1200	200	800	100	200	0	500	846	

表 10.17　单产价格表

立地价格/(元/m^2) 林分类型 立地类型	人工红松林	人工水曲柳林	人工落叶松林	人工樟子松林	人工赤松林	人工黑松林	天然次生林	人工杨树林
平地	5.45	9.85	4.22	6.48	8.66	4.63	3.90	4.99
阴坡	5.70	3.02	3.91	7.16	6.00	4.09	4.22	2.55
阳坡	4.02	3.33	4.10	6.46	11.06	3.83	4.52	2.00

在表 10.14 ~ 表 10.17 中, hm^2 为林地面积单位, hm^{-2} 为林分密度单位, a 为轮伐期单位, $m^3/(a\cdot hm^{-2})$ 为立地生产力单位.

10.5　根据表 10.18 数据, 利用 TOPSIS 方法对某市人民医院 2015~2018 年的医疗质量进行评价.

表 10.18　2015~2018 年数据表

年份	床位周转次数	床位周转率/%	平均住院日	出入院诊断符合率/%	手术前后诊断符合率/%	三日确诊率/%	治愈好转率/%	病死率/%	危重病人抢救成功率/%	院内感染率/%
2015	20.97	113.81	18.73	99.42	99.80	97.28	96.08	2.57	94.53	4.60
2016	21.41	116.12	18.39	99.32	99.14	97.00	95.65	2.72	95.32	5.99
2017	19.13	112.85	17.44	99.49	99.11	96.20	95.60	2.02	96.22	4.79
2018	20.56	108.35	17.21	99.56	99.32	96.40	97.12	1.98	95.89	4.45

10.6　某医院对护士进行考核有 4 个指标, 表 10.19 是某病区 8 名护士的考核成绩. 请根据考核结果对这 8 名护士进行排序.

表 10.19　8 名护士考核成绩

待评对象	业务考核成绩	操作考核成绩	科内测评	工作量考核
甲	86	优	100	233.9
乙	92	良	98.2	192.9
丙	88	良	99.1	311.1
丁	72	良	95.5	274.9
戊	70	优	97.3	263.6
己	94	优	100	182.3
庚	84	良	91.97	220.6
辛	50	良	91.97	182.0

10.7　利用熵权法计算权重, 再利用 TOPSIS 方法排序, 就是熵权法-TOPSIS 方法; 请利用此方法重新计算 10.6 题.

10.8　某网上运营商在高校开展大学生购物满意度调查, 评价指标分别为产品价值、销售服务、售后服务和网络安全, 调查数据如表 10.20, 请对各网站综合满意度进行排序.

表 10.20　6 个网站调查数据

网站	产品价值	销售服务	售后服务	网络安全
1	87.5	87.5	100	87.5
2	75	87.5	87.5	87.5
3	87.5	75	75	100
4	75	62.5	87.5	100
5	50	75	75	100
6	62.5	75	75	100
标准	100	100	100	100

第 11 章 预测模型

前面几章讲述了多种数学模型, 并按照建立模型所应用的数学方法进行了分类, 模型及方法均为数学建模中最常见的. 由于实际问题的复杂性, 使得数学建模涉及了数学的众多方向, 很难一一介绍, 本章将介绍一些常用的其他数学模型, 包括灰色预测模型和时间序列预测模型.

11.1 灰色预测模型

灰色预测的主要特点是模型使用的不是原始数据序列, 而是生成的数据序列. 其核心体系是灰色模型 (grey model, GM), 即对原始数据作累加生成 (或其他方法生成) 得到近似的指数规律再进行建模的方法. 优点是不需要很多的数据, 一般只需要 4 个数据, 就能解决历史数据少、序列的完整性及可靠性低的问题; 能利用微分方程来充分挖掘系统的本质, 精度高; 能将无规律的原始数据进行生成得到规律性较强的生成序列, 运算简便, 易于检验, 不考虑分布规律, 不考虑变化趋势. 缺点是只适用于中短期的预测以及指数增长的预测.

11.1.1 生成数

通过对已知数列中的数据进行处理而产生新的数列, 由此挖掘和寻找数的规律性的方法, 就是数的生成. 由数的生成而得出的有价值的新数列, 一般称为生成数列或生成数. 数的生成有几种方式, 包括累加生成、累减生成和加权生成等. 下面介绍累加生成和累减生成.

累加生成 把数列 $x=(x(1),x(2),\cdots,x(n))$ 在各时刻 k 的数据依次累加的过程称为累加生成过程, 由累加生成过程所得的数列称为累加生成数列.

设原始数据列为 $x^{(0)}=\left(x^{(0)}(1),x^{(0)}(2),\cdots,x^{(0)}(n)\right)$, 令

$$x^{(1)}(k)=\sum_{i=1}^{k}x^{(0)}(i),\quad k=1,2,\cdots,n$$

那么称 $x^{(1)}$ 为 $x^{(0)}$ 的一次累加生成, $x^{(1)}=(x^{(1)}(1),x^{(1)}(2),\cdots,x^{(1)}(n))$. 类似地, 有

$$x^{(r)}(k)=\sum_{i=1}^{k}x^{(r-1)}(i),\quad k=1,2,\cdots,n$$

那么称 $x^{(r)}$ 为 $x^{(0)}$ 的 r 次累加生成, $x^{(r)} = (x^{(r)}(1), x^{(r)}(2), \cdots, x^{(r)}(n))$.

在实际中, 使用比较普遍的是一次累加生成.

累加生成的主要目的在于把非负的 (摆动的或非摆动的) 数列或者任意无规律性的数列转化成非减递增数列. 转化后的数列往往有一定的规律性, 利用累加生成甚至可以进行函数拟合. 由于很多实际问题中 (比如经济问题) 的数列都是非负数列, 所以累加生成可以在这类问题中应用.

如果实际问题中出现负数数列 (如温度数列), 累加生成就不一定是好的处理方法, 往往会出现正负抵消的信息损失现象. 而一旦出现正负抵消的情况, 累加生成就不一定能增强数据的规律性, 甚至反过来削弱了原有数据的规律性. 例如, 对原始数列 $x^{(0)} = (1, -1, 3, -4)$ 作累加生成处理, 得到累加生成数列 $x^{(1)} = (1, 0, 3, -1)$. 把两个数列分别画到图中, 得到图 11.1(a) 和 (b) 所示, 可以看到累加生成数列的规律性并不一定比原始数据的规律性强.

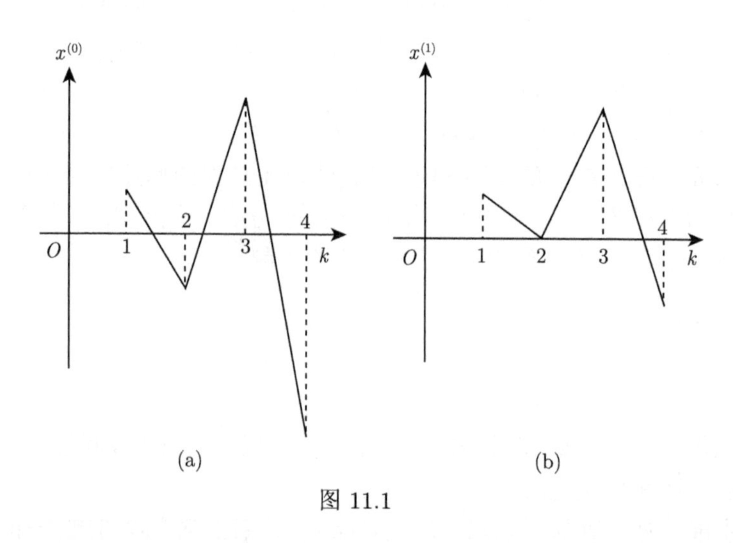

图 11.1

对于这种情况可以先把原始数据化为非负数列, 具体做法就是数列中每一个数都减去原始数列中最小的那个数, 得到非负数列再做累加生成. 例如, 对数列 $x^{(0)}$ 处理后得到非负数列 $y^{(0)} = (5, 3, 7, 0)$, 相应地累加生成数列为 $y^{(1)} = (5, 8, 15, 15)$, 把这个数列画到图中, 得到图 11.2, 数列 $y^{(1)}$ 显然比原始数列 $x^{(0)}$ 有更强的规律.

与累加生成相对应的是累减生成, 它是另一种常用的数的生成方式. 累减生成主要用于将累加生成的数列进行还原.

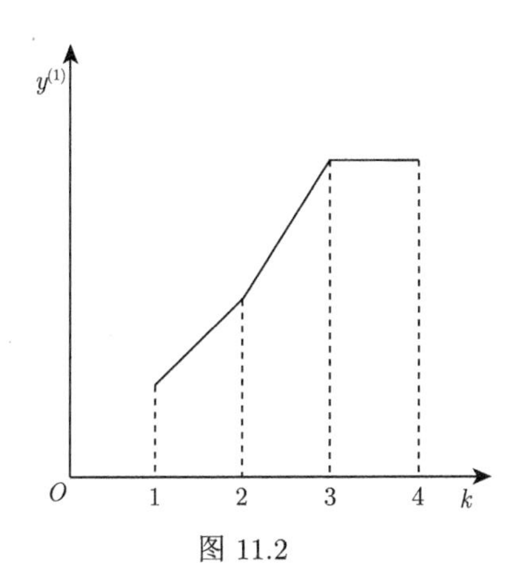

图 11.2

累减生成 将数列的前后两个数据相减的过程称为累减生成过程, 由累减生成过程得到的新数列称为累减生成数列. 设原始数据列为

$$x^{(1)}=\left(x^{(1)}(1),x^{(1)}(2),\cdots,x^{(1)}(n)\right)$$

令 $x^{(0)}(1)=x^{(1)}(1)$, $x^{(0)}(k)=x^{(1)}(k)-x^{(1)}(k-1)$, $k=2,3,\cdots,n$, 则称

$$x^{(0)}=\left(x^{(0)}(1),x^{(0)}(2),\cdots,x^{(0)}(n)\right)$$

为 $x^{(1)}$ 的一次累减生成.

类似地, 若有 $x^{(r)}=\left(x^{(r)}(1),x^{(r)}(2),\cdots,x^{(r)}(n)\right)$, $r\geqslant 1$, 令

$$x^{(r-1)}(1)=x^{(r)}(1),\ x^{(r-1)}(k)=x^{(r)}(k)-x^{(r)}(k-1),\quad k=2,3,\cdots,n$$

则 $x^{(r-1)}=\left(x^{(r-1)}(1),x^{(r-1)}(2),\cdots,x^{(r-1)}(n)\right)$ 为 $x^{(r)}$ 的一次累减生成, 而 $x^{(0)}$ 称为 $x^{(r)}$ 的 r 次累减生成.

11.1.2 GM 模型

灰色系统理论指出, 离散随机数列经过数的生成这一过程将变成随机性明显削弱且有较规律的生成数列, 利用这一性质可以建立微分方程形式模型, 即灰色系统模型.

1. GM(1, 1) 模型

设有原始数据数列 $x^{(0)}=\left(x^{(0)}(1),x^{(0)}(2),\cdots,x^{(0)}(n)\right)$, 做一次累加, 得生成数列

$$\begin{aligned}x^{(1)}&=\left(x^{(0)}(1),\sum_{m=1}^{2}x^{(0)}(m),\cdots,\sum_{m=1}^{n}x^{(0)}(m)\right)\\&=\left(x^{(1)}(1),x^{(1)}(1)+x^{(0)}(2),\cdots,x^{(1)}(n-1)+x^{(0)}(n)\right)\end{aligned}$$

定义 $x^{(1)}$ 的灰导数为

$$\mathrm{d}(k)=x^{(0)}(k)=x^{(1)}(k)-x^{(1)}(k-1)$$

令 $z^{(1)}$ 为 $x^{(1)}$ 的均值数列, 即

$$z^{(1)}(k)=0.5x^{(1)}(k)+0.5x^{(1)}(k-1),\quad k=2,3,\cdots,n$$

则 $z^{(1)}=\left(z^{(1)}(2),z^{(1)}(3),\cdots,z^{(1)}(n)\right)$.

于是定义灰微分方程模型 GM(11) 为

$$\mathrm{d}(k)+az^{(1)}(k)=b$$

或

$$x^{(0)}(k)+az^{(1)}(k)=b$$

称 $x^{(0)}(k)$ 为灰导数, a 为发展系数, $z^{(1)}(k)$ 为白化背景值, b 为灰作用量.

将时刻 $k=2,3,\cdots,n$ 代入 GM(1,1) 模型, 得

$$\begin{gathered}x^{(0)}(2)+az^{(1)}(2)=b\\x^{(0)}(3)+az^{(1)}(3)=b\\\cdots\cdots\\x^{(0)}(n)+az^{(1)}(n)=b\end{gathered}$$

令

$$Y=\left(x^{(0)}(2),x^{(0)}(3),\cdots,x^{(0)}(n)\right)^{\mathrm{T}},\quad u=(a,b)^{\mathrm{T}},\quad B=\begin{bmatrix}-z^{(1)}(2)&1\\-z^{(1)}(3)&1\\\vdots&\vdots\\-z^{(1)}(n)&1\end{bmatrix}$$

称 Y_1 为数据向量, B 为数据矩阵, u 为参数向量, 则 GM(1,1) 模型可以表示为矩阵方程

$$Y=Bu$$

其中, 参数向量 u 可用最小二乘法确定. 如果 $B^{\mathrm{T}}B$ 非奇异, 则 $\hat{u}=(B^{\mathrm{T}}B)^{-1}B^{\mathrm{T}}Y$.

2. GM(1, N) 模型

设有 N 个原始数据数列

$$x_i^{(0)} = \left(x_i^{(0)}(1), x_i^{(0)}(2), \cdots, x_i^{(0)}(n)\right), \quad i = 1, 2, \cdots, N$$

对它们分别做一次累加, 得到 N 个生成数列

$$\begin{aligned} x_i^{(1)} &= \left(x_i^{(1)}(1), x_i^{(1)}(2), \cdots, x_i^{(1)}(n)\right) \\ &= \left(x_i^{(0)}(1), \sum_{m=1}^{2} x_i^{(0)}(m), \cdots, \sum_{m=1}^{n} x_i^{(0)}(m)\right) \\ &= \left(x_i^{(1)}(1), x_i^{(1)}(1) + x_i^{(0)}(2), \cdots, x_i^{(1)}(n-1) + x_i^{(0)}(n)\right), \quad i = 1, 2, \cdots, N \end{aligned}$$

令 $z_1^{(1)}$ 为 $x_1^{(1)}$ 的均值数列, 即

$$z_1^{(1)}(k) = 0.5x_1^{(1)}(k) + 0.5x_1^{(1)}(k-1), \quad k = 2, 3, \cdots, n$$

则 $z_1^{(1)} = \left(z_1^{(1)}(2), z_1^{(1)}(3), \cdots, z_1^{(1)}(n)\right)$. 于是可得到灰微分方程模型 GM(1,$N$):

$$x_1^{(0)}(k) + az_1^{(1)}(k) = b_2 x_2^{(1)}(k) + b_3 x_3^{(1)}(k) + \cdots + b_N x_N^{(1)}(k)$$

其中, $x_1^{(0)}(k)$ 为灰导数, $z_1^{(1)}(k)$ 为背景值, a, b_i 为参数 $(i = 2, \cdots, N)$.

将时刻 $k = 2, 3, \cdots, n$ 代入 GM(1, N) 模型, 并引入向量矩阵记号:

$$Y_N = \left(x_1^{(0)}(2), x_1^{(0)}(3), \cdots, x_1^{(0)}(n)\right)^{\mathrm{T}}, \quad u_N = (a, b_2, b_3, \cdots, b_N)^{\mathrm{T}}$$

$$B_N = \begin{bmatrix} -z_1^{(1)}(2) & x_2^{(1)}(2) & \cdots & x_N^{(1)}(2) \\ -z_1^{(1)}(3) & x_2^{(1)}(3) & \cdots & x_N^{(1)}(3) \\ \vdots & \vdots & & \vdots \\ -z_1^{(1)}(n) & x_2^{(1)}(n) & \cdots & x_N^{(1)}(n) \end{bmatrix}$$

称 Y_N 为数据向量, B_N 为数据矩阵, u_N 为参数向量. 则 GM(1,N) 模型可写成矩阵方程

$$Y_N = B_N u_N$$

令 $\hat{u}_N$ 表示 u_N 的估计量, $\varepsilon = Y_N - B_N \hat{u}_N$ 表示估计值的残差, 由最小二乘法求使

$$J(\hat{u}) = \varepsilon^{\mathrm{T}} \varepsilon = (Y_N - B_N \hat{u}_N)^{\mathrm{T}} (Y_N - B_N \hat{u}_N)$$

最小的估计值 $\hat{u}_N$. 如果 $B_N^{\mathrm{T}}B_N$ 非奇异, 则 $\hat{u}_N=(\hat{a},\hat{b}_2,\cdots,\hat{b}_N)^{\mathrm{T}}=(B_N^{\mathrm{T}}\ B_N)^{-1}$ $B_N^{\mathrm{T}}Y_N$. 如果 $B_N^{\mathrm{T}}B_N$ 奇异, 比如当 $n-1<N$ 时, 解决办法就麻烦一点. 但是, 回顾 $\hat{u}_N$ 的实际意义, 可以知道向量 $\hat{u}_N$ 的元素实际上是各个子因素对母因素影响大小的反应. 那么, 不妨引入矩阵 W 对 $\varepsilon^{\mathrm{T}}\varepsilon$ 做加权最小化, 对未来发展趋势渐弱的子因素加以较大的权, 对有发展潜力的子因素加以较小的权, 这样做可以对各因素的未来发展趋势进行调整控制.

令

$$W=\operatorname{diag}\{w_1,w_2,\cdots,w_N\}$$

其中, 如果 $x_i^{(1)}$ 对 $x_1^{(1)}$ 的影响有减弱的趋势, w_i 的值就较大; 反之, 如果 $x_i^{(1)}$ 对 $x_1^{(1)}$ 的影响有增强的趋势, w_i 的值就较小. 最后, $\hat{u}_N$ 的估计值可以按照下面的公式计算:

$$\hat{u}_N=W^{-1}B_N^{\mathrm{T}}(B_NW^{-1}B_N^{\mathrm{T}})^{-1}Y_N$$

例 11.1 表 11.1 给出了某地区各项社会经济指标的统计数据, 试研究表中列出的各指标对该地区的发展的影响大小.

表 11.1 某地区各项社会经济指标

年份	1981	1982	1983	1984	1985
工业总产值	31013	33656	37390	51531	65231
发电量	17128	17734.9	17227.1	18632.3	20342.7
未来受教育职工	10748	12213	13853	15196	17979
物耗系统	17865	19540	21584	29349	36117
技术水平	0.968	0.985	0.945	1.091	1.183
滞销积累量	20865	22834	26440	28573	33588
待业人数	15149	16246.7	20226	31459.4	34603

可以建立 GM(1, 7) 模型解决此问题. 由于每一个指标只有 5 项数据, 而未知数有 7 个, 即 $n-1=4<N=7$, 因此只能按照第二种方法估计 $\hat{u}_N$ 的值, 从而确定灰微分方程的系数. 最后得到的灰微分方程为

$$\begin{aligned}x_1^{(0)}(k)+0.66x_1^{(1)}(k)=&2.46x_2^{(1)}(k)-0.91x_3^{(1)}(k)+2.5x_4^{(1)}(k)+3.6\times10^{-5}x_5^{(1)}(k)\\&-2.08x_6^{(1)}(k)-8.5\times10^{-2}x_7^{(1)}(k)\end{aligned}$$

从该灰微分方程的系数可以得到以下结论:

(1) $x_2^{(1)}$ 和 $x_4^{(1)}$ 前面的系数较大, 表明发电量和物耗系统的影响较大, 应该重点调控这两项指标;

(2) $x_3^{(1)}$ 和 $x_6^{(1)}$ 前面的系数为较大的负数, 表明未来受教育职工和滞销积累量对系统的发展有一定的阻碍作用;

(3) $x_5^{(1)}$ 和 $x_7^{(1)}$ 前面的系数值很小, 无论它们是正数还是负数, 都表明技术水平和待业人数对系统的发展影响不大.

当然上述结论仅适用于该地区, 其他地区要根据其已有数据建立具体模型, 才能得到适合自身系统的结论.

11.1.3 灰色预测

利用 GM(1, N) 模型就可以很方便地对一些系统的未来进行灰色预测, 适用范围包括农业问题、商业问题、军事战争以及治理生态环境等. 我们以较为简单的特殊情况 $N=1$, 即 GM(1, 1) 模型为基础进行灰色预测分析.

对原始数据 $x^{(0)}=\left(x^{(0)}(1),x^{(0)}(2),\cdots,x^{(0)}(n)\right)$ 做一次累加生成得到

$$\begin{aligned}x^{(1)}&=\left(x^{(1)}(1),x^{(1)}(2),\cdots,x^{(1)}(n)\right)\\&=\left(x^{(1)}(1),x^{(1)}(1)+x^{(0)}(2),\cdots,x^{(1)}(n-1)+x^{(0)}(n)\right)\end{aligned}$$

建立相应的灰微分方程:

$$x^{(0)}(k)+az^{(1)}(k)=b$$

令 $u=(a,b)^{\mathrm{T}}$, 记 $Y=\left(x^{(0)}(2),x^{(0)}(3),\cdots,x^{(0)}(n)\right)^{\mathrm{T}}$, 应用最小二乘法推得

$$\hat{u}=(B^{\mathrm{T}}B)^{-1}B^{\mathrm{T}}Y_1$$

其中, 矩阵 B 为

$$B=\begin{bmatrix}-z^{(1)}(2) & -z^{(1)}(3) & \cdots & -z^{(1)}(n)\\ 1 & 1 & \cdots & 1\end{bmatrix}^{\mathrm{T}}$$

从而灰微分方程的离散解的具体表达式为

$$x^{(1)}(k+1)=\left(x^{(0)}(1)-\frac{b}{a}\right)\mathrm{e}^{-ak}+\frac{b}{a}$$

根据该式就可以计算出预测结果, 至于精确度可以在实际问题中得到验证.

例 11.2 百米成绩预测. 表 11.2 是世界男/女 100 米赛跑年度最好成绩的统计数据. 试根据表中数据建立灰色预测模型预测 1991 年、1992 年和 2000 年世界男/女 100 米赛跑的年度最后成绩.

表 11.2 世界男/女 100 米成绩

年份	1983	1984	1985	1986	1987	1988	1989	1990
男子/s	9.93	9.96	9.98	9.95	9.93	9.92	9.94	9.93
女子/s	11.95	11.66	11.63	11.65	11.35	11.32	11.58	11.32

世界男子 100 米赛跑年度最好成绩的原始数据记为

$$x^{(0)} = (9.93,\ 9.96,\ 9.98,\ 9.95,\ 9.93,\ 9.92,\ 9.94,\ 9.93)$$

建立 GM(1, 1) 模型, 得到预测的计算表达式为

$$x^{(1)}(k+1) = (9.93 - 13884.61)\mathrm{e}^{-0.000718526k} + 13884.61$$

由该模型得到世界男子 100 米赛跑年度最好成绩的预测值, 1991 年是 9.92 s, 1992 年是 9.91 s, 2000 年是 9.85 s.

同理, 世界女子 100 米赛跑年度最好成绩的原始数据记为

$$y^{(0)} = (11.95,\ 11.66,\ 11.63,\ 11.65,\ 11.35,\ 11.32,\ 11.58,\ 11.32)$$

建立 GM(1, 1) 模型, 得到预测的计算表达式为

$$y^{(1)}(k+1) = (11.95 - 2602.187)\mathrm{e}^{-0.00451067k} + 2602.187$$

由该模型得到世界女子 100 米赛跑年度最好成绩的预测值, 1991 年是 11.30s, 1992 年是 11.24s, 2000 年是 10.85s.

而从表 11.2 的数据中看, 男子的成绩好像没有任何规律, 女子的成绩好像有一点逐渐提高的趋势.

例 11.3 旱灾期预测. 表 11.3 中给出了某地区年降雨量的数据, 试根据这些数据预测什么时候会出现干旱灾情. 干旱的指标可以自己适当选择.

表 11.3 某地区年降雨量

年序号	1	2	3	4	5	6
降雨量	390.6	412	320	559.2	380.8	542.4
年序号	7	8	9	10	11	12
降雨量	553	310	561	300	632	540
年序号	13	14	15	16	17	
降雨量	406.2	313.8	576	587.6	318.6	

为了预测旱情, 首先引入灾变数列这一概念. 设给定的原始数据数列为

$$x^{(0)} = (x^{(0)}(1), x^{(0)}(2), \cdots, x^{(0)}(n))$$

如果指定某个定值 ξ, 并且认为 $x^{(0)}$ 中那些小于 ξ 的点为异常值, 把它们除去得到新的数列, 称为上限灾变数列. 例如, 给定的数列为 $x^{(0)} = (3, 2, 4, 6, 0.6, 5, 3)$, 并且指定 $\xi = 1$, 则可以得到它的上限灾变数列为 $x_{\xi}^{(0)} = (3, 2, 4, 6, 5, 3)$.

类似地可以定义下限灾变数列. 如果指定某个定值 ξ, 并且认为 $x^{(0)}$ 中那些大于 ξ 的点为异常值, 把它们除去得到新的数列, 称为下限灾变数列. 例如, 给定数列 $x^{(0)}=(3,2,4,6,2,4,3)$, 并且指定 $\xi=5$, 则可得到它的下限灾变数列 $x_{\xi}^{(0)}=(3,2,4,2,4,3)$.

然后我们用灾变数列来解决问题. 取下限 $\xi=320$ (这个值的选取应该有技巧一点、目标性强一点), 并且认为年降雨量不超过这个值就会出现旱情. 原始数据数列为

$$x^{(0)}=(390.6,412,320,559.2,380.8,542.4,553,310,561,\\300,632,540,406.2,313.8,576,587.6,318.6)$$

它的下限灾变数列为

$$x_{\xi}^{(0)}=(320,\ 310,\ 300,\ 313.8,\ 318.6)$$

其对应的时刻数列为 $T^{(0)}=(3,8,10,14,17)$. 对时刻数列进行一次累加生成, 得到生成数列 $T^{(1)}=(3,11,21,35,52)$. 建立 GM(1, 1) 模型, 得到 $\hat{u}=(a,b)^{\mathrm{T}}=(-0.25361,6.258339)^{\mathrm{T}}$, 相应的预测计算表达式为

$$T^{(1)}(k+1)=(3-24.677)\mathrm{e}^{-0.25361k}+24.677$$

利用该式算得时刻数列的后两个数分别是

$$T^{(0)}(6)=21.68\approx 22,\quad T^{(0)}(7)=28.39\approx 28$$

由于统计的最后时刻为 17, 所以分别在时刻 22 和时刻 38 的时候发生干旱灾情, 请当地做好抗旱准备.

11.2 确定性时间序列预测模型

时间序列是指将同一统计指标的数值按其发生的时间先后顺序排列而成的数列. 时间序列预测法的主要目的就是从时间序列过去的变化规律, 推断今后变化的可能性及变化趋势、变化规律. 该预测法其实是一种回归预测方法, 属于定量预测, 其基于的原理是, 一方面承认事物发展的延续性, 运用过去时间序列的数据进行统计分析就能推测事物的发展趋势; 另一方面又充分考虑到偶然因素影响而产生的随机性, 为了消除随机波动的影响, 利用历史数据进行统计分析, 并对数据进行适当的处理, 进行趋势预测. 时间序列分析方法包括确定性时间序列分析方法和随机性时间序列分析方法. 在确定性时间序列分析方法中, 移动平均和指数平滑等方法常被用来预测时间序列未来发展趋势.

11.2.1 移动平均法

移动平均法是一种简单的平滑预测技术. 设观测序列为 $y_1, y_2, \cdots, y_T$, 取移动平均的项数 $N < T$. 一次移动平均值计算公式为

$$\begin{aligned} M_t^{(1)} &= \frac{1}{N}\left(y_t + y_{t-1} + \cdots + y_{t-N+1}\right) \\ &= \frac{1}{N}\left(y_{t-1} + \cdots + y_{t-N}\right) + \frac{1}{N}\left(y_t - y_{t-N}\right) = M_{t-1}^{(1)} + \frac{1}{N}\left(y_t - y_{t-N}\right) \end{aligned} \tag{11.1}$$

二次移动平均值计算公式为

$$M_t^{(2)} = \frac{1}{N}\left(M_t^{(1)} + \cdots + M_{t-N+1}^{(1)}\right) = M_{t-1}^{(2)} + \frac{1}{N}\left(M_t^{(1)} - M_{t-N}^{(1)}\right) \tag{11.2}$$

(1) 当预测目标的基本趋势是在某一水平上下波动时, 可用一次移动平均方法建立预测模型, 即

$$\hat{y}_{t+1} = M_t^{(1)} = \frac{1}{N}\left(y_t + \cdots + y_{t-N+1}\right), \quad t = N, N+1, \cdots, T \tag{11.3}$$

其预测标准误差为

$$S = \sqrt{\frac{\sum_{t=N+1}^{T}\left(\hat{y}_t - y_t\right)^2}{T-N}}$$

式 (11.3) 说明, 一次移动平均方法采用最近 $N(5 \leqslant N \leqslant 200)$ 期序列值的平均值作为未来各期的预测结果. 选择最佳 N 值的一个有效方法是, 比较若干模型的预测误差, 预测标准误差最小者为好.

(2) 当预测目标的基本趋势与某一线性模型相吻合时, 常用二次移动平均法, 但序列同时存在线性趋势与周期波动时, 可用趋势移动平均法建立预测模型:

$$\hat{y}_{T+m} = a_T + b_T m, \quad m = 1, 2, \cdots$$

式中, $a_T = 2M_T^{(1)} - M_T^{(2)}, b_T = \dfrac{2}{N-1}\left(M_T^{(1)} - M_T^{(2)}\right)$.

例 11.4 已知某企业 1~11 月的销售收入见表 11.4. 根据表 11.4 中数据用一次移动平均法建立预测模型, 预测 12 月的销售收入.

表 11.4 企业销售收入 (单位: 万元)

月份	1 月	2 月	3 月	4 月	5 月	6 月
销售收入 y_t	533.8	574.6	606.9	649.8	705.1	772.0
月份	7 月	8 月	9 月	10 月	11 月	
销售收入 y_t	816.4	892.7	963.9	1015.1	1102.7	

为了预测 12 月的销售收入, 分别取 $N=4, N=5$ 的预测公式:

$$\hat{y}_{t+1}^{(1)}=\frac{y_t+y_{t-1}+y_{t-2}+y_{t-3}}{4}, \quad t=4,5,\cdots,11$$

$$\hat{y}_{t+1}^{(2)}=\frac{y_t+y_{t-1}+y_{t-2}+y_{t-3}+y_{t-4}}{5}, \quad t=5,\cdots,11$$

当 $N=4$ 时, 预测值 $\hat{y}_{12}^{(1)}=993.6$, 预测的标准误差为

$$S_1=\sqrt{\frac{\sum\limits_{t=5}^{11}\left(\hat{y}_t^{(1)}-y_t\right)^2}{11-4}}=150.5$$

当 $N=5$ 时, 预测值 $\hat{y}_{12}^{(2)}=958.2$, 预测的标准误差为

$$S_2=\sqrt{\frac{\sum\limits_{i=6}^{11}\left(\hat{y}_t^{(2)}-y_t\right)^2}{11-5}}=182.4$$

计算结果表明, $N=4$ 时, 预测的标准误差较小, 所以选取 $N=4$. 预测 12 月的销售收入为 993.6.

移动平均法适合做近期预测, 且预测目标的发展趋势变化不大的情况. 如果目标的发展趋势存在其他的变化, 采用简单移动平均法就会产生较大的预测偏差.

11.2.2 指数平滑法

一次移动平均的思想是认为最近 N 期数据对未来值的影响相同. 在实际经济活动中, 最新的观测值往往包含着更多的有关未来情况的信息, 且历史数据对未来值的影响是随时间间隔的增长而递减的. 所以, 更切合实际的方法应是对各期观测值依时间顺序进行加权平均作为预测值, 指数平滑法能很好地满足这一要求.

指数平滑法根据平滑次数的不同, 又分为一次指数平滑法、二次指数平滑法和三次指数平滑法等, 下面分别介绍.

1. 一次指数平滑法

设时间序列为 $y_1, y_2, \cdots, y_t, \cdots$, α 为加权系数 $(0<\alpha<1)$, 一次指数平滑公式为

$$S_t^{(1)} = \alpha y_t + (1-\alpha) S_{t-1}^{(1)} = S_{t-1}^{(1)} + \alpha\left(y_t - S_{t-1}^{(1)}\right) \tag{11.4}$$

式 (11.4) 是由移动平均公式改进而来的. 由式 (11.1) 知, 移动平均数的递推公式为

$$M_t^{(1)} = M_{t-1}^{(1)} + \frac{y_t - y_{t-N}}{N}$$

以 $M_{t-1}^{(1)}$ 作为 y_{t-N} 的最佳估计, 则有

$$M_t^{(1)} = M_{t-1}^{(1)} + \frac{y_t - M_{t-1}^{(1)}}{N} = \frac{y_t}{N} + \left(1 - \frac{1}{N}\right) M_{i-1}^{(1)}$$

令 $\alpha = \frac{1}{N}$, 以 S_t 代替 $M_t^{(1)}$, 即得式 (11.4), 即

$$S_t^{(1)} = \alpha y_t + (1-\alpha) S_{t-1}^{(1)}$$

将式 (11.4) 依次展开, 有

$$S_t^{(1)} = \alpha y_t + (1-\alpha)\left[\alpha y_{t-1} + (1-\alpha) S_{t-2}^{(1)}\right] = \cdots = \alpha \sum_{j=0}^{\infty} (1-\alpha)^j y_{t-j} \tag{11.5}$$

式 (11.5) 表明 $S_t^{(1)}$ 是全部历史数据的加权平均, 加权系数分别为 $\alpha, \alpha(1-\alpha), \alpha(1-\alpha)^2, \cdots$, 显然有

$$\sum_{j=0}^{\infty} \alpha(1-\alpha)^j = \frac{\alpha}{1-(1-\alpha)} = 1$$

由于加权系数符合指数规律, 又具有平滑数据的功能, 故称之为指数平滑.

以这种平滑值进行预测, 就是一次指数平滑法. 预测模型为

$$\hat{y}_{t+1} = S_t^{(1)}$$

即

$$\hat{y}_{t+1} = \alpha y_t + (1-\alpha)\hat{y}_t \tag{11.6}$$

也就是以第 t 期指数平滑值作为 $t+1$ 期预测值.

在进行指数平滑时, 加权系数的选择是很重要的. 由式 (11.6) 可以看出, α 的大小规定了在新预测值中新数据和原预测值所占的比重. α 值越大, 新数据所占的比重就越大, 原预测值所占的比重就越小, 反之亦然.

若把式 (11.6) 改写为

$$\hat{y}_{t+1} = \hat{y}_t + \alpha\,(y_t - \hat{y}_t) \tag{11.7}$$

则从式 (11.7) 可看出, 新预测值是根据预测误差对原预测值进行修正而得到的. α 的大小则体现了修正的幅度, α 值越大, 修正幅度越大; α 值越小, 修正幅度也越小. α 值应根据时间序列的具体性质在 0~1 内选择. 实际应用中, 类似移动平均法, 通常取几个 α 值进行试算, 看哪个预测误差小, 就采用哪个.

除了选择合适的 α 外, 用一次指数平滑法进行预测时还要确定初始值 $s_0^{(1)}$. 初始值的确定方法为: 当时间序列的数据较多, 比如在 20 个及以上时, 初始值对以后的预测值影响很少, 可选用第一期数据为初始值. 如果时间序列的数据较少 (在 20 个以下), 初始值对以后的预测值影响很大, 这时就必须认真研究如何正确确定初始值. 一般以最初几期实际值的平均值作为初始值.

例 11.5 已知某市 1976~1987 年某种电器销售额见表 11.5. 试建立预测模型, 预测 1988 年该电器销售额.

表 11.5 某种电器销售额及指数平滑预测值计算表 (单位: 万元)

年份	t	实际销售额 y_t	预测值 $\hat{y}_t$ $\alpha=0.2$	预测值 $\hat{y}_t$ $\alpha=0.5$	预测值 $\hat{y}_t$ $\alpha=0.8$
1976	1	50	51	51	51
1977	2	52	50.8	50.5	50.2
1978	3	47	51.04	51.25	51.64
1979	4	51	50.23	49. 13	47.93
1980	5	49	50.39	50.06	50.39
1981	6	48	50.11	49.53	49.28
1982	7	51	49.69	48.77	48.26
1983	8	40	49.95	49.88	50.45
1984	9	48	47.96	44.94	42.09
1985	10	52	47.97	46.47	46.82
1986	11	51	48.77	49.24	50.96
1987	12	59	49.22	50.12	50.99

采用指数平滑法预测 1988 年该电器销售额, 并分别取 $\alpha = 0.2, 0.5, 0.8$ 进行计算, 初始值

$$S_0^{(1)} = \frac{y_1 + y_2}{2} = 51$$

即

$$\hat{y}_1 = S_0^{(1)} = 51$$

按预测模型

$$\hat{y}_{t+1} = \alpha y_t + (1-\alpha)\hat{y}_t$$

计算各期预测值, 计算结果见表 11.5.

从表 11.5 可以看出, $\alpha = 0.2, 0.5, 0.8$ 时, 预测值是很不相同的. 究竟 α 取何值为好, 可通过计算它们的预测标准误差 S, 选取使 S 较小的那个 α 值. 预测的标准误差见表 11.6.

表 11.6　预测的标准误差

α	0.2	0.5	0.8
S	4.5029	4.5908	4.8426

计算结果表明 $\alpha = 0.2$ 时, S 较小, 故选取 $\alpha = 0.2$, 预测 1988 年该电器销售额为 $\hat{y}_{1988} = 51.1754$.

2. 二次指数平滑法

一次指数平滑法虽然克服了移动平均法的缺点, 但当时间序列的变动出现直线趋势时, 用一次指数平滑法进行预测, 仍存在明显的滞后偏差, 因此, 也必须加以修正, 再作二次指数平滑, 利用滞后偏差的规律建立直线趋势模型, 这就是二次指数平滑法. 其计算公式为

$$\left\{\begin{array}{l} S_t^{(1)} = \alpha y_t + (1-\alpha) S_{t-1}^{(1)} \\ S_t^{(2)} = \alpha S_t^{(1)} + (1-\alpha) S_{t-1}^{(2)} \end{array}\right. \tag{11.8}$$

式中, $S_t^{(1)}$ 为一次指数的平滑值; $S_t^{(2)}$ 为二次指数的平滑值.

当时间序列 $\{y_t\}$ 从某时期开始具有直线趋势时, 可用直线趋势模型

$$\hat{y}_{t+m} = a_t + b_t m, \quad m = 1, 2, \cdots \tag{11.9}$$

$$\left\{\begin{array}{l} a_t = 2S_t^{(1)} - S_t^{(2)} \\ b_t = \dfrac{\alpha}{1-\alpha}\left(S_t^{(1)} - S_t^{(2)}\right) \end{array}\right. \tag{11.10}$$

进行预测.

例 11.6　已知某地区 1995~2015 年的发电总量资料数据见表 11.7, 试用二次指数平滑法预测 2016 年和 2017 年的发电总量.

采用二次指数平滑法预测发电总量时, 取 $\alpha = 0.3$, 初始值 $S_0^{(1)}$ 和 $S_0^{(2)}$ 都取序列的首项数值, 即 $S_0^{(1)} = S_0^{(2)} = 676$. 计算 $S_t^{(1)}, S_t^{(2)}$, 列于表 11.7, 得

$$S_{21}^{(1)} = 3523.1, \quad S_{21}^{(2)} = 3032.6$$

由式 (11.10), 可得 $t = 21$ 时, 有

$$a_{21} = 2S_{21}^{(1)} - S_{21}^{(2)} = 4013.7$$

$$b_{21}=\frac{\alpha}{1-\alpha}\left(S_{21}^{(1)}-S_{21}^{(2)}\right)=210.24$$

于是, 得 $t=21$ 时直线趋势方程为

$$\hat{y}_{21+m}=4013.7+210.24m$$

预测 2016 年和 2017 年的发电总量为

$$\hat{y}_{2016}=\hat{y}_{22}=\hat{y}_{21+1}=4223.95$$
$$\hat{y}_{2017}=\hat{y}_{23}=\hat{y}_{21+2}=4434.19$$

为了求各期的模拟值, 可将式 (11.10) 代入直线趋势模型 (11.9), 并令 $m=1$, 则得

$$\hat{y}_{t+1}=\left(2S_t^{(1)}-S_t^{(2)}\right)+\frac{\alpha}{1-\alpha}\left(S_t^{(1)}-S_t^{(2)}\right)$$

即

$$\hat{y}_{t+1}=\left(1+\frac{1}{1-\alpha}\right)S_t^{(1)}-\frac{1}{1-\alpha}S_t^{(2)} \tag{11.11}$$

令 $t=1,2,\cdots,20$, 由式 (11.11) 可求出各期的模拟值, 计算结果见表 11.7.

表 11.7 我国发电总量及一、二次指数平滑值计算表 (单位: 亿千瓦时)

年份	t	发电总量 y_t	一次指数平滑值	二次指数平滑值	y_{t+1} 的模拟值
1995	1	676	676	676	
1996	2	825	720.7	689.4	676
1997	3	774	736.7	703.6	765.4
1998	4	716	730.5	711.7	784.0
1999	5	940	793.3	736.2	757.4
2000	6	1159	903.0	786.2	875.0
2001	7	1384	1047.3	864.6	1069.9
2002	8	1524	1190.3	962.3	1308.4
2003	9	1668	1333.6	1073.7	1516.1
2004	10	1688	1439.9	1183.6	1705.0
2005	11	1958	1595.4	1307.1	1806.1
2006	12	2031	1726.1	1432.8	2007.2
2007	13	2234	1878.4	1566.5	2145.0
2008	14	2566	2084.7	1722.0	2324.1
2009	15	2820	2305.3	1897.0	2602.9
2010	16	3006	2515.5	2082.5	2888.6
2011	17	3093	2688.8	2264.4	3134.1
2012	18	3277	2865.2	2444.6	3295.0
2013	19	3514	3059.9	2629.2	3466.1
2014	20	3770	3272.9	2822.3	3675.1
2015	21	4107	3523.1	3032.6	3916.6

3. 三次指数平滑法

当时间序列的变动表现为二次曲线趋势时, 则需要用三次指数平滑法. 三次指数平滑是在二次指数平滑的基础上, 再进行一次平滑, 其计算公式为

$$\begin{cases} S_t^{(1)} = \alpha y_t + (1-\alpha)S_{t-1}^{(1)} \\ S_t^{(2)} = \alpha S_t^{(1)} + (1-\alpha)S_{t-1}^{(2)} \\ S_t^{(3)} = \alpha S_t^{(2)} + (1-\alpha)S_{t-1}^{(3)} \end{cases} \tag{11.12}$$

式中, $S_t^{(3)}$ 为三次指数平滑值.

三次指数平滑法的预测模型为

$$\hat{y}_{t+m} = a_t + b_t m + C_t m^2, \quad m = 1, 2, \cdots \tag{11.13}$$

式中

$$\begin{aligned} a_t &= 3S_t^{(1)} - 3S_t^{(2)} + S_t^{(3)} \\ b_t &= \frac{\alpha}{2(1-\alpha)^2}\left[(6-5\alpha)S_t^{(1)} - 2(5-4\alpha)S_t^{(2)} + (4-3\alpha)S_t^{(3)}\right] \\ c_t &= \frac{\alpha^2}{2(1-\alpha)^2}\left[S_t^{(1)} - 2S_t^{(2)} + S_t^{(3)}\right] \end{aligned} \tag{11.14}$$

例 11.7 某地区 2012~2022 年全民所有制单位固定资产投资总额如表 11.8 所列, 试预测 2023 年和 2024 年固定资产投资总额.

表 11.8 固定资产投资总额及一、二、三次指数平滑值和预测值计算表 (单位: 亿元)

年份	t	投资总额 y_t	一次指数平滑值	二次指数平滑值	三次指数平滑值	y_{t+1} 的预测值
2012	1	20.04	21.37	21.77	21.89	
2013	2	20.06	20.98	21.53	21.78	20.23
2014	3	25.72	22.40	21.79	21.78	19.56
2015	4	34.61	26.06	23.07	22. 17	24.49
2016	5	51.77	33.78	26.28	23.40	34.59
2017	6	55.92	40.42	30.52	25.54	53.89
2018	7	80.65	52.49	37.11	29.01	64.58
2019	8	131.11	76.07	48.80	34.95	89.30
2020	9	148.58	97.83	63.51	43.52	142.42
2021	10	162.67	117.28	79.64	54.35	176.09
2022	11	232.26	151.77	101.28	68.43	196.26

投资总额的散点图如图 11.3 所示, 从中可以看出, 投资总额呈二次曲线上升, 可用三次指数平滑法进行预测.

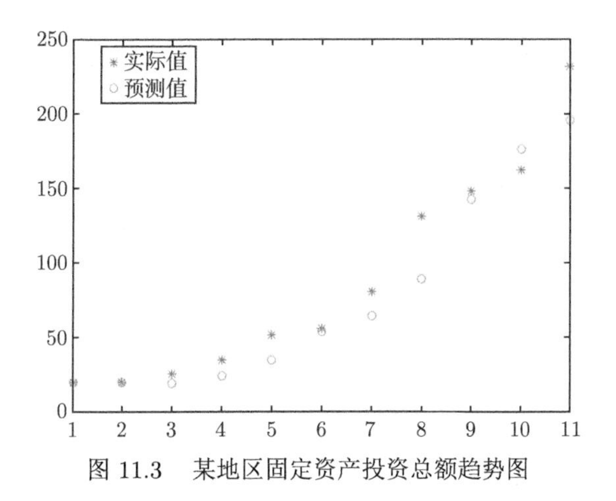

图 11.3 某地区固定资产投资总额趋势图

取 $\alpha = 0.3$, 初始值 $S_1^{(0)} = S_2^{(0)} = S_3^{(0)} = \dfrac{y_1 + y_2 + y_3}{3} = 21.94$. 计算 $S_t^{(1)}, S_t^{(2)}, S_t^{(3)}$ 列于表 11.8 中, 得

$$S_{11}^{(1)} = 151.77, \quad S_{11}^{(2)} = 101.28, \quad S_{11}^{(3)} = 68.43$$

由式 (11.14), 可得到当 $t = 11$ 时, 有

$$a_{11} = 219.91, \quad b_{11} = 38.38, \quad c_{11} = 1.62$$

于是, 得当 $t = 11$ 时预测模型为

$$\hat{y}_{11+m} = 219.91 + 38.38m + 1.62m^2$$

预测 2023 年和 2024 年的固定资产投资总额为

$$\hat{y}_{2023} = \hat{y}_{12} = \hat{y}_{11+1} = a_{11} + b_{11} + c_{11} = 259.92$$

$$\hat{y}_{2024} = \hat{y}_{13} = \hat{y}_{11+2} = a_{11} + 2b_{11} + 2^2 c_{11} = 303.16$$

若该地区从 2023 年开始对固定资产投资采取压缩政策, 这些预测值显然偏高, 应作适当的修正, 以消除政策因素的影响. 与二次指数平滑法一样, 为了计算各期的模拟值, 可将式 (11.14) 代入预测模型式 (11.13), 并令 $m = 1$, 得

$$\hat{y}_{t+1} = \frac{3 - 3\alpha + \alpha^2}{(1-\alpha)^2} S_t^{(1)} - \frac{3 - \alpha}{(1-\alpha)^2} S_t^{(2)} + \frac{1}{(1-\alpha)^2} S_t^{(3)} \tag{11.15}$$

令 $t = 0, 1, 2, \cdots, 10$, 由式 (11.15) 可求出各期的模拟值, 见表 11.8.

指数平滑预测模型是以时刻 t 为起点, 综合历史序列的信息, 对未来进行预测的. 选择合适的加权系数 α 是提高预测精度的关键环节. 根据实践经验 α 的取值范围一般以 0.1~0.3 为宜, 基本准则为

i) 如果序列的基本趋势比较稳, 预测偏差由随机因素造成, 则 α 值应取小一些, 以减少修正幅度, 使预测模型能包含更多历史数据的信息.

ii) 如果预测目标的基本趋势已发生系统的变化, 则 α 值应取得大一些. 这样, 可以偏重新数据的信息对原模型进行大幅度修正, 以使预测模型适应预测目标的新变化.

另外, 由于指数平滑公式是递推计算公式, 所以必须确定初始值 $S_0^{(1)}, S_0^{(2)}, S_0^{(3)}$. 可以取前 3~5 个数据的算术平均值作为初始值.

注 11.1 当时间序列的变动具有直线趋势时, 用一次指数平滑法会出现滞后偏差, 其原因在于数据不满足模型要求. 因此, 也可以从数据变换的角度来考虑改进措施, 即在运用指数平滑法前先对数据差分处理, 使之能适合于一次指数平滑模型, 然后再对输出结果作技术上的返回处理, 使之恢复为原变量的形态. 有关差分指数平滑法具体可查看有关书籍, 不在此详述.

11.3 平稳时间序列预测模型

在随机性时间序列分析中, 分为平稳时间序列分析和非平稳时间序列分析. 这里的平稳是指宽平稳, 其特性是序列的统计特性不随时间的平移而变化, 即均值和协方差不随时间的平移而变化.

11.3.1 平稳时间序列的基本概念

定义 11.1 对于随机过程 $\{X_t, t \in T\}$, 固定 t, X_t 是一个随机变量, 设其均值和方差分别为 μ_t 和 σ_t^2, 当 t 变动时, 均值和方差均是 t 的函数, 记为

$$\mu_t = E\left(X_t\right)$$

和

$$\sigma_t^2 = \operatorname{Var}\left(X_t\right) = E\left[\left(X_t - \mu_t\right)^2\right]$$

它们分别称为随机过程的均值函数和方差函数. 方差函数的平方根 σ_t 称为随机过程的标准差函数, 它表示随机过程 X_t 对于均值函数 μ_t 的偏离程度.

定义 11.2 对随机过程 $\{X_t, t \in T\}$, 取定 $t, s \in T$, 定义其自协方差函数为

$$\gamma_{t,s} = \operatorname{Cov}\left(X_t, X_s\right) = E\left[\left(X_t - \mu_t\right)\left(X_s - \mu_s\right)\right]$$

为刻画 $\{X_t, t \in T\}$ 在时刻 t 与 s 之间的相关性, 还可将 $\gamma_{t,s}$ 标准化, 即定义自相关函数

$$\rho_{t,s} = \frac{\gamma_{t,s}}{\sqrt{\gamma_{t,t}}\sqrt{\gamma_{s,s}}} = \frac{\gamma_{t,s}}{\sigma_t \sigma_s}$$

因此, 自相关函数 $\rho_{t,s}$ 是标准化自协方差函数.

定义 11.3 设随机序列 $\{X_t, t = 0, \pm 1, \pm 2, \cdots\}$ 满足条件: $E(X_t) = \mu =$ 常数, $\gamma_{t+k,t} = \gamma_k (k = 0, \pm 1, \pm 2, \cdots)$ 与 t 无关, 则称 X_t 为平稳时间序列, 简称平稳序列.

定义 11.4 设平稳序列 $\{\varepsilon_t, t = 0, \pm 1, \pm 2, \cdots\}$ 的自协方差函数为

$$\gamma_k = \sigma^2 \delta_{k,0} = \begin{cases} 0, & k \neq 0 \\ \sigma^2, & k = 0 \end{cases}$$

式中

$$\delta_{k,0} = \begin{cases} 1, & k = 0 \\ 0, & k \neq 0 \end{cases}$$

则称该序列为平稳白噪声序列.

平稳白噪声序列的方差是常数 σ^2, 因为 $\gamma_k = 0 (k \neq 0)$, 所以 ε_t 的任意两个不同时间点之间是不相关的. 平稳白噪声序列是一种最基本的平稳序列.

随机序列 X_t 的均值、自协方差函数以及自相关函数在实际使用过程中可由样本 $X_1, X_2, \cdots, X_n$ 估计计算, 具体估计方法如下:

样本均值: $\hat{\mu} = \dfrac{1}{n} \displaystyle\sum_{t=1}^{n} X_t = \bar{X}$;

样本自协方差函数: $\hat{\gamma}_k = \dfrac{1}{n} \displaystyle\sum_{t=1}^{n-k} \left(X_{t+k} - \bar{X}\right)\left(X_t - \bar{X}\right)$, $0 \leqslant k \leqslant n-1$;

样本自相关函数: $\hat{\rho}_k = \dfrac{\hat{\gamma}_k}{\hat{\gamma}_0}$, $0 \leqslant k \leqslant n-1$.

设 $\{X_t, t = 0, \pm 1, \pm 2, \cdots\}$ 是零均值平稳序列, 从时间序列预报的角度引出偏相关函数的定义. 如果已知 $\{X_{t-1}, X_{t-2}, \cdots, X_{t-k}\}$ 的值, 要求对 X_t 做出预报. 此时, 可以考虑由 $\{X_{t-1}, X_{t-2}, \cdots, X_{t-k}\}$ 对 X_t 的线性最小均方估计, 即选择系数 $\varphi_{k,1}, \varphi_{k,2}, \cdots, \varphi_{k,k}$, 使得

$$\min \delta = E\left[\left(X_t - \sum_{j=1}^{k} \varphi_{k,j} X_{t-j}\right)^2\right]$$

将 δ 展开, 得

$$\delta = \gamma_0 - 2\sum_{j=1}^{k}\varphi_{k,j}\gamma_j + \sum_{j=1}^{k}\sum_{i=1}^{k}\varphi_{k,j}\varphi_{k,i}\gamma_{j-i}$$

令 $\dfrac{\partial\delta}{\partial\varphi_{k,j}} = 0, j = 1, 2, \cdots, k$, 得

$$-\gamma_j + \sum_{i=1}^{k}\varphi_{k,i}\gamma_{j-i} = 0, \quad j = 1, 2, \cdots, k$$

两端同除 γ_0, 并写成矩阵形式, 可知 $\varphi_{k,j}$ 应满足下列线性方程组:

$$\begin{bmatrix} 1 & \rho_1 & \cdots & \rho_{k-1} \\ \rho_1 & 1 & \cdots & \rho_{k-2} \\ \vdots & \vdots & \ddots & \vdots \\ \rho_{k-1} & \rho_{k-2} & \cdots & 1 \end{bmatrix}\begin{bmatrix} \varphi_{k,1} \\ \varphi_{k,2} \\ \vdots \\ \varphi_{k,k} \end{bmatrix} = \begin{bmatrix} \rho_1 \\ \rho_2 \\ \vdots \\ \rho_k \end{bmatrix} \tag{11.16}$$

式 (11.16) 称为 Yule-Walker 方程. $\{\varphi_{k,k}, k = 1, 2, \cdots\}$ 称为 X_t 的偏相关函数. 将 $\hat{\rho}_k$ 代入式 (11.16) 可得偏相关函数 $\varphi_{k,k}$ 的估计值 $\hat{\varphi}_{k,k}$.

11.3.2 ARMA 时间序列模型

ARMA 时间序列模型包括三种类型: AR 模型 (自回归模型)、MA 模型 (移动平均模型) 以及 ARMA 模型 (自回归移动平均模型).

1. AR 模型

设 $\{X_t, t = 0, \pm 1, \pm 2, \cdots\}$ 是零均值平稳序列, 满足下列模型:

$$X_t = \varphi_1 X_{t-1} + \varphi_2 X_{t-2} + \cdots + \varphi_p X_{t-p} + \varepsilon_t \tag{11.17}$$

其中, ε_t 为零均值、方差是 σ_ε^2 的平稳白噪声. 式 (11.17) 称为阶数为 p 的自回归模型, 简记为 AR(p); φ 为自回归参数向量, 且

$$\varphi = (\varphi_1, \varphi_2, \cdots, \varphi_p)^{\mathrm{T}}$$

称其分量 $\varphi_j, j = 1, 2, \cdots, p$ 称为自回归系数.

为方便描述式 (11.17) 引入后移算子 B, 定义如下:

$$BX_t \equiv X_{t-1}, \quad B^k X_t \equiv X_{t-k}$$

记算子多项式

$$\varphi(B)=1-\varphi_1 B-\varphi_2 B^2-\cdots-\varphi_p B^p$$

则式 (11.17) 可以改写为

$$\varphi(B)X_t=\varepsilon$$

2. MA 模型

设 $\{X_t, t=0, \pm1, \pm2, \cdots\}$ 是零均值平稳序列, 满足下列模型:

$$X_t=\varepsilon_t-\theta_1\varepsilon_{t-1}-\theta_2\varepsilon_{t-2}-\cdots-\theta_q\varepsilon_{t-q} \tag{11.18}$$

其中, ε_t 为均值为零、方差是 σ_ε^2 的平稳白噪声. 称式 (11.18) 是阶数为 q 的移动平均模型, 简记为 MA(q); θ 为移动平均参数向量, 且

$$\theta=(\theta_1,\theta_2,\cdots,\theta_q)^{\mathrm{T}}$$

称其分量 $\theta_j\ (j=1,2,\cdots,q)$ 为移动平均系数.

由后移算子 B:

$$B\varepsilon_t\equiv\varepsilon_{t-1},\quad B^k\varepsilon_t\equiv\varepsilon_{t-k}$$

引进算子多项式

$$\theta(B)=1-\theta_1 B-\theta_2 B^2-\cdots-\theta_q B^q$$

则式 (11.18) 可以改写为

$$X_t=\theta(B)\varepsilon_t$$

3. ARMA 模型

设 $\{X_t, t=0, \pm1, \pm2, \cdots\}$ 是零均值平稳序列, 满足下列模型:

$$X_t-\varphi_1X_{t-1}+\varphi_2X_{t-2}+\cdots+\varphi_pX_{t-p}=\varepsilon_t-\theta_1\varepsilon_{t-1}-\theta_2\varepsilon_{t-2}-\cdots-\theta_q\varepsilon_{t-q} \tag{11.19}$$

其中, ε_t 为零均值、方差是 σ_ε^2 的平稳白噪声. 称式 (11.19) 是阶数为 p,q 的自回归移动平均模型, 简记为 ARMA(p,q). 显然, AR(p) 模型和 MA(q) 模型是 ARMA(p,q) 的特例.

应用算子多项式 $\varphi(B)$ 和 $\theta(B)$, 式 (11.19) 可以写为

$$\varphi(B)X_t=\theta(B)\varepsilon_t$$

对于一般的平稳序列 $\{X_t, t=0,\pm1,\pm2,\cdots\}$, 设其均值 $E(X_t)=\mu$, 满足下列模型:

$$(X_t-\mu)-\varphi_1(X_{t-1}-\mu)+\cdots+\varphi_p(X_{t-p}-\mu)=\varepsilon_t-\theta_1\varepsilon_{t-1}-\cdots-\theta_q\varepsilon_{t-q} \tag{11.20}$$

式中, ε_t 为零均值、方差是 σ_ε^2 的平稳白噪声.

利用算子多项式 $\varphi(B)$ 和 $\theta(B)$, 式 (11.20) 可表示为

$$\varphi(B)(X_t-\mu)=\theta(B)\varepsilon_t$$

假定算子多项式 $\varphi(B)$ 和 $\theta(B)$ 无公共因子, 且 $\varphi(B)\neq 0, \theta(B)\neq 0$, 则

(i) $\varphi(B)=0$ 的根全在单位圆外, 该条件称为模型的平稳性条件;

(ii) $\theta(B)=0$ 的根全在单位圆外, 该条件称为模型的可逆性条件.

11.3.3 ARMA 建模与预测

建立 ARMA 模型的一般过程包括: ① 平稳性检验; ② 模型的识别; ③ 模型的定阶; ④ 参数估计; ⑤ 模型检验的 χ^2 检验; ⑥ 序列的预报.

1. 平稳性检验

检验序列平稳性的方法很多, 在此介绍 Daniel 检验方法. Daniel 检验方法建立在 Spearman 相关系数的基础上.

Spearman 相关系数是一种秩相关系数. 设 $x_1,x_2,\cdots,x_n$ 是从一元总体抽取的容量为 n 的样本, 其顺序统计量是 $x_{(1)},x_{(2)},\cdots,x_{(n)}$. 若 $x_i=x_{(k)}$, 则称 k 是 x_i 在样本中的秩, 记作 R_i, 对每一个 $i=1,2,\cdots,n$, 称 R_i 是第 i 个秩统计量.

对于二维总体 (X,Y) 的样本观测数据 $(x_1,y_1),(x_2,y_2),\cdots,(x_n,y_n)$, 可得各分量 X 和 Y 的一元样本数据 $x_1,x_2,\cdots,x_n$ 与 $y_1,y_2,\cdots,y_n$. 设 $x_1,x_2,\cdots,x_n$ 的秩统计量是 $R_1,R_2,\cdots,R_n$, $y_1,y_2,\cdots,y_n$, 秩统计量是 $S_1,S_2,\cdots,S_n$, 当 X 和 Y 联系比较紧密时, 这两组秩统计量联系也是紧密的. 具体地, Spearman 相关系数定义如下:

$$q_{XY}=\frac{\sum\limits_{i=1}^{n}\left(R_i-\bar{R}\right)\left(S_i-\bar{S}\right)}{\sqrt{\sum\limits_{i=1}^{n}\left(R_i-\bar{R}\right)^2}\sqrt{\sum\limits_{i=1}^{n}\left(S_i-\bar{S}\right)^2}}$$

其中, $\bar{R}=\dfrac{1}{n}\sum\limits_{i=1}^{n}R_i,\ \bar{S}=\dfrac{1}{n}\sum\limits_{i=1}^{n}S_i$.

Spearman 相关系数亦可改写成如下形式:

$$q_{XY}=1-\frac{6}{n(n^2-1)}\sum_{i=1}^{n}d_i^2$$

其中, $d_i=R_i-S_i, i=1,2,\cdots,n$.

对于 Spearman 相关系数, 作假设检验

$$H_0 : \rho_{XY} = 0, \quad H_1 : \rho_{XY} \neq 0$$

其中, ρ_{XY} 为总体的相关系数. 当 (X, Y) 是二元正态总体, 且 H_0 成立时, 可以证明统计量

$$T = \frac{q_{XY}\sqrt{n-2}}{\sqrt{1-q_{XY}^2}}$$

服从 $t(n-2)$ 分布.

对于给定的显著水平 α, 通过 t 分布表可查到统计量 T 的临界值 $t_{\alpha/2}(n-2)$, 当 $|T| \leqslant t_{\alpha/2}(n-2)$ 时, 接受 H_0; 当 $|T| > t_{\alpha/2}(n-2)$ 时, 拒绝 H_0.

对于时间序列的样本 $a_1, a_2, \cdots, a_n$, 记 a_t 的秩为 $R_t = R(a_t)$, 考虑变量对 (t, R_t), $t = 1, 2, \cdots, n$ 的 Spearman 相关系数 q_s, 有

$$q_s = 1 - \frac{6}{n(n^2-1)} \sum_{i=1}^{n} (t - R_t)^2 \tag{11.21}$$

构造统计量

$$T = \frac{q_s\sqrt{n-2}}{\sqrt{1-q_s^2}}$$

作下列假设检验.

H_0: 序列 X_t 平稳; H_1: 序列 X_t 非平稳 (存在上升或下降趋势).

Daniel 检验方法: 对于显著水平 α, 由时间序列 a_t 计算 (t, R_t), $t = 1, 2, \cdots, n$ 的 Spearman 秩相关系数 q_s, 若 $|T| > t_{\alpha/2}(n-2)$, 则拒绝 H_0, 认为序列非平稳, 且当 $q_s > 0$ 时, 认为序列有上升趋势; 当 $q_s < 0$ 时, 认为序列有下降趋势. 又当 $|T| < t_{\alpha/2}(n-2)$ 时, 接受 H_0, 可以认为 X_t 是平稳序列.

2. ARMA 模型的识别

ARMA 模型的识别可以借助样本自相关函数和偏自相关函数的性质进行判断, 具体标准如下:

(i) 若自相关系数 $\hat{\rho}_k$ 为 q 阶截尾而偏自相关函数 $\hat{\varphi}_{kk}$ 拖尾, 即自相关系数在 k 大于常数 q 后快速趋于 0 但偏自相关函数不会在 k 大于某个常数后就恒等于 0 或在 0 附近随机波动, 则 X_t 判断为 MA(q) 序列;

(ii) 若 $\hat{\varphi}_{kk}$ 为 p 阶截尾, 自相关系数 $\hat{\rho}_k$ 拖尾, 则 X_t 判断为 AR(p) 序列;

(iii) 若 $\hat{\rho}_k$ 和 $\hat{\varphi}_{kk}$ 都拖尾, 则判断为 ARMA(p, q) 序列.

3. ARMA 模型的定阶

ARMA 模型的定阶方法比较多, AIC 准则是比较常用的方法之一.

ARMA(p,q) 序列 AIC 定阶准则为: 选择 p,q, 使得

$$\min\ \text{AIC} = n\ln\hat{\sigma}_\varepsilon^2 + 2(p+q+1) \tag{11.22}$$

其中, n 为样本容量; $\hat{\sigma}_\varepsilon^2$ 为 σ_ε^2 的估计, 与 p 和 q 有关. 若当 $p=\hat{p}, q=\hat{q}$ 时, 式 (11.22) 达到最小值, 则认为序列可以用 ARMA$(\hat{p},\hat{q})$ 模型建模.

4. ARMA 模型的参数估计

ARMA 模型的参数估计有矩估计、最小二乘估计、极大似然估计等方法. 由于最小二乘估计在前面章节介绍过, 故此处略.

5. ARMA 模型的 χ^2 检验

若拟合模型的残差记为 $\hat{\varepsilon}_t$, 它是 ε_t 的估计. 例如, 对 AR(p) 序列, 设未知参数的估计为 $\hat{\varphi}_1,\hat{\varphi}_2,\cdots,\hat{\varphi}_p$, 则残差

$$\hat{\varepsilon}_t = X_t - \hat{\varphi}_1 X_{t-1} - \cdots - \hat{\varphi}_p X_{t-p}, \quad t=1,2,\cdots,n$$

设 $X_0 = X_{-1} = \cdots = X_{1-p} = 0$, 记

$$\eta_k = \frac{\sum\limits_{t=1}^{n-k}\hat{\varepsilon}_t\hat{\varepsilon}_{t+k}}{\sum\limits_{t=1}^{n}\hat{\varepsilon}_t^2}, \quad k=1,2,\cdots,L$$

其中, L 为 $\hat{\varepsilon}_t$ 自相关函数的拖尾数. Ljung-Box 的 χ^2 检验统计量是

$$\chi^2 = n(x+2)\sum_{k=1}^{L}\frac{\eta_k^2}{n-k} \tag{11.23}$$

检验的假设为

$$H_0: \rho_k = 0,\ 当\ k \leqslant L\ 时; \quad H_1: \rho_k \neq 0\ 对某些\ k \leqslant L.$$

在 H_0 成立时, 若样本容量 n 充分大, χ^2 近似于 $\chi^2(L-r)$ 分布, 其中 r 是估计模型的参数个数.

χ^2 检验法: 给定显著性水平 α, 查表得上 α 分位数 $\chi_\alpha^2(L-r)$, 则当 $\chi^2 > \chi_\alpha^2(L)$ 时拒绝 H_0, 即认为 ε_t 非白噪声, 模型检验未通过; 而当 $\chi^2 \leqslant \chi_\alpha^2(L-r)$ 时, 接受 H_0, 认为 ε_t 是白噪声, 模型通过检验.

6. ARMA(p,q) 序列的预报

时间序列的 m 步预报是根据 $\{X_k, X_{k-1}, \cdots\}$ 的取值对未来 $k+m$ 时刻的随机变量 $X_{k+m}(m>0)$ 做出估计. 估计量记作 $\hat{X}_k(m)$, 它是 $X_k, X_{k-1}, \cdots$ 的线性组合.

(1) AR(p) 序列的预报.

AR(p) 序列的预报递推公式为

$$\begin{cases} \hat{X}_k(1) = \varphi_1 X_k + \varphi_2 X_{k-1} + \cdots + \varphi_p X_{k-p+1}, \\ \hat{X}_k(2) = \varphi_1 \hat{X}_k(1) + \varphi_2 X_k + \cdots + \varphi_p X_{k-p+2}, \\ \qquad \cdots\cdots \\ \hat{X}_k(p) = \varphi_1 \hat{X}_k(p-1) + \varphi_2 \hat{X}_k(p-2) + \cdots + \varphi_{p-1} \hat{X}_k(1) + \varphi_p X_k, \\ \hat{X}_k(m) = \varphi_1 \hat{X}_k(m-1) + \varphi_2 \hat{X}_k(m-2) + \cdots + \varphi_p \hat{X}_k(m-p), m > p \end{cases} \tag{11.24}$$

由此可见, $\hat{X}_k(m)(m \geqslant 1)$ 仅依赖于 X_t 的 k 时刻及以前的 p 个时刻的值 $X_k, X_{k-1}, \cdots, X_{k-p+1}$.

(2) MA(q) 与 ARMA(p,q) 序列的预报.

关于 MA(q) 序列 $\{X_t, t=0, \pm1, \pm2, \cdots\}$ 的预报, 有

$$\hat{X}_k(m) = 0, \quad m > q$$

因此, 只需要讨论 $\hat{X}_k(m), m = 1, 2, \cdots, q$. 为此, 定义预报向量

$$\hat{X}_k^{(q)} = \left(\hat{X}_k(1), \hat{X}_k(2), \cdots, \hat{X}_k(q)\right)^{\mathrm{T}} \tag{11.25}$$

所谓递推预报是求 $\hat{X}_k(q)$ 与 $\hat{X}_{k+1}(q)$ 的递推关系, 对 MA(q), 有

$$\begin{aligned} &\hat{X}_{k+1}(1) = \theta_1 \hat{X}_k(1) + \hat{X}_k(2) - \theta_1 X_{k+1} \\ &\hat{X}_{k+1}(2) = \theta_2 \hat{X}_k(1) + \hat{X}_k(3) - \theta_2 X_{k+1} \\ &\qquad \cdots\cdots \\ &\hat{X}_{k+1}(q-1) = \theta_{q-1} \hat{X}_k(1) + \hat{X}_k(q) - \theta_{q-1} X_{k+1} \\ &\hat{X}_{k+1}(q) = \theta_q \hat{X}_k(1) - \theta_q X_{k+1} \end{aligned}$$

从而得

$$\hat{X}_{k+1}^{(q)}=\begin{bmatrix}\theta_1 & 1 & 0 & \cdots & 0\\ \theta_2 & 0 & 1 & \cdots & 0\\ \vdots & \vdots & \vdots & \ddots & \vdots\\ \theta_{q-1} & 0 & 0 & \cdots & 1\\ \theta_q & 0 & 0 & 0 & 0\end{bmatrix}\hat{X}_k^{(q)}-\begin{bmatrix}\theta_1\\ \theta_2\\ \vdots\\ \theta_q\end{bmatrix}X_{k+1} \tag{11.26}$$

递推初值可取 $\hat{X}_{k_0}^{(q)}=0$ (k_0 较小). 因为模型的可逆性保证了递推式渐近稳定, 即当 n 充分大后, 初始误差的影响可以逐渐消失.

对于 ARMA(p,q) 序列, 有

$$\hat{X}_k(m)=\varphi_1\hat{X}_k(m-1)+\varphi_2\hat{X}_k(m-2)+\cdots+\varphi_p\hat{X}_k(m-p),\quad m>p$$

因此, 只需要知道 $\hat{X}_k(1),\hat{X}_k(2),\cdots,\hat{X}_k(p)$, 就可以递推算得 $\hat{X}_k(m),m>p$, 仍定义预报向量 (11.25). 令

$$\varphi_j^*=\begin{cases}\varphi_j, & j=1,2,\cdots,p\\ 0, & j>p\end{cases}$$

可得到下列递推预报公式:

$$\begin{aligned}\hat{X}_{k+1}^{(q)}=&\begin{bmatrix}-G_1 & 1 & 0 & \cdots & 0\\ -G_2 & 0 & 1 & \cdots & 0\\ \vdots & \vdots & \vdots & \ddots & \vdots\\ -G_{q-1} & 0 & 0 & \cdots & 1\\ -G_q+\varphi_q^* & \varphi_{q-1}^* & \varphi_{q-2}^* & \cdots & \varphi_1^*\end{bmatrix}\hat{X}_k^{(q)}\\ &+\begin{bmatrix}G_1\\ G_2\\ \vdots\\ G_{q-1}\\ G_q\end{bmatrix}X_{k+1}+\begin{bmatrix}0\\ 0\\ \vdots\\ 0\\ \sum\limits_{j=q+1}^{p}\varphi_j^*X_{k+q+1-j}\end{bmatrix}\end{aligned} \tag{11.27}$$

其中, G_j 满足 $X_t=\sum\limits_{j=0}^{\infty}G_j\varepsilon_{t-j}$. 式 (11.27) 中第三项当 $p\leqslant q$ 时为 0. 由可逆性条件保证, 当 k_0 较小时, 可令初值 $\hat{X}_{k_0}^{(q)}=0$.

在实际中, 模型参数是未知的. 若已建立了时间序列的模型, 则理论模型中的未知参数用其估计替代, 再用上面介绍的方法进行预报.

例 11.8 税收作为政府财政收入的主要来源, 是地区政府实行宏观调控、保证地区经济稳定增长的重要因素. 表 11.9 是某地历年税收数据 (单位: 亿元). 请建立合适的模型帮助地方政府有效地预测税收收入, 为年度税收计划和财政预算提供更有效、更科学的依据.

表 11.9 各年度的税收数据

年序号	1	2	3	4	5	6	7
税收	15.2	15.9	18.7	22.4	26.9	28.3	30.5
年序号	8	9	10	11	12	13	14
税收	33.8	40.4	50.7	58	66.7	81.2	83.4

作为经济运行的一种重要指标, 税收收入具有一定的稳定性和增长性, 且与前几年的税收具有一定的关联性, 因此可以采用时间序列方法对税收的增长建立预测模型. AR 自回归模型在经济预测过程中既考虑了经济现象在时间序列上的依存性, 又考虑了随机波动的干扰性, 对于经济运行短期趋势的预测准确率较高, 下面采用该方法建模.

记原始时间序列数据为 $a_t (t=1,2,\cdots,14)$, 首先检验序列 a_t 是否平稳, 给定显著水平 $\alpha=0.05$, 由式 (11.21) 计算得 Spearman 相关系数 $q_s=1$, 计算得统计量 $T=+\infty$, 上 $\alpha/2$ 分位数 $t_{\alpha/2}(12)=2.1788$, 所以 $|T|>t_{\alpha/2}(n-2)$, 故认为序列是非平稳的; 因为 $q_s>0$, 所以序列有上升趋势.

为了构建平稳序列, 对序列 a_t $(t=1,2,\cdots,14)$ 作一阶差分运算 $b_t=a_{t+1}-a_t$, 得到序列 b_t $(t=1,2,\cdots,13)$. 借助时间序列 b_t 散点图可以判定时间序列是平稳的, 可建立如下的自回归模型对 b_t 进行预测:

$$y_t=c_t y_{t-1}+c_2 y_{t-2}+\varepsilon_t$$

其中, c_1, c_2 为待定参数, ε_t 为随机扰动项.

根据表 11.10 的数据, 采用最小二乘估计可计算得出 b_t 的预测模型为

$$y_t=0.2785 y_{t-1}+0.6932 y_{t-2}+\varepsilon_t$$

利用该模型, 求得 $t=15$ 时, 税收的预测值 $\hat{a}_{15}=94.064$.

对于已知数据求上述模型的预测相对误差见表 11.10, 可以看出该模型的预测精度是较高的.

表 11.10 已知数据的预测值及相对误差

年序号	1	2	3	4	5	6	7
税收	15.2	15.9	18.7	22.4	26.9	28.3	30.5
预测值	15.2	15.9	18.7	19.9651	25.3715	30.7182	31.8093
相对误差	0	0	0	0.1087	0.0568	0.0854	0.0429
年序号	8	9	10	11	12	13	14
税收	33.8	40.4	50.7	58	66.7	81.2	83.4
预测值	32.0832	36.2442	44.5258	58.1439	67.1731	74.1835	91.2694
相对误差	0.0508	0.1029	0.1218	0.0025	0.0071	0.0864	0.0944

由于本案例中第 t 年税收的值与前若干年的值之间具有较高的相关性, 所以采用了 AR 模型, 在其他情况下, 也可采用 MA 模型或者 ARMA 模型等其他时间序列方法. 另外, 还可考虑投资、生产、分配结构、税收政策等诸多因素对税收收入的影响, 采用多元时间序列分析方法建立关系模型, 从而改善税收预测模型, 提高预测质量.

在这一节中我们主要介绍了平稳时间序列分析方法. 在实际的社会经济现象中我们遇到的时间序列往往呈现出明显的趋势性或周期性, 即该时间序列不能认为是均值不变的平稳过程, 此时需要采用非平稳性时间序列分析方法建模. 有关非平稳性时间序列分析方法可查看有关书籍, 不在此详述.

思考题 11

11.1 已知 1972~1988 年 5 次奥运会女子田径 100 米冠军成绩 (单位: 秒) 如表 11.11, 试建立 GM(1, 1) 模型并进行预测分析.

表 11.11 奥运会女子田径 100 米冠军成绩

年份	1972	1976	1980	1984	1988
成绩	11.07	11.08	11.06	10.97	10.54

11.2 某地区历年粮食产量如表 11.12, 取定 $\xi = 2400$ 万斤 (1 斤 $= 0.5$ 千克) 为歉收临界产量, 试预测未来的歉收年.

表 11.12 历年粮食产量

年份	1970	1971	1972	1973	1974	1975	1976
数据	2400	2600	2500	2300	2560	2380	2600
年份	1977	1978	1979	1980	1981	1982	1983
数据	2650	2652	2330	2780	2850	2950	3000

11.3 某条河流的一个水文站从 1915 年到 1973 年记录了每年的最大径流量如表 11.13 所示. 利用 1971 年与 1972 年径流量预报 1973 年径流量的预报值, 并用真实值比较, 计算预报误差 $e_t = x_{t+1} - \hat{x}_{t+1}$.

表 11.13　每年的最大径流量

t	1915	1916	1917	1918	1919	1920	1921	1922	1923	1924
x_t	15600	89600	10400	10600	10800	9880	9850	10900	8810	9960
t	1925	1926	1927	1928	1929	1930	1931	1932	1933	1934
x_t	12200	7510	8640	6380	6810	8820	1440	7440	7240	6830
t	1935	1936	1937	1938	1939	1940	1941	1942	1943	1944
x_t	11000	7340	9260	5290	9130	7480	6980	9650	7260	8750
t	1945	1946	1947	1948	1949	1950	1951	1952	1953	1954
x_t	9900	9310	9040	7310	8850	7480	10700	6190	9610	7580
t	1955	1956	1957	1958	1959	1960	1961	1962	1963	1964
x_t	9990	6150	8250	6030	8080	6180	9630	9490	2340	11100
t	1965	1966	1967	1968	1969	1970	1971	1972	1973	
x_t	5090	10900	6490	12600	6640	7430	6760	10000	9300	

11.4　我国 1974~1981 年布的产量如表 11.14 所列.

表 11.14　布的产量

年份	1974	1975	1976	1977	1978	1979	1980	1981
产量/亿 m	80.8	94.0	88.4	101.5	110.3	121.5	134.7	142.7

(1) 试用移动平均法 (取 $N=3$), 建立布的年产量预测模型;

(2) 分别取 $\alpha=0.3$ 和 $\alpha=0.6$, 以及 $S_0^{(1)}=S_0^{(2)}=\dfrac{y_1+y_2+y_3}{3}=87.7$, 建立布的一次、二次指数平滑预测模型;

(3) 计算模型拟合误差, 比较模型的优劣.

11.5　我国 1949~2001 年人口时间序列数据如表 11.15 所列. 试建立人口预测模型.

表 11.15　人口时间序列数据

年份	1949	1950	1951	1952	1953	1954	1955	1956	1957
人口	5.4167	5.5196	5.63	5.7482	5.8796	6.0266	6.1465	6.2828	6.4653
年份	1958	1959	1960	1961	1962	1963	1964	1965	1966
人口	6.5994	6.7207	6.6207	6.5859	6.7295	6.9172	7.0499	7.2538	7.4542
年份	1967	1968	1969	1970	1971	1972	1973	1974	1975
人口	7.6368	7.8534	8.0671	82992	9.5229	8.7177	8.9211	9.0859	9.242
年份	1976	1977	1978	1979	1980	1981	1982	1983	1984
人口	9.3717	9.4974	9.6259	9.7542	9.8705	10.0072	10.159	10.2764	10.3876
年份	1985	1986	1987	1988	1989	1990	1991	1992	1993
人口	10.5851	10.7507	10.93	11.1026	11.2704	11.4333	11.5823	11.7171	11.8517
年份	1994	1995	1996	1997	1998	1999	2000	2001	
人口	11.958	12.1121	12.2389	12.362	12.4761	12.5786	12.6743	12.7627	

第 12 章 现代优化算法

现代优化算法是 20 世纪 80 年代初兴起的启发式算法 (heuristic algorithm), 其依据关于系统的有限认知和假说, 在可接受的花费 (指计算时间和空间) 下给出待解决优化问题最优解的一个可行近似, 该可行解与最优解的偏离程度一般不能被预计. 现代启发式算法在最优化机制方面存在一定的差异, 但在优化流程上却具有较大的相似性, 均是一种"邻域搜索"结构. 算法都是从一个 (或一组) 初始解出发, 在算法的关键参数的控制下通过邻域函数产生若干邻域解, 按接受准则 (确定性、概率性或混沌方式) 更新当前状态, 而后根据关键参数修改准则调整关键参数. 如此重复上述搜索步骤直到满足算法的收敛准则, 最终得到问题的优化结果. 解决复杂优化 (NP-hard) 问题的启发式算法很多, 本章重点介绍模拟退火算法, 遗传算法和蚁群算法.

12.1 模拟退火算法

12.1.1 模拟退火算法的基本思想

模拟退火算法 (simulated annealing, Sa) 最早的思想是由 N. Metropolis 等于 1953 年提出. 1983 年, S. Kirkpatric 等成功地将退火思想引入组合优化领域. 它是基于 Monte Carlo 迭代求解策略的一种随机寻优算法, 其出发点是基于物理中固体物质的退火过程与一般组合优化问题之间的相似性. 模拟退火算法从某一较高初温出发, 伴随温度参数的不断下降, 结合概率突跳特性在解空间中随机寻找目标函数的全局最优解, 即局部最优解能概率性地跳出并最终趋于全局最优. 模拟退火算法是一种通用的优化算法, 理论上算法具有一定概率的全局优化性能, 目前已在工程中得到了广泛应用, 诸如 VLSI、生产调度、控制工程、机器学习、神经网络、信号处理等领域.

我们知道在分子和原子的世界中, 能量越大, 意味着分子和原子越不稳定, 当能量越低时, 原子越稳定. "退火"是物理学术语, 指对物体加温再冷却的过程. 模拟退火算法来源于固体退火原理, 如果固体不处于最低能量状态, 给固体加热再冷却, 随着温度缓慢下降, 固体中的原子按照一定形状排列, 形成高密度、低能量的有规则晶体, 对应于算法中的全局最优解. 其物理退火过程由以下三部分组成.

(1) 加温过程. 其目的是增强粒子的热运动, 使其偏离平衡位置. 固体内部粒子随升温变为无序状, 内能增大. 当温度足够高时, 固体将熔化为液体, 从而消除系统原先存在的非均匀状态.

(2) 等温过程. 对于与周围环境交换热量而温度不变的封闭系统, 系统状态的自发变化总是朝自由能减少的方向进行的, 当自由能达到最小时, 系统达到平衡状态.

(3) 冷却过程. 使粒子热运动减弱, 系统能量下降, 徐徐冷却时粒子渐趋有序, 在每个温度都达到平衡态, 最后在常温时达到基态, 内能减为最小, 得到晶体结构 (图 12.1).

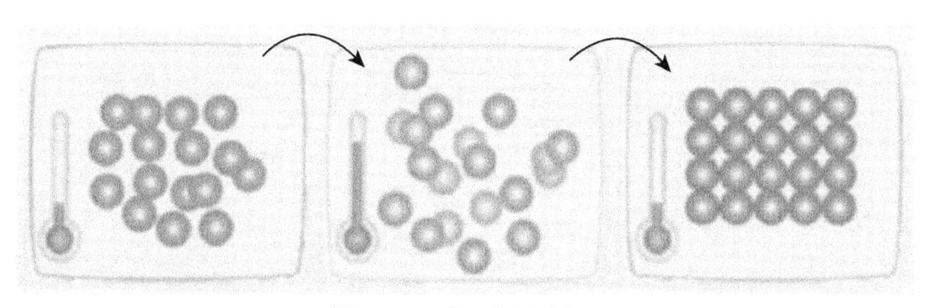

图 12.1 物理退火原理

12.1.2 模拟退火算法的数学原理

1953 年 Metropolis 提出重要性采样方法, 即以一定概率来接受新状态, 而不是使用完全确定的规则, 称为 Metropolis 准则. 该准则是模拟退火算法的基础. 如果用粒子的能量定义材料的状态, Metropolis 算法用一个简单的数学模型描述了退火过程. 假设材料在状态 i 下的能量为 $E(i)$, 定义材料在温度 T 时从状态 i 进入状态 j 遵循的规律, 如下:

(1) 若 $E(j) \leqslant E(i)$, 状态转换以概率 $P=1$ 被接受;

(2) 若 $E(j) > E(i)$, 则状态转换以概率 $P=\mathrm{e}^{\frac{E(i)-E(j)}{KT}}$ 被接受,

其中, K 是物理学中的玻尔兹曼常数, T 是材料温度.

在某一个特定温度下, 进行了充分的转换之后, 材料将达到热平衡. 这时材料处于状态 i 的概率满足玻尔兹曼分布:

$$P_T(x=i)=\frac{\mathrm{e}^{-\frac{E(i)}{KT}}}{\sum\limits_{j\in S}\mathrm{e}^{-\frac{E(j)}{KT}}}$$

其中, x 表示材料当前状态的随机变量, S 表示状态空间集合.

显然

$$\lim_{T\to\infty}\frac{e^{-\frac{E(i)}{KT}}}{\sum\limits_{j\in S}e^{-\frac{E(j)}{KT}}}=\frac{1}{|S|}$$

其中, $|S|$ 表示集合 S 中状态的数量. 这表明所有状态在高温下具有相同的概率. 而当温度下降时,

$$\begin{aligned}\lim_{T\to 0}P(x=i)&=\lim_{T\to 0}\frac{e^{-\frac{E(i)}{KT}}}{\sum\limits_{j\in S}e^{-\frac{E(j)}{KT}}}=\lim_{T\to 0}\frac{e^{-\frac{E(i)-E_{\min}}{KT}}}{\sum\limits_{j\in S}e^{-\frac{E(j)-E_{\min}}{KT}}}\\&=\lim_{T\to 0}\frac{e^{-\frac{E(i)-E_{\min}}{KT}}}{\sum\limits_{j\in S_{\min}}e^{-\frac{E(j)-E_{\min}}{KT}}+\sum\limits_{j\notin S_{\min}}e^{-\frac{E(j)-E_{\min}}{KT}}}\\&=\lim_{T\to 0}\frac{e^{-\frac{E(i)-E_{\min}}{KT}}}{\sum\limits_{j\in S_{\min}}e^{-\frac{E(j)-E_{\min}}{KT}}}\\&=\begin{cases}\dfrac{1}{|S_{\min}|}, & i\in S_{\min}\\0, & \text{其他}\end{cases}\end{aligned}$$

其中, $E_{\min}=\min\limits_{j\in S}E(j)$ 且 $S_{\min}=\{i\,|\,E(i)=E_{\min}\}$.

易知

$$\lim_{T\to 0}\sum_{i\in S_{\min}}P(x=i)=1$$

则上式表明当温度降至很低时, 材料会以概率 $P=1$ 进入最小能量状态.

12.1.3 模拟退火算法的流程和参数控制

模拟退火的算法流程如图 12.2 所示.

假定我们要解决的问题是一个寻找最小值的优化问题. 将物理学中的退火思想应用于优化问题就可以得到模拟退火寻优方法, 如表 12.1 所示. 其核心问题是定义解空间、目标函数和初始参数三部分.

考虑这样一个优化问题: 优化函数为 $f:x\to\mathbf{R}$, $x\in S$, 其中 S 为函数的定义域. $N(x)\subseteq S$ 表示 x 的一个邻域.

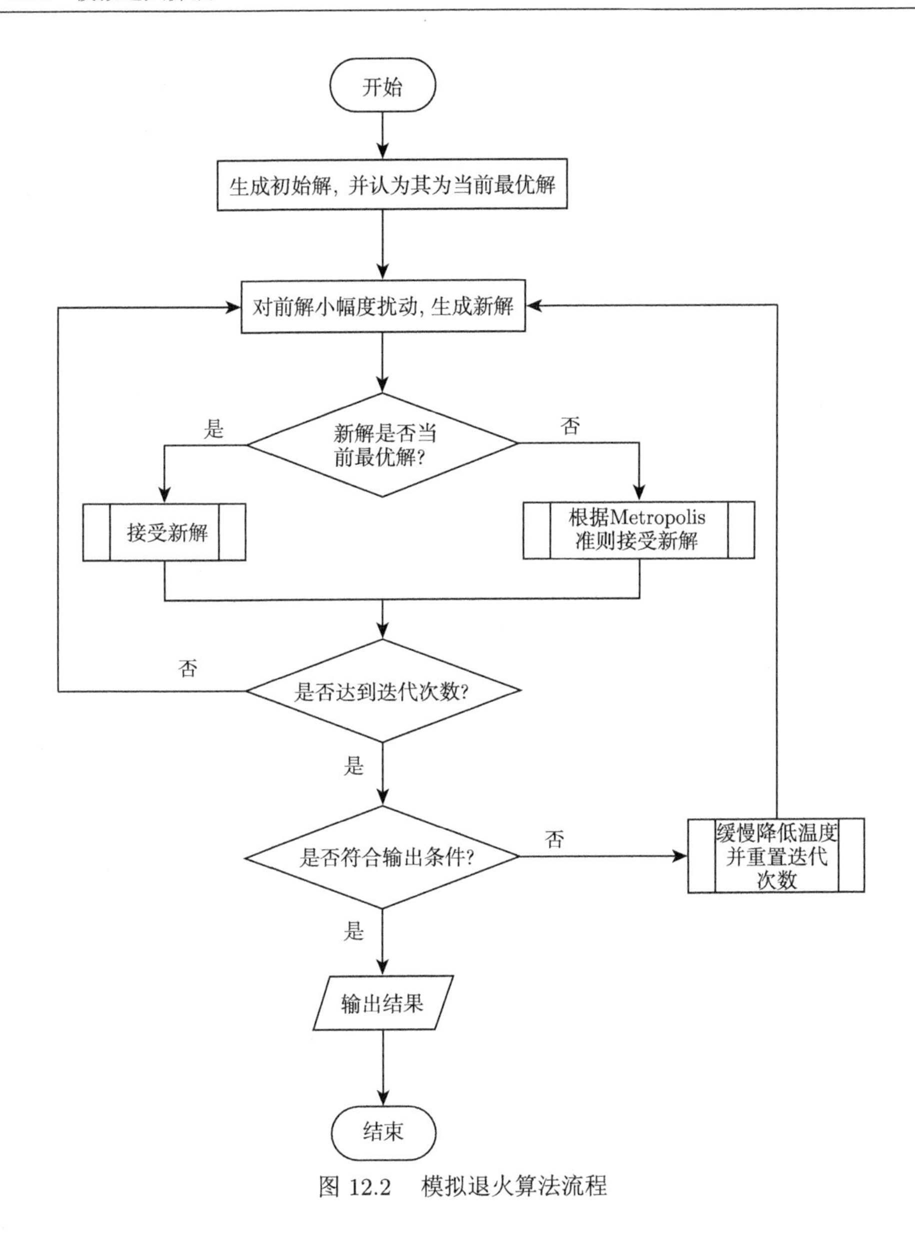

图 12.2 模拟退火算法流程

表 12.1 优化问题与物理退火的相似性

优化问题	材料
解	粒子状态
最优解	能量最低的状态
设定初始温度	熔解过程
Metropolis 抽样过程	等温过程
控制参数的下降	冷却
目标函数	能量

首先, 给定一个初始温度 T_0 和该优化问题的一个初始解 $x(0)$, 并由一个产生函数从当前解 $x(0)$ 生成一个位于解空间的新解 $x' \in N(x_0) \subseteq S$; 为便于后续的计算和接受, 减少算法耗时, 通常选择由当前解经过简单地变换即可产生新解的方法, 如对构成当前解的全部或部分元素进行置换、互换等, 注意到产生新解的变换方法决定了当前解的邻域结构 $N(x)$.

其次, 判断新解是否被接受, 基于目标函数, 计算 x' 作为一个新解 $x(1)$ 的概率如下式:

$$P(x(0) \to x') = \begin{cases} 1, & f(x') < f(x(0)) \\ \mathrm{e}^{\frac{f(x')-f(x(0))}{T_0}}, & \text{其他} \end{cases}$$

即如果生成的解 x' 的函数值比前一个解的函数值更小, 则接受 $x(1) = x'$ 作为一个新解. 否则以概率 $\mathrm{e}^{\frac{f(x')-f(x(0))}{T_0}}$ 接受 x' 作为一个新解.

对于某一个温度 T_i 和该优化问题的一个解 $x(k)$, 可以生成 x'. 接受 x' 作为下一个新解 $x(k+1)$ 的概率为

$$P(x(k) \to x') = \begin{cases} 1, & f(x') < f(x(k)) \\ \mathrm{e}^{\frac{f(x')-f(x(k))}{T_i}}, & \text{其他} \end{cases} \tag{12.1}$$

在温度 T_i 下, 经过很多次的转移之后, 达到平衡态, 系统能量不再降低. 此时降低温度 T_i, 得到 $T_{i+1} < T_i$ 在 T_{i+1} 下重复上述过程. 因此整个优化过程就是不断寻找新解和缓慢降温的交替过程. 最终的解是对该问题寻优的结果.

我们注意到, 在每个 T_i 下, 所得到的一个新状态 $x(k+1)$ 完全依赖于前一个状态 $x(k)$, 与前面的状态 $x(0), \cdots, x(k-1)$ 无关, 因此这是一个马尔可夫过程. 使用马尔可夫过程对上述模拟退火的步骤进行分析, 结果表明: 从任何一个状态 $x(k)$ 生成 x' 的概率, 在 $N(x(k))$ 中是均匀分布的, 且新状态 x' 被接受的概率满足式 (12.1), 那么经过有限次的转换, 在温度 T_i 下的平衡态 x_i 的分布由下式给出

$$P_{T_i}(x_i) = \frac{\mathrm{e}^{-\frac{f(x_i)}{T_i}}}{\sum\limits_{x_j \in S} \mathrm{e}^{-\frac{f(x_j)}{T_i}}}$$

当温度 T 降为 0 时, x_i 的分布为

$$P^*(x_i) = \begin{cases} \dfrac{1}{|S_{\min}|}, & x_i \in S_{\min} \\ 0, & \text{其他} \end{cases}$$

并且

$$\sum_{x_i \in S_{\min}} P^*(x_i) = 1$$

这说明如果温度下降十分缓慢, 而在每个温度都有足够多次的状态转移, 使之在每一个温度下达到热平衡, 则全局最优解将以概率 1 被找到. 因此可以说模拟退火算法可以找到全局最优解.

在模拟退火算法中应注意以下问题:

(1) 理论上, 降温过程要足够缓慢, 要使得在每一温度下达到热平衡. 但在计算机实现中, 如果降温速度过缓, 所得到的解的性能更为令人满意, 但是算法会太慢, 相对于简单的搜索算法不具有明显优势. 如果降温速度过快, 很可能最终得不到全局最优解. 因此使用时要综合考虑解的性能和算法速度, 在两者之间采取一种折中. 实际应用中采用退火温度表, 在退火初期采用较大的 T 值, 随着退火的进行, 逐步降低, 最简单的下降方式是指数式下降:

$$T_{i+1} = \lambda T_i$$

其中 λ 是小于 1 的正数, 一般取值为 0.8 到 0.99 之间, 使得对每一温度, 都有足够的转移尝试. 由于指数式下降的收敛速度比较慢, 亦可采用其他下降方式:

$$T_i = \frac{T(0)}{\log(1+i)}$$

$$T_i = \frac{T(0)}{1+i}$$

$$T_i = \frac{K-i}{K} T_0$$

其中 T_0 为初始温度, K 为算法温度下降的总次数.

(2) 要确定在每一温度下状态转换的结束准则. 实际操作中, 可以考虑当连续 m 次的转换过程没有使状态发生变化时, 结束该温度下的状态转换.

(3) 最终温度的确定可以提前定为一个较小的值 T_e, 或在连续几个温度下转换过程没有使状态发生变化, 则退火完成, 算法结束.

(4) 确定某个可行解的邻域的方法要恰当. 产生的候选解应遍布全部解空间, 以保证全局最优解. 在实际应用中, 可在当前状态的邻域结构内以一定概率方式, 如均匀分布、正态分布、指数分布等生成候选解.

12.1.4　模拟退火算法的应用举例

已知敌方 100 个目标的经度、纬度如表 12.2 所示.

表 12.2　经、纬度信息表

经度	纬度	经度	纬度	经度	纬度	经度	纬度
53.7121	15.3046	51.1758	0.0322	46.3253	28.2753	30.3313	6.9348
56.5432	21.4188	10.8198	16.2529	22.7891	23.1045	10.1584	12.4819
20.1050	15.4562	1.9451	0.2057	26.4951	22.1221	31.4847	8.9640
26.2418	18.1760	44.0356	13.5401	28.9836	25.9879	38.4722	20.1731
28.2694	29.0011	32.1910	5.8699	36.4863	29.7284	0.9718	28.1477
8.9586	24.6635	16.5618	23.6143	10.5597	15.1178	50.2111	10.2944
8.1519	9.5325	22.1075	18.5569	0.1215	18.8726	48.2077	16.8889
31.9499	17.6309	0.7732	0.4656	47.4134	23.7783	41.8671	3.5667
43.5474	3.9061	53.3524	26.7256	30.8165	13.4595	27.7133	5.0706
23.9222	7.6306	51.9612	22.8511	12.7938	15.7307	4.9568	8.3669
21.5051	24.0909	15.2548	27.2111	6.2070	5.1442	49.2430	16.7044
17.1168	20.0354	34.1688	22.7571	9.4402	3.9200	11.5812	14.5677
52.1181	0.4088	9.5559	11.4219	24.4509	6.5634	26.7213	28.5667
37.5848	16.8474	35.6619	9.9333	24.4654	3.1644	0.7775	6.9576
14.4703	13.6368	19.8660	15.1224	3.1616	4.2428	18.5245	14.3598
58.6849	27.1485	39.5168	16.9371	56.5089	13.7090	52.5211	15.7957
38.4300	8.4648	51.8181	23.0159	8.9983	23.6440	50.1156	23.7816
13.7909	1.9510	34.0574	23.3960	23.0624	8.4319	19.9857	5.7902
40.8801	14.2978	58.8289	14.5229	18.6635	6.7436	52.8423	27.2880
39.9494	29.5114	47.5099	24.0664	10.1121	27.2662	28.7812	27.6659
8.0831	27.6705	9.1556	14.1304	53.7989	0.2199	33.6490	0.3980
1.3496	16.8359	49.9816	6.0828	19.3635	17.6622	36.9545	23.0265
15.7320	19.5697	11.5118	17.3884	44.0398	16.2635	39.7139	28.4203
6.9909	23.1804	38.3392	19.9950	24.6543	19.6057	36.9980	24.3992
4.1591	3.1853	40.1400	20.3030	23.9876	9.4030	41.1084	27.7149

我方有一个基地, 经度和纬度为 (70, 40). 假设我方飞机的速度为 1000 千米/时. 我方派一架飞机从基地出发, 侦察完敌方所有目标, 再返回原来的基地. 在敌方每一目标点的侦察时间不计, 求该架飞机所花费的最短巡航时间 (假设我方飞机巡航时间可以充分长).

这是一个旅行商问题. 我们依次给基地编号, 我方基地编号为 1, 敌方目标依次编号为 $2,3,\cdots,101$, 最后我方基地再重复编号为 102 (这样便于程序中计算). 距离矩阵 $D=(d_{ij})_{102\times 102}$, 其中 d_{ij} 表示 i,j 两点间的距离, $i,j=1,2,\cdots,102$, 这里 D 为实对称矩阵. 则问题是求一个从点 1 出发, 走遍所有中间点, 到达点 102 的一个最短路径.

上面问题中给定的是地理坐标 (经度和纬度), 我们必须求两点间的实际距离. 设 A, B 两点的地理坐标分别为 (x_1, y_1) 和 (x_2, y_2), 过 A, B 两点的大圆的劣弧长即为两点间的实际距离. 以地心为坐标原点 O, 以赤道平面为 XOY 平面, 以 0 度经线圈所在的平面为 XOZ 平面建立三维直角坐标系. 则 A, B 两点的直角坐标分别为

$$A : (R\cos x_1 \cos y_1, R\sin x_1 \cos y_1, R\sin y_1)$$
$$B : (R\cos x_2 \cos y_2, R\sin x_2 \cos y_2, R\sin y_2)$$

其中, $R = 6370$ 为地球半径. 则 A, B 两点间的实际距离为

$$\begin{aligned} d &= R\arccos\left(\frac{\overrightarrow{OA}\cdot\overrightarrow{OB}}{\left|\overrightarrow{OA}\right|\cdot\left|\overrightarrow{OB}\right|}\right) \\ &= R\arccos[\cos(x_1 - x_2)\cos y_1 \cos y_2 + \sin y_1 \sin y_2] \end{aligned}$$

模拟退火算法描述如下:

1) 解空间

解空间 S 可表示为 $1, 2, \cdots, 102$ 的所有固定起点和终点的循环排列集合, 即 $S = \{(\pi_1, \cdots, \pi_{102}) | \pi_1 = 1$, 且 $(\pi_2, \cdots, \pi_{101})$ 为 $(2, 3, \cdots, 101)$ 的摆列, $\pi_{102} = 102\}$, 其中每一个循环排列表示侦察 100 个目标的一个回路, $\pi_i = j$ 表示在第 i 次侦察 j 点, 初始解可选为 $(1, 2, \cdots, 102)$, 使用 Monte Carlo 方法求得一个较好的初始解.

2) 目标函数

此时的目标函数为侦察所有目标的路径长度或称代价函数. 我们要求

$$\min f(\pi_1, \cdots, \pi_{102}) = \sum_{i=1}^{101} d_{\pi_i \pi_{i+1}}$$

3) 新解的产生

(1) 2 变换法.

任选序号 $u < v$ 交换 u 与 v 之间的顺序, 此时的新路径为

$$\pi_1 \cdots \pi_{u-1} \pi_v \pi_{u+1} \cdots \pi_{v-1} \pi_u \pi_{v+1} \cdots \pi_{102}$$

(2) 3 变换法.

任选序号 $u < v < w$, 将 u 与 v 之间的路径插到 w 之后, 对应的新路径为

$$\pi_1 \cdots \pi_{u-1} \pi_{v+1} \cdots \pi_w \pi_u \cdots \pi_v \pi_{w+1} \cdots \pi_{102}$$

根据代价函数差确定解的更新策略, 对于 2 变换法, 路径差可表示为

$$\Delta f = (d_{\pi_{u-1}\pi_v} + d_{\pi_u\pi_{v+1}}) - (d_{\pi_{u-1}\pi_u} + d_{\pi_{v-1}\pi_{v+1}})$$

则新解的接受准则为

$$P = \begin{cases} 1, & \Delta f < 0 \\ \mathrm{e}^{\frac{-\Delta f}{T}}, & \Delta f \geqslant 0 \end{cases}$$

如果 $\Delta f < 0$, 则接受新的路径. 否则, 以概率 $\mathrm{e}^{\frac{-\Delta f}{T}}$ 接受新的路径.

4) 降温

利用选定的降温系数 α 进行降温, 即 $T \leftarrow \alpha T$, 得到新的温度, 这里我们取 $\alpha = 0.999$.

5) 结束条件

用选定的终止温度 $e = 10^{-3}$, 判断退火过程是否结束. 若 $T < e$, 算法结束, 输出当前状态. 结果如图 12.3 所示.

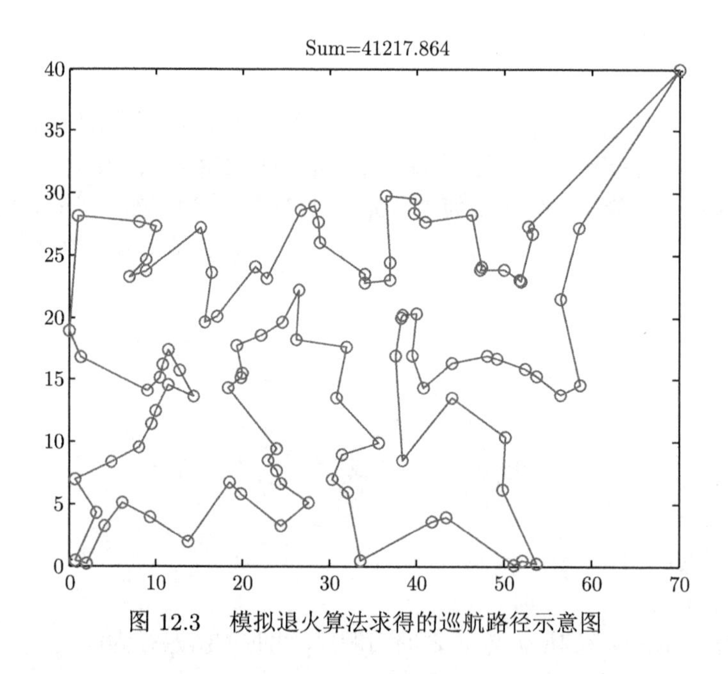

图 12.3　模拟退火算法求得的巡航路径示意图

12.2　遗传算法

12.2.1　遗传算法的基本思想

遗传算法 (genetic algorithm, GA) 最早是由美国的 John Holland 于 20 世纪 70 年代提出的, 该算法是根据大自然中生物体进化规律而设计提出的, 是模拟

达尔文生物进化论的自然选择和遗传学机理的生物进化过程的计算模型, 是一种通过模拟自然进化过程搜索最优解的方法. 该算法通过数学的方式, 利用计算机仿真运算, 将问题的求解过程转换成类似生物进化中的染色体基因的交叉、变异等过程. 在求解较为复杂的组合优化问题时, 相对一些常规的优化算法, 通常能够较快地获得较好的优化结果. 遗传算法已被人们广泛地应用于组合优化、机器学习、信号处理、自适应控制和人工生命等领域.

遗传算法 (也称标准遗传算法或简单遗传算法) 是一种基于群体型操作的随机全局搜索优化方法, 该算法以群体中的所有个体为对象, 从任一初始种群 (population) 出发, 只使用基本遗传算子 (genetic operator): 选择算子 (selection operator)、交叉算子 (crossover operator) 和变异算子 (mutation operator), 产生一群更适合环境的个体, 使群体进化到搜索空间中越来越好的区域, 这样一代一代不断繁衍进化, 最后收敛到一群最适应环境的个体 (individual), 从而求得问题的优质解. 其数学描述为

$$\mathrm{SGA} = (C, E, P_0, M, \phi, \Gamma, \psi, T)$$

其中 C 表示个体的编码方案, E 表示个体适应度评价函数, P_0 表示初始种群, M 表示种群大小, ϕ, Γ, ψ 分别表示选择、交叉、变异算子, T 表示终止条件.

12.2.2 遗传算法的基本框架

1. 编码

由于遗传算法不能直接处理问题空间的参数, 因此必须通过编码将要求解的问题表示成遗传空间的染色体或者个体. 这一转换操作就叫做编码, 也可以称为(问题的) 表示 (representation). 编码是应用遗传算法时要解决的首要问题, 也是设计遗传算法时的一个关键步骤. 编码方法影响到交叉算子、变异算子等遗传算子的运算方法, 很大程度上决定了遗传进化的效率. 评估编码策略常采用以下三个标准.

(1) 完备性: 问题空间中的所有点 (候选解) 都能作为 GA 空间中的点 (染色体) 表现.

(2) 健全性: 遗传算法空间中的染色体能对应所有问题空间中的候选解.

(3) 非冗余性: 染色体和候选解一一对应.

迄今为止人们已经提出了许多种不同的编码方法. 总的来说, 这些编码方法可以分为三大类: 二进制编码法、浮点编码法、符号编码法. 下面分别进行介绍:

1) 二进制编码法

就像人类的基因有 AGCT 4 种碱基序列一样. 二进制编码法, 顾名思义, 只用了 0 和 1 两种碱基, 然后将它们串成一条链形成染色体. 一个位能表示出 2 种状态

的信息量, 因此足够长的二进制染色体便能表示所有的特征, 例如 1110001010111.

二进制编码法具有编码、解码操作简单易行, 交叉、变异等遗传操作便于实现等优点. 其缺点是对于一些连续函数的优化问题, 由于其随机性使得其局部搜索能力较差, 如对于一些高精度的问题, 当解趋近于最优解后, 由于其变异后表现型变化很大, 不连续, 所以会远离最优解, 达不到稳定.

2) 浮点编码法

二进制编码虽然简单直观, 但是明显地存在着连续函数离散化时的映射误差. 个体长度较短时, 可能达不到精度要求, 而个体编码长度较长时, 虽然能提高精度, 但增加了解码的难度, 使遗传算法的搜索空间急剧扩大. 所谓浮点法, 是指个体的每个基因值用某一区间范围内的一个浮点数来表示. 在浮点数编码方法中, 必须保证基因值在给定的区间限制范围内, 遗传算法中所使用的交叉、变异等遗传算子也必须保证其运算结果所产生的新个体的基因值也在这个区间限制范围内.

设某一参数的取值范围为 $[U_1, U_2]$, 采用长度为 k 的二进制编码来表示该参数, 则它共产生 2^k 种不同的编码, 可使参数编码时的对应关系为

$$
\begin{gathered}
000\cdots000 = 0 \to U_1 \\
000\cdots001 = 1 \to U_1 + \delta \\
000\cdots010 = 2 \to U_1 + 2\delta \\
\cdots\cdots \\
111\cdots111 = 2^k - 1 \to U_2
\end{gathered}
$$

其中 $\delta = \dfrac{U_2 - U_1}{2^k - 1}$, 用于控制精度. 此时对应的解码公式为

$$
X = U_1 + \left(\sum_{i=1}^{k} b_i \cdot 2^{i-1}\right) \cdot \frac{U_2 - U_1}{2^k - 1}
$$

其中 b_i 为第 i 个比特位的编码信息.

浮点编码法具有精度高、搜索空间大, 便于处理复杂的有约束优化问题, 易于与经典优化方法混合使用等优点.

3) 符号编码法

符号编码法是指个体染色体编码串中的基因值取自一个无数值含义, 而只有代码含义的符号集, 如 $\{A, B, C, \cdots\}$. 符号编码的主要优点是: 符合语义编码原则, 便于在遗传算法中利用所求解问题的专门知识, 也便于遗传算法与相关近似算法之间的混合使用.

2. 初始种群的生成

设置最大进化代数为 T, 种群大小为 M, 交叉概率为 P_c, 一般为 $0.4 \sim 0.99$, 变异概率为 P_m, 一般取 $0.001 \sim 0.1$. 根据问题固有知识, 设法把握最优解所占空间在整个问题空间中的分布范围, 然后, 在此分布范围内随机生成 M 个个体作为初始化种群 P_0.

3. 适应度函数评估检测

适应度函数也称评价函数, 是根据目标函数确定的用于区分群体中个体好坏的标准, 表明个体或解的优劣性. 对于不同的问题, 适应度函数的定义方式不同. 根据具体问题, 计算群体中各个个体的适应度. 适应度函数总是非负的, 而目标函数可能有正有负, 故需要在目标函数与适应度函数之间进行变换.

评价个体适应度的一般过程为: 首先, 对个体编码串进行解码处理后, 可得到个体的表现型. 其次, 由个体的表现型可计算出对应个体的目标函数值. 最后, 根据最优化问题的类型, 由目标函数值按一定的转换规则求出个体的适应度.

此外, 在迭代的不同阶段, 遗传算法通常利用适应度尺度变换. 通过适当改变个体的适应度大小, 避免群体间适应度相当而造成的竞争减弱, 导致种群收敛于局部最优解. 尺度变换选用的经典方法包括线性尺度变换、乘幂尺度变换以及指数尺度变换, 形式如下:

$$
\begin{aligned}
F' &= aF + b \\
F' &= F^k \\
F' &= \mathrm{e}^{-\beta F}
\end{aligned}
$$

其中 a, b, k, β 分别为变换参数.

4. 遗传算子

遗传算法使用选择、交叉和变异三种遗传算子进行种群进化.

1) 选择

选择算子有时又称为再生算子, 从旧群体中以一定概率选择优良个体组成新的种群, 以繁殖得到下一代个体. 个体被选中的概率跟适应度值有关, 个体适应度值越高, 被选中的概率越大. 以轮盘赌法为例, 若设种群数为 M, 个体 i 的适应度为 F_i, 则个体 i 被选取的概率为

$$
P_i = \frac{F_i}{\sum\limits_{k=1}^{M} F_k}
$$

当个体选择的概率给定后, 产生 $[0,1]$ 内均匀随机数来决定哪个个体参加交配. 若个体的选择概率大, 则有机会被多次选中, 那么它的遗传基因就会在种群中扩大; 若个体的选择概率小, 则被淘汰的可能性会大.

常用的选择算子还包括

(a) 随机竞争选择: 每次按轮盘赌选择一对个体, 然后让这两个个体进行竞争, 适应度高的被选中, 如此反复, 直到选满为止.

(b) 最佳保留选择: 首先按轮盘赌选择方法执行遗传算法的选择操作, 然后将当前群体中适应度最高的个体结构完整地复制到下一代群体中.

(c) 无放回随机选择 (期望值选择): 根据每个个体在下一代群体中的生存期望来进行随机选择运算.

(d) 均匀排序: 对群体中的所有个体按其适应度大小进行排序, 基于这个排序来分配各个个体被选中的概率.

(e) 最佳保存策略: 当前群体中适应度最高的个体不参与交叉运算和变异运算, 而是用它来代替掉本代群体中经过交叉、变异等操作后所产生的适应度最低的个体.

(f) 随机联赛选择: 每次选取几个个体中适应度最高的一个个体遗传到下一代群体中.

(g) 排挤选择: 新生成的子代将代替或排挤相似的旧父代个体, 提高群体的多样性.

2) 交叉

在自然界生物进化过程中，起核心作用的是生物遗传基因的重组 (加上变异). 同样, 在遗传算法中，起核心作用的是遗传操作的交叉算子. 所谓交叉是指把两个父代个体的部分结构加以替换重组而生成新个体的操作. 通过交叉, 遗传算法的搜索能力得以飞跃提高.

在实际应用中, 使用率最高的是单点交叉算子, 该算子在配对的染色体中随机的选择一个交叉位置, 然后在该交叉位置对配对的染色体进行基因变换.

常用的交叉算子还包括

(a) 两点交叉: 在个体编码串中随机设置了两个交叉点, 然后再进行部分基因交换.

(b) 均匀交叉: 两个配对个体的每个基因座上的基因都以相同的交叉概率进行交换, 从而形成两个新个体.

(c) 算术交叉: 由两个个体的线性组合而产生出两个新的个体. 该操作对象一般是由浮点数编码表示的个体.

3) 变异

变异算子的基本内容是对群体中的个体串的某些基因位置上的基因值作变动. 依据个体编码表示方法的不同, 可以采用实值变异或二进制变异. 一般来说, 变异算子操作的基本步骤如下:

(1) 对群中所有个体以事先设定的变异概率判断是否进行变异;

(2) 对进行变异的个体随机选择变异位进行变异.

遗传算法引入变异的目的有两个: 一是使遗传算法具有局部的随机搜索能力. 当遗传算法通过交叉算子已接近最优解邻域时, 利用变异算子的这种局部随机搜索能力可以加速向最优解收敛. 显然, 此种情况下的变异概率应取较小值. 二是使遗传算法可维持群体多样性, 以防止出现未成熟收敛现象. 此时收敛概率应取较大值.

5. 终止条件

当最优个体的适应度达到给定的阈值, 或者最优个体的适应度和群体适应度不再上升时, 或者迭代次数达到预设的代数时, 算法终止. 预设的代数一般设置为 100~500 代. 综上, 遗传算法的流程如图 12.4 所示.

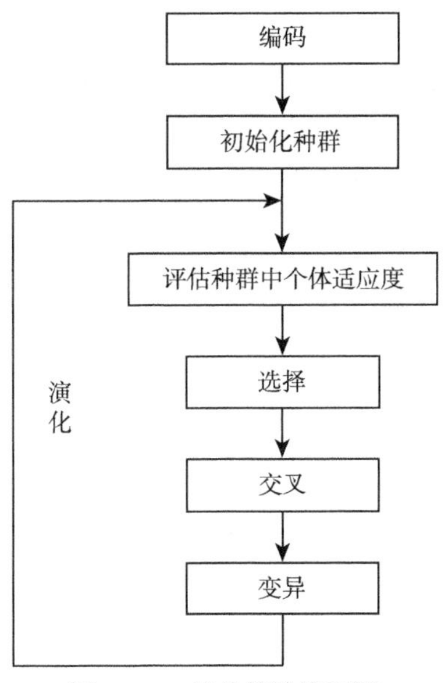

图 12.4 遗传算法流程图

12.2.3 遗传算法的应用举例

最大割问题 以最大割问题为例, 即将一个无向图切成 2 个部分 (子图), 从而使得 2 个子图之间的边数最多, 如图 12.5 所示.

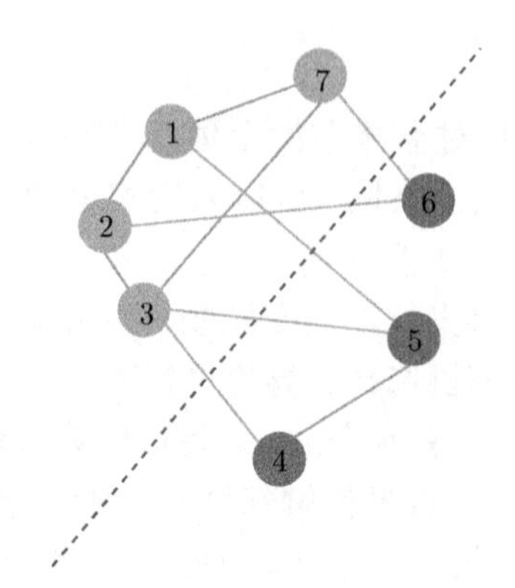

图 12.5 最大割问题 (one-flip)

第 1 步, 初始解——设置种群的大小、编码染色体、初始种群.

设定种群的大小为 10, 编码位数为 7 位, 初始种群为

$$
\begin{aligned}
&S_1=(0001111), \quad S_2=(0011010), \quad S_3=(1110000), \quad S_4=(1011011)\\
&S_5=(0101100), \quad S_6=(0111100), \quad S_7=(1110011), \quad S_8=(0011110)\\
&S_9=(0001101), \quad S_{10}=(1101001)
\end{aligned}
$$

其中编码方式为: 对无向图的每个节点进行编号, 把无向图切成两个子图, 划为子图 1 的用 1 表示, 划为子图 2 的用 0 表示. 例如 S_1=7, 表示把无向图切成两个子图, 两个子图之间的边数为 7, 此时我们可以把编号为 4, 5, 6, 7 的顶点划为子图 1, 把编号为 1, 2, 3 的顶点划为子图 2, 故可编码为 0001111, 但不唯一 (因为两个子图之间的边数为 7 的切割方式并不唯一). 定义适应度函数: $F(x)$ 计算两部分之间的边数, 易验证初始种群中个体的适应度分别为

$$
\begin{aligned}
&F_1=7, \quad F_2=5, \quad F_3=7, \quad F_4=7, \quad F_5=7\\
&F_6=5, \quad F_7=3, \quad F_8=4, \quad F_9=6, \quad F_{10}=6
\end{aligned}
$$

第 2 步, 选择父代.

用轮盘赌方法从群体中随机选择两个父代:

$$
\begin{aligned}
&S_4=(1011011), \quad F_4=7\\
&S_5=(0101100), \quad F_5=7
\end{aligned}
$$

第 3 步, 杂交.

将选取的父代进行杂交得到子代, 其中杂交方法为: 若两个父代的同一节点在相同集合中, 则保留; 否则, 对随机分配该节点至任意集合中.

交叉后: 子代 $S' = 0011110, F' = 4$.

第 4 步, 变异.

设定遗传概率, 在 0.05 的概率下, 将子代的某个节点从一个集合移动到另一个集合中. 变异后: 子代 $S'' = 0010110,\ F'' = 6$.

第 5 步, 群体更新.

从 $S_1, S_2, \cdots, S_{10}$ 中选取质量最差的个体出来, 将其用子代个体替换掉.

以上 5 步构成一代, 再一代一代往前进化, 直到若干代停止.

12.3 粒子群算法

12.3.1 粒子群算法的基本思想

粒子群算法 (particle swarm optimization, PSO), 也称粒子群优化算法或鸟群觅食算法, 1995 年由 Eberhart 博士和 Kennedy 博士提出, 源于对鸟群捕食的行为研究. 该算法最初受到飞鸟集群活动的规律性启发, 进而利用群体智能建立的一个简化模型. 粒子群算法在对动物集群活动行为观察基础上, 利用群体中的个体对信息的共享使整个群体的运动在问题求解空间中产生从无序到有序的演化过程, 从而获得最优解. 和模拟退火算法相似, 它也是从随机解出发, 通过迭代寻找最优解. 和遗传算法一样, 它也是通过适应度来评价解的品质, 但它比遗传算法规则更为简单, 没有遗传算法的“选择”、“交叉”和“变异”操作, 粒子群算法以其实现容易、精度高、收敛快等优点引起了学术界的重视, 并且在解决实际问题中展示了其优越性. 同时粒子群算法也是一种并行算法.

如前所述, PSO 模拟的是鸟群的捕食行为. 设想这样一个场景: 一群鸟在随机搜索食物, 在这个区域里只有一块食物. 所有的鸟都不知道食物在哪里. 但是, 它们知道当前的位置距离食物还有多远. 那么找到食物的最优策略是什么呢? 最简单有效的就是搜寻目前距离食物最近的鸟的周围区域.

鸟群在整个搜寻的过程中, 通过相互传递各自的信息, 让其他的鸟知道自己的位置, 通过这样的协作, 来判断自己找到的是不是最优解, 同时也将最优解的信息传递给整个鸟群, 最终, 整个鸟群都能聚集在食物源周围, 即找到了最优解.

在 PSO 中, 每个优化问题的解都是搜索空间中的一只鸟. 我们称之为“粒子”. 所有的粒子都有一个由被优化的函数决定的适应度 (fitness value), 每个粒子还有一个速度决定它们飞翔的方向和距离. 然后粒子们就追随当前的最优粒子在解空间中搜索.

PSO 初始化为一群随机粒子 (随机解). 然后通过迭代找到最优解. 在每一次迭代中, 粒子通过跟踪两个“极值”来更新自己. 一个极值就是粒子本身所找到的最优解, 这个解叫做个体极值 pbest; 另一个极值是整个种群目前找到的最优解,这个极值是全局极值 gbest. 另外也可以不用整个种群而只是用其中一部分作为粒子的邻居, 那么在所有邻居中的极值就是局部极值.

12.3.2 粒子群算法的数学描述

鸟群中的每一个个体都可以当作一个粒子, 鸟群即可被看作粒子群. 假设一个有 M 个粒子的粒子群在一个 N 维空间内寻找最优位置, 那么可以对每个粒子赋予一个"位置":

$$x_i = (x_i^1, x_i^2, \cdots, x_i^N), \quad i = 1, 2, \cdots, M$$

对于每一个粒子而言, 该位置即为问题的一个潜在解, 在这个位置能觅到食物的可能性有多大呢? 可以通过将代入目标函数计算其适应度 (通常由目标函数决定), 根据适应度大小来衡量其优劣. 在每一次的搜寻过程中, 记录每个粒子的最优位置 (个体极值):

$$\text{pbest}_i = (p_i^1, p_i^2, \cdots, p_i^N), \quad i = 1, 2, \cdots, M$$

在本次觅食搜寻过程中, 所有粒子最优位置的最优解即可当作整个粒子群的最佳觅食位置 (全局极值):

$$\text{gbest} = (g^1, g^2, \cdots, g^N)$$

反复进行食物的搜寻过程 (进行迭代), 直至找到全局最优解为止. 当然在每一次位置的寻找之后, 应该对粒子的速度和所在位置进行更新, 记第 i 个粒子的速度为

$$v_i = (v_i^1, v_i^2, \cdots, v_i^N), \quad i = 1, 2, \cdots, M$$

粒子的速度及位置更新的方式如下:

$$\begin{aligned} &v_i(d) = wv_i(d-1) + C_1 r_1(\text{pbest}_i(d) - x_i(d)) + C_2 r_2(\text{gbest}(d) - x_i(d)) \\ &x_i(d+1) = x_i(d) + \alpha v_i(d) \end{aligned}$$

其中, d 为时间参数 (迭代次数). 粒子速度的更新包括上一步自身的速度惯性、自我认知和社会认知三个部分 (图 12.6).

图 12.6 中, w 是一个非负数, 称为惯性因子, 对算法的收敛起到很大的作用, 其值越大, 粒子飞跃的范围就越广, 更容易找到全局最优, 但是也会错失局部搜寻的能力. 一般来说, 惯性权重取 0.9~1.2.

加速常数 C_1, C_2 也是非负常数, 也称个体学习因子和社会学习因子, 是调整局部最优值和全局最优值权重的参数, 如果前者为 0 说明搜寻过程中没有自身经

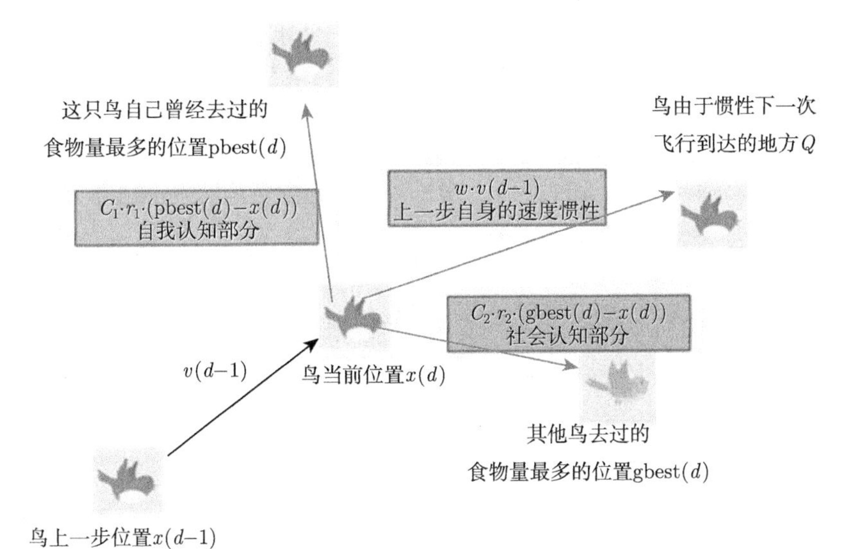

图 12.6 粒子速度、位置更新策略

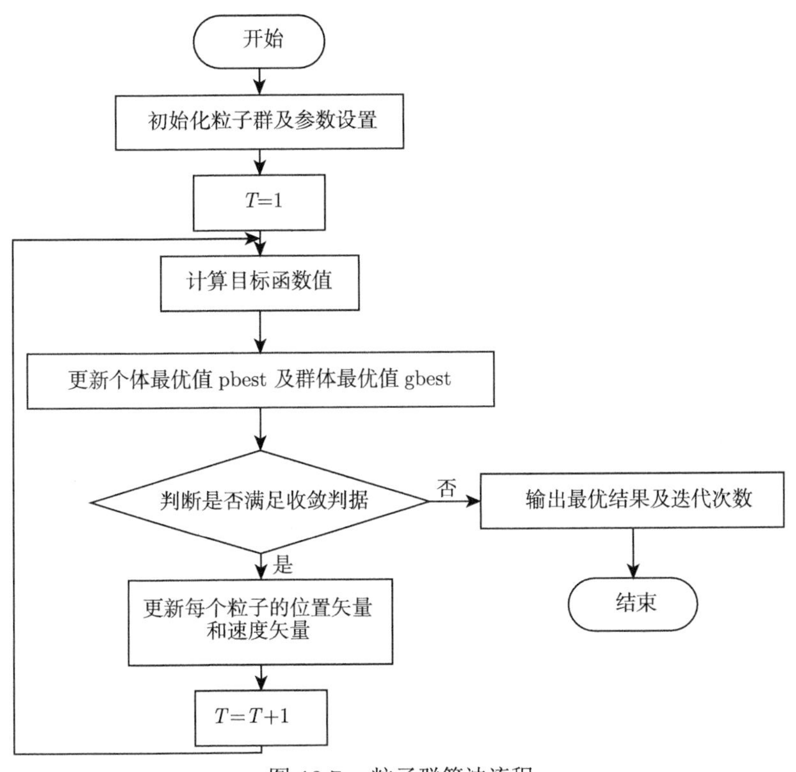

图 12.7 粒子群算法流程

验只有社会经验, 容易陷入局部最优解; 若后者为 0, 即只有社会经验, 没有自身经验, 常常会陷入局部最优解中, 不能飞越该局部最优区域.

r_1, r_2 是 [0, 1] 范围之内的随机数, α 是约束因子, 目的是控制速度的权重.

从上面速度和位置分量的改变规则我们可以看到, 速度的存在的根本作用还是为了改变粒子的位置, 计算新一轮粒子的适应度, 其中参数的设置也会影响到对全局最优解的搜寻. 在一般情况下, 我们会对粒子的速度分量进行限制, $v_i^d \in [-v_{\max}^d, v_{\max}^d]$, 如果粒子的速度分量在更新之后超过最大飞翔速度, 则应该根据不同的情况进行优化问题的设定. 迭代终止条件根据具体问题而定, 一般达到预定最大迭代次数或者粒子群目前为止搜寻到的最优位置满足目标函数的最小容许误差, 粒子群算法流程如图 12.7 所示.

12.3.3 应用举例: PSO 算法求解背包问题

小王春节返乡, 给亲友准备礼物, 现备选礼物共有 12 件, 礼物对应的价值和重量分别为 $[5,10,13,4,3,11,13,10,8,16,7,4]$ 和 $[2,5,18,3,2,5,10,4,11,7,14,6]$. 若小王能拿的礼物总重量最大为 46, 如何选取礼物使得总价值最大?

第 1 步, 初始化粒子群 (群体规模为 $M=20$), 包括随机位置 $\{x_i=(x_i^1, x_i^2, \cdots, x_i^{12}) | x_i^k \in \{0,1\}\}$ 和速度 v_i.

第 2 步, 初始化算法参数

$$C_1 = C_2 = 2, \text{ 采用动态惯性因子 } w \sim U[0.6, 0.8]$$

$$\text{value} = [5,10,13,4,3,11,13,10,8,16,7,4]$$

$$\text{weight} = [2,5,18,3,2,5,10,4,11,7,14,6]$$

第 3 步, 评价每个粒子的适应度.

计算小王所选礼物的价值和重量, 如果此时的重量超过了限制, 就将所选礼物价值减小 (置 0).

$$\text{Fitness}(x_i) = \begin{cases} \text{value} \cdot x_i^{\mathrm{T}}, & \text{weight} \cdot x_i^{\mathrm{T}} < 46 \\ 0, & \text{其他} \end{cases}$$

对每个粒子, 将其适应度与其自身经过的最好位置 pbest 作比较, 如果较好, 则将其作为当前的个体最好位置 pbest.

对每个粒子, 将其适应度与种群经过的最好位置 gbest 作比较, 如果较好, 则将其作为当前的群体最好位置 gbest.

根据下式调整粒子速度:

$$v_i(d) = wv_i(d-1) + C_1 r_1(\text{pbest}_i(d) - x_i(d)) + C_2 r_2(\text{gbest}(d) - x_i(d))$$

注意为使粒子的运动始终在解空间内 ($x_i^k \in \{0,1\}$), 这里需要微调粒子位置更新策略:

$$x_i(d+1)=\begin{cases}0, & x_i(d)+\alpha v_i(d)<0.5\\ 1, & x_i(d)+\alpha v_i(d)\geqslant 0.5\end{cases}$$

亦可借助模拟退火中的 Metropolis 准则思想, 定义基于概率的位置更新策略

$$P_{x_i(d+1)=1}=\frac{1}{1+\mathrm{e}^{-v_i(d)}}$$

若未达到结束条件则转第 3 步.

迭代终止条件根据具体问题一般选为最大迭代次数 100 或 (和) 粒子群迄今为止搜索到的最优位置满足预定精度阈值 0.001.

经过反复迭代, 该问题的最优解为选取第 $1,2,4,5,6,8,10,12$ 个礼物, 总价值为 76, 总重量为 44.

思 考 题 12

12.1 工作指派问题可简述如下: n 个工作可以由 n 个工人分别完成. 工人 i 完成工作 j 的时间为 d_{ij}. 问如何安排可使总的工作时间达到最小. 试按模拟退火算法设计一个求解该问题的算法 (包括状态表达、邻域定义、算法步骤), 并画出程序框图.

12.2 对于以下无约束优化问题: $\min\ f(x)=\sum\limits_{i=1}^{n}[x_i^2-10\cos(2\pi x_i)+10]$, 其中, 初值范围 $[-5.12,5.12]^n$, $n=30$. 试分别用遗传算法和粒子群算法设计其求解方案, 并画出算法流程图.

12.3 试使用模拟退化算法、遗传算法或粒子群算法设计约束优化问题解决方案.

12.4 试使用模拟退化算法、遗传算法或粒子群算法设计多目标优化问题解决方案.

参 考 文 献

储昌木, 沈长春. 2015. 数学建模及其应用. 成都: 西南交通大学出版社

丛爽. 2009. 面向 MATLAB 工具箱的神经网络理论与应用. 3 版. 合肥: 中国科学技术大学出版社

韩中庚. 2005. 数学建模方法及其应用. 北京: 高等教育出版社

何晓群, 闵素芹. 2014. 实用回归分析. 2 版. 北京: 高等教育出版社

胡京爽, 范兴奎. 2018. 数学模型建模方法及其应用. 北京: 北京理工大学出版社

黄红选. 2011. 运筹学一: 数学规划. 北京: 清华大学出版社

姜春光, 郑鑫慧. 2021. 基于熵权-TOPSIS 模型的电网企业应急能力建设评价. 工业安全与环保, 47(12): 50-53

姜启源, 谢金星. 2006. 数学建模案例选集. 北京: 高等教育出版社

姜启源, 谢金星, 叶俊. 2018. 数学模型. 5 版. 北京: 高等教育出版社

姜启源, 叶其孝, 谭永基, 等. 2015. UMAP 数学建模案例精选 1. 北京: 高等教育出版社

李大潜. 2001. 中国大学生数学建模竞赛. 2 版. 北京: 高等教育出版社

李航. 2019. 统计学习方法. 2 版. 北京: 清华大学出版社

李忠范, 孙毅, 高文森. 2009. 大学数学——随机数学. 2 版. 北京: 高等教育出版社

林元烈, 梁宗霞. 2003. 随机数学引论. 北京: 清华大学出版社

刘合香. 2012. 模糊数学理论及其应用. 北京: 科学出版社

刘思峰, 党耀国, 方志耕, 等. 2010. 灰色系统理论及其应用. 5 版. 北京: 科学出版社

刘希宋, 张德明. 2003. 模糊数学在人力资源管理绩效评价中的应用研究. 商业研究, 265(5): 1-5

罗为, 李仲荣. 1991. 神经网络系统综述——原理、历史、模型及应用. 计算机工程, (1): 43-51

马知恩, 周义仓, 吴建宏. 2009. 传染病的建模与动力学. 北京: 高等教育出版社

房少梅. 2014. 数学建模——理论、方法及应用. 北京: 科学出版社

钱渝. 2000. 运筹学. 北京: 科学出版社

沈继红, 高振滨, 张晓威. 2011. 数学建模. 北京: 清华大学出版社

司守奎, 孙兆亮. 2015. 数学建模算法与应用. 2 版. 北京: 国防工业出版社

斯科特 • 梅纳德. 2012. 应用 logistic 回归分析. 2 版. 李俊秀, 译. 上海: 上海人民出版社

宋宇辰, 孟海东. 2016. 基于系统动力学的能源-经济-环境-人口可持续发展建模研究. 北京: 冶金工业出版社

汪定伟, 王俊伟, 王洪峰, 等. 2007. 智能优化方法. 北京: 高等教育出版社

汪海波, 罗莉, 吴为, 等. 2013. SAS 统计分析与应用 (从入门到精通). 北京: 人民邮电出版社

沃尔夫冈 • 哈德勒, 利奥波德 • 西马. 2011. 应用多元统计分析. 2 版. 陈诗一, 译. 北京: 北京大学出版社

谢金星, 薛毅. 2005. 优化建模与 LINDO/LINGO 软件. 北京: 清华大学出版社

邢文训, 谢金星. 1999. 现代优化计算方法. 北京: 清华大学出版社

徐崇刚, 胡远满, 常禹, 等. 2004. 生态模型的灵敏度分析. 应用生态学报, 15(6): 1056-1062

徐全智, 杨晋浩. 2003. 数学建模. 北京: 高等教育出版社

徐士良. 2007. 数值分析与算法. 北京: 机械工业出版社

许建强, 李俊玲. 2018. 数学建模及其应用. 上海: 上海交通大学出版社

叶其孝. 2008. 大学生数学建模竞赛辅导教材. 长沙: 湖南教育出版社

张德丰. 2011. MATLAB 神经网络编程. 北京: 化学工业出版社

周凯, 邬学军, 宋军全. 2017. 数学建模. 杭州: 浙江大学出版社

卓金武, 王鸿钧. 2018. MALTAB 数学建模方法与实践. 3 版. 北京: 北京航空航天大学出版社

卓金武, 周英. 2015. 量化投资: 数据挖掘技术与实践 (MATLAB 版). 北京: 电子工业出版社

Cormen T H, Leiserson C E, Rivest R L, et al. 2006. 算法导论. 潘金贵, 译. 北京: 机械工业出版社

Giordano F R, Fox W P, Horton S W, et al. 2009. 数学建模 (英文精编版格式第 4 版). 北京: 机械工业出版社

Giordano F R, Weir M D, Fox W P. 2005. 数学建模 (第 3 版). 叶其孝, 姜启源, 译. 北京: 机械工业出版社

Chattopadhayay J, Sarkar R R, Mandal S. 2002. Toxin-producing plankton may act as a biological control for planktonic blooms-field study and mathematical modelling. J. Theor. Biol., 215: 333-344

Wang J, Shi J, Wei J. 2011. Predator-prey system with strong Allee effect in prey. J. Math. Biol., (62): 291-331